ウェーブレット入門
—数学的道具の物語—

B. B. ハバード 著　山田道夫／西野 操 訳

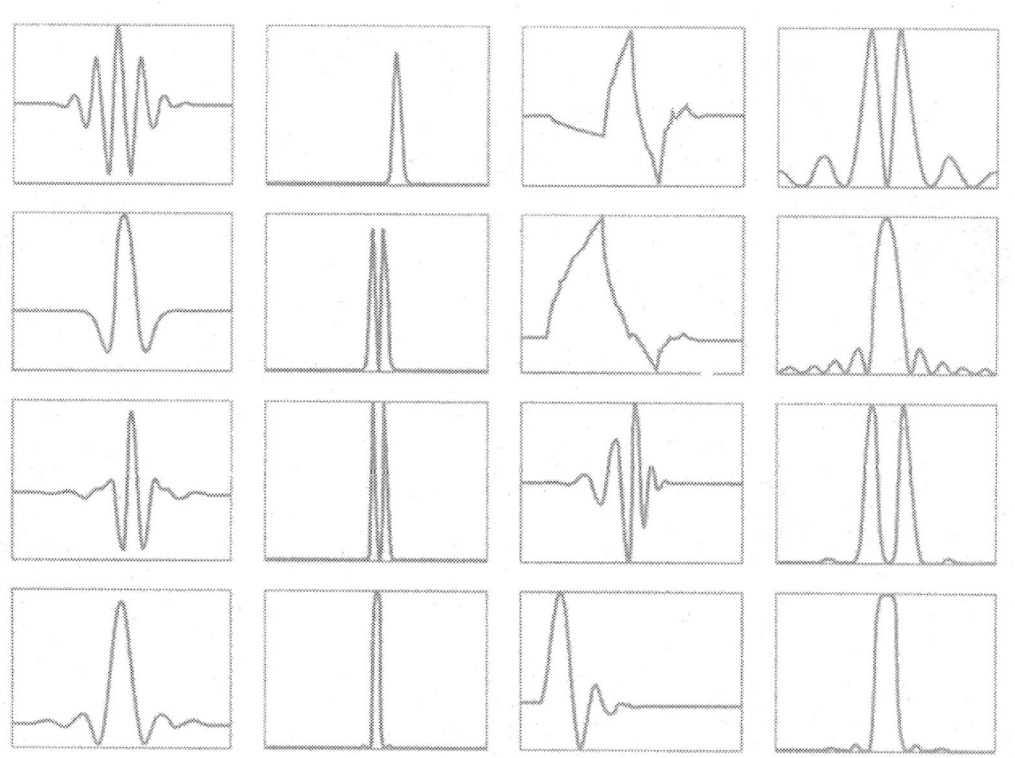

朝倉書店

Collection Sciences d'Avenir

Chaque livre de cette collection décrit la dynamique d'un domaine scientifique, en portant une attention particulière aux questions ouvertes.

L'évolution, par Mark Ridley
La biologie, par John Maynard Smith
La chimie, par W. Graham Richards
La fusion nucléaire, par Jean Adam
Les dépannages du cerveau, par S. Brailowsky, D.-G. Stein et B. Will
Les industries de la chimie, par G. Gaillard et É. Borenfreund
Les mathématiques, par Ian Stewart
Le chaos dans le Système solaire, par Ivars Peterson
La vie dans les abysses, par Patrick Geistdoerfer

En couverture : Analyse en ondelettes d'un signal respiratoire (Science&Tec).

Le code de la propriété intellectuelle autorise «les copies ou reproductions strictement réservées à l'usage privé du copiste et non destinées à une utilisation collective» (article L. 122-5) ; il autorise également les courtes citations effectuées dans un but d'exemple et d'illustration. En revanche, «toute représentation ou reproduction intégrale ou partielle, sans le consentement de l'auteur ou de ses ayants droit ou ayants cause, est illicite (article L. 122-4).
Cette représentation ou reproduction, par quelque procédé que ce soit, sans autorisation de l'éditeur ou du Centre français de l'exploitation du droit de copie (3, rue Hautefeuille, 75006 Paris), constituerait donc une contrefaçon sanctionnée par les articles 425 et suivants du Code pénal.

© Pour la Science 1995   ISSN 1144-7494   ISBN 2-9029-**1890**-9

訳者前書き

　この本はフランスで 1996 年のダランベール賞（フランス数学会）を受賞した啓蒙書『*Ondes et Ondelettes*（波とウェーブレット）』(1996) の翻訳である．
　1980 年代前半からウェーブレット解析という数学の一分野が急速に発達し，数学のみならず理工学や経済学にまで応用されるようになった．ウェーブレット解析とは信号を分析するための新しい方法で，例えば，演奏された音楽から楽譜を再現すること，つまり，信号に含まれる周波数成分の時間変化をとらえるための手法である．理工学の多くの分野においては，古くからこのような道具が必要とされてきたため，それぞれの分野においていろいろな工夫が行なわれてきたが，それらは数学的にみて不十分な点が多かった．そのため，ウェーブレット解析は，高度な数学的整合性を持つ手法として，急速に多くの分野に広まることになったのである．ウェーブレット解析の発展には，従来例を見ないほど多くの理工学分野が数学と互いに強い影響を及ぼし合い，分野横断的な特徴を持った学問分野が生まれることとなった．本書は，その急激な発展を，当事者である多くの数学者・理工学者に取材し，一般向けに描いたものである．一つの数学分野の発展の歴史がその内幕とともに詳しく語られており，専門家にとっても興味深いと思われる．
　本書は，啓蒙書としてはやや異例の形式で，一般的なつまり数式のない部分と，それを補足するいくらかの数式を伴った部分，の二つから成っている．前者だけでも面白く読めるし，後者まできちんと読めばかなり深い理解が得られるだろう．著者は数学についてまったくの素人らしく，一般向けの配慮が随所にみられるが，夫が数学者ということもあり，内容はしっかりしており十分読みごたえのある本である．
　この翻訳の仕事は，朝倉書店の編集者が，1997 年雑誌『数学セミナー』に青木貴史教授（近畿大学）が書かれた書評を見て，話を持ってこられたのが発端である．仏語ということもあり一人では荷が重かったので，西野操氏に共訳をお願

いしたが，第一稿がほぼ出来上がった1999年西野氏は急逝された．力を尽くされた翻訳の完成を見ずに逝かれたことは大変残念であり，ここに御冥福をお祈りしたい．その後，私の事情もあって翻訳完成が大変遅れ，担当していただいた朝倉書店編集部諸氏には多大の御迷惑をおかけした．翻訳の遅れをお詫びするとともに，忍耐強くつきあってくださったことに感謝を申し上げたい．

2003年1月　京都北白川にて

山田道夫

目　　次

はじめに 1
　本書の読み方 2
　数学の発見 5
　謝　　辞 6
　本編へのプロローグ 10

1. フーリエ解析──一篇の詩が世界を変える── 12
   1.1　一篇の数学的詩 14
   　　補足①　数学的解析　15
   1.2　たくさんの奇妙な関数 17
   　　補足②　フーリエ変換　18
   　　　フーリエ級数　20／位相と振幅　21／フーリエ変換　22／複素数　23
   　　　／関数：それは f なのか，それとも $f(x)$ なのか？　24
   1.3　自然現象の説明 25
   　　補足③　フーリエ級数の収束と太陽系の安定性　27
   　　　数学的手品　28／発散　29
   　　　／土星は太陽系から投げ出されることがあるだろうか　30
   　　　／架空銀行預金口座　31／有理性と小さい除数　32／KAM定理　33
   1.4　公共の利益 34
   　　補足④　積分によるフーリエ係数の計算　35
   1.5　アカデミックか現実的か 38
   　　補足⑤　高速フーリエ変換　41
   　　　低速フーリエ変換　42／速度をあげるための行列　43／巧妙な因数分解　45

2. 新しい道具の探求 50

- 2.1 現実の歪曲 ……………………………………………………… 51
- 2.2 隠されし時を求めて：窓付きフーリエ解析 ……………………… 52
- 2.3 異教徒に話をする ………………………………………………… 53
- 2.4 「それは間違っているに違いない」：モルレのウェーブレット …… 55
- 2.5 誤差はゼロ… ……………………………………………………… 57
- 2.6 数学的顕微鏡 ……………………………………………………… 59
  - 補足⑥ 連続ウェーブレット変換　63
    - 離散変換　66
- 2.7 タキトゥス対キケロ：直交性を求めて ………………………… 66
  - 補足⑦ 直交性とスカラー積　68
    - 関数：無限次元空間の点　69／スカラー積　70／スカラー積による係数の計算　71／それで積分は？　73／非直交基底　75／冗長性と直交性　76／複素ベクトルのスカラー積　76
  - 補足⑧ 関数空間から関数空間への旅：ウェーブレットと純粋数学　77
    - アンリ・ルベーグ　77／超関数　79／関数空間　80

3. 新しい言語が文法を獲得する ……………………………………… 84
- 3.1 マザーかアメーバか？ …………………………………………… 87
  - 補足⑨ 多重解像度　88
    - フィルタ　89／多重解像度の定義　91／多重解像度を作る　95／ハールの多重解像度　96／スケーリング関数を作る　97／ウェーブレット　98／スケーリング関数「ファーザー」　99／ウェーブレットなしにウェーブレット変換を計算する　100
- 3.2 速く計算する …………………………………………………… 101
  - 補足⑩ バートとアデルソンのピラミッド・アルゴリズム　103
- 3.3 見出された時：ドブシーのウェーブレット …………………… 104
  - 補足⑪ マルチ・ウェーブレット　108
  - 補足⑫ 高速ウェーブレット変換　109
    - ハールのウェーブレット変換　111／畳み込み　112／畳み込みとウェーブレット変換　113／もっと複雑なウェーブレット　115／速さ：フーリエ対ウェーブレット　115
- 3.4 ハイゼンベルクの障害 …………………………………………… 116
  - 補足⑬ ハイゼンベルクの不確定性原理と時間−周波数分解　118
    - 時間−周波数表示　119

補足⑭　量子力学　122
　　　確率の言語　123／積分で表す確率　124／量子力学　126
　　　／不確定性原理　128／物理空間での量子力学　128

4. 応　　　　用 ……………………………………………… 133
　4.1　フラクタルの作り方 ……………………………………… 135
　4.2　マーガレットを生かして雑草を刈る：雑音除去 ………… 136
　4.3　ウェーブレットは存在しない… ………………………… 142
　　補足⑮　ウェーブレットと視覚：もう一つの観点　144
　　　「ウェーブレット」で見る　145／なぜウェーブレットなのか？　147
　　　／どんなウェーブレットか？　148／幾何学的変換による不変性　150
　4.4　情報を圧縮する …………………………………………… 150
　4.5　圧縮とウェーブレット …………………………………… 154
　4.6　計算を簡単にする ………………………………………… 156
　4.7　ウェーブレットと乱流 …………………………………… 157
　4.8　先史時代の動物学 ………………………………………… 158
　4.9　感覚的か謹厳か …………………………………………… 159
　　補足⑯　どんなウェーブレット？　160
　　　表示方法　161／レギュラリティ　162／消失モーメント　162
　　　／周波数選択性　163

5. ウェーブレットを超えて ………………………………… 168
　5.1　ウェーブレット・パケット ……………………………… 169
　5.2　マルヴァール・ウェーブレット ………………………… 170
　　補足⑰　ウェーブレット，音楽，音声　172
　5.3　最良基底：ドライバーの選択 …………………………… 173
　　補足⑱　最良基底　175
　5.4　指紋とハンガリー舞曲 …………………………………… 178
　5.5　適切な単語 ………………………………………………… 180
　5.6　未　　　来 ………………………………………………… 182
　　補足⑲　情報の変換　185

付　　　録 ………………………………………………… 189
　A. ギリシャ文字と数学記号 ……………………………… 189
　B. 三角関数の定義 ………………………………………… 189
　C. 積　　分 ………………………………………………… 193
　D. フーリエ変換：さまざまな定義 ……………………… 196
　E. 周期的な関数のフーリエ変換 ………………………… 197
　F. 正規直交基底の例 ……………………………………… 201
　G. サンプリング定理の証明 ……………………………… 205
　H. ハイゼンベルクの不確定性原理の証明 ……………… 207

文 献 紹 介 ………………………………………………… 212
索　　　引 ………………………………………………… 216

はじめに

> 「挿絵も会話もない本なんてつまらない,
> アリスはそう思った…」
>
> ルイス・キャロル,『不思議の国のアリス』

　4歳か5歳のとき,私は母に赤ちゃんはいったいどうやって作るのかと尋ねたことがある.母は本当のことを言ったのだが,私にはそれが突拍子もない答えに思えて信じられなかった.この本を書きながら,しばしば,そのときと同じ思いを持つことがあった.つまり,研究者達が当然だと思っているらしいもの,あるいはわかりきったこととさえ思っているらしいものが,私にはとても奇妙でびっくりするようなものに思えたのだ.この本ではそういったものを,好奇心をそそる,また読んでわかるものにしたいと思う.

　この企画はもともと,ワシントンの National Academy of Sciences Press のステファン・モートナー（Stephen Mautner）から,《科学の最前線》のシリーズの一冊として『プリシラという名の陽電子（*A Positron Named Priscilla*）』[1]のようなウェーブレットについての本を書いてほしい,という話をもらったところから始まった.そのとき私はフーリエ解析のことなんか何も知らなかったし,ウェーブレットなんて聞いたこともなかった.私が唯一数学と関係があったのは（無視できないことだけど）数学者と結婚したということだけだった.私は,父がジャーナリストとして派遣されていたモスクワで高校の最終学年を過ごしたが,微積分は勉強しなかったし,大学では数学の講義は慎重に避けていたくらいだった.

　しかし本の依頼を受けてからは,とても面白くてどきどきするような仕事が始まった.私は,専門教育を受けてない人に数学の考え方を伝えることについて考えるようになった.数学者達は,数学はスポーツの観戦ではない,と主張する.

つまり，実際に数学をやらなければ理解することも楽しむこともできない，というのである．彼らは自分の研究テーマを素人に説明しようとしてたちまち困ってしまう．コーネル大学（ニューヨーク州，イサカ）のロバート・シュトリシャルツ（Robert Strichartz）は私に関数空間の説明をしながら「だんだん話があいまいになってしまうよ」と嘆いたものだ．「正確に話せば理解してもらえないし，理解してもらえるときは正確な真理からは遠ざかっているんです」．理解してもらえないまま話すというのは無益なことだが，嘘をつくのも耐えがたい，と彼らは感じているのである．そんなわけで，なんとか説明しようと試みた後，たいていの数学者はあきらめてしまうのである．しかしこれは大変残念なことである．素養なしに数学を理解するということには限界があるにしても，この限界にはじつはまだまだ達していないと私は確信している．数学には，一般の人にも理解でき，理解するだけの値打ちのある考え方がある．知識として利用することなく観賞だけにとどまるとしても，数学は理解するだけの価値がある．

細胞の遺伝子を扱う遺伝学者だけが DNA とは何かを知っているべきだとか，物理学者や化学者だけが物質が原子で構成されていることを知っているべきだなどと主張する人はいない．ところが数学に関してはそうではない．子供や学生は問題を解くテクニックを学ぶことを強いられるばかりで，そういったテクニックが興味深い考え方に基づいていることや，とても面白い問題を解く手掛かりになる，といったことは何も教えてもらえない．子供たちが計算機を使うと困った顔をする人達がいるが，その人達にすれば，数学というのは結局のところ計算であり，その計算が機械でできるなら，数学はもういらない，ということらしい．

フーリエ解析とウェーブレットは新しいやり方で数学を説明する機会を与えてくれる．一つの情報を違った形—フーリエ変換とウェーブレット変換—で表すという考え方は，我々の社会に知的な面でも実用的な面でも大きな影響を与えたからである．

本書の読み方

本書は控えめであると同時に野心的でもある．この本は，数学の教育を受けていない，もしくはほとんど受けていない人達に知ってほしいと私が考えるある壮大なテーマへの案内書である．しかし，何らかの数学的知識を持った読者にも役

に立つ正確さは備えているはずである．

　この本には3種類の読み方がある．本文には数式はない．数学者——または信号処理の専門家——なら，何かを説明するときは遅かれ早かれ数式を書くだろうし，そのことに文句をつけるつもりはない．彼らにとっては数式が考えを表現する最も正確で経済的な方法なのだ．彼らは何かを伝えようと思っているのだから，あまり文句をいうのも良くないだろう．

　しかし，Σ が和なのか積分なのかなかなか思い出せないような人に数式を示すのは，五線譜が読めない人にバッハの四声フーガの分析を頼むようなものである．

　このような人は科学教育を受けていない人に限らない．「積分や Σ，また私が習ったことのないたくさんの変な数学記号，そんなのが一切なくて普通のことばで書いてあるフラクタル幾何学の本はありませんか？」と，情報科学を専攻している学生が私の夫に尋ねたこともあるのだ．

　1857年，磁気と電気の研究で有名なマイケル・ファラデー（Michael Faraday）は66歳のとき，26歳のジェームス・クラーク・マックスウェル（James Clerk Maxell）に次のように書いている．「物理的な現象を研究している数学者がある結論に達したとき，それを普通の言葉で，数式を用いるのと同じくらい完全に，明瞭かつ正確に表現することができないものでしょうか？　それができれば，ヒエログリフみたいな数式を普通の言葉に翻訳すれば，私を含めた多くの人々にとって大変役に立つのではないでしょうか？　そうすれば実験をしながら数学者の得た結果を学ぶこともできるのです．私はそれは可能だと思います．ご自分の結論をとても明快に説明して下さるあなたの能力，私はそれをいつも強く感じていました．あなたの説明を聞けば，推論のすべてはわからないにしても，真理を正確に知ることができます．またそれはじつに明快なので，そこから出発して考えたり研究したりすることができます．このように数式を普通の言葉で説明することが可能なら，数学者に数式という形だけでなく，使いやすい言葉という形で説明してもらうのはとてもよいことではないでしょうか？」[2]

　数式を理解しようとすれば，それなりの努力が必要である．数式を何かに役立たせるためには，それを言葉に翻訳しなければならない．しかし，数式を見て身をすくませていては，読書を楽しめないだろう．だから私は本文では「変な記号」や「ヒエログリフ」のような数式はまったく使わなかった．（$f(x) = x^2$ という数式が入ってしまったがこれはわからなくてもかまわない．）

とはいえ，数式は威嚇するための武器として作りだされたわけではない．逆説的に聞こえるかもしれないが，隠喩や概論にばかりしがみつくのをやめてちょっと細部に立ち入ってみれば，フーリエ解析やウェーブレットを理解するのがずっとやさしくなるだろう．（赤ちゃんを作るには《本当は》どういうふうにするのか，を知っていればいるほど面白くなるように…）とはいえ，細部に立ち入るためには，言葉は当を得ないことがしばしばあるし，あいまいなことも多い．

「私が一つの言葉を使うときは，言葉は私の意味してほしいことを意味しているのであり，それ以上でもそれ以下でもない」と，ルイス・キャロルの『鏡の国のアリス』の中でハンプティ・ダンプティが言っている．同じように，ウェーブレットの研究者達はときおり普通の言葉に新しい意味を与えることがある．「拡張させる」は「収縮させる」を意味するかもしれないし，「大きなスケール」が「小さなスケール」のことだったり，「間引く」はときには「二分する」ことだったりする．また普通の定義をはみ出さないときでも，言葉は普通とは違った風に解釈されることがある．フーリエ変換やウェーブレット変換を離れた日常生活の中でも，話されたり書かれたりしたことを聴衆や読者が理解するというのは一種の情報の変換である．しかし普通の言葉の場合，—私は何度も経験したが—最初の意味通りに変換が行なわれることは滅多にない．

本文で書かれた内容を少し詳しく説明した部分（"補足"として各所に挿入されている）には危険な数式が入っている．危険の第一は，あいまいなままでいるかぎり気づかれずに済む可能性のある間違いをはっきりさせてしまうことである．数学者ルネ・トム（Rene Thom）は，ある日，やや不明瞭な講演をしていた．聴衆は明確さを要求し，その結果，数式の間違いが明らかになってしまった．「正確であるように強いられたときに，間違いは明らかになるものですよ」と彼は言った．

もう一つの危険は，さきに言ったように，数式嫌いの読者を怖がらせてしまうことである．「式を見ると不安になる．自分にわかるだろうかといつも不安になるんだ」と打ち明けてくれた同僚がいる．しかし怖がることはない．すべて詳しく説明してある．よくわかっているので細かい説明など必要ない人達をいらいらさせることは，覚悟の上である．（簡単な代数と三角法を思い出してもらうことになるものの，微積分学を知っていることは，有用だが，不可欠ではない．）

"付録"はあまり整ったものではない．最初は，難しそうなものとかいくらか

高度な数学的テクニックが要るものを封印しておく場所にしていた．例えばハイゼンベルクの不確定性原理やサンプリング定理などである．しかし結局，慣れていない読者を助けるために，ギリシャ文字や数学記号のリスト，三角法のいくつかの定義，積分についての簡単な説明も含めることにした．文献目録には，興味ある読者のためにもっと技術的な情報が得られる参考書もあげてある．

引用した仕事については各章末の"Notes"に可能な限り詳しい出典をあげたが，参照文献のない引用もある．それは，1992年11月のカルフォルニアにおけるアメリカ科学アカデミーの会議か，あるいは（とりわけ）それに続く個人的な会話や通信によるものである．外国のテキストはできる限り翻訳したものを引用したが，テキストや会話の翻訳はおおむね私自身によるものである．

数 学 の 発 見

数学は，人間の営みというよりは，結果やテクニックの集まりとみなされることの方がずっと多いように思える．しかしそれは間違いである．数学は，気まぐれで，気難しく，厳しい．ある分野全体を煌々と照らし出すすばらしいアイデアが絶え間なく湧いてくることもあるし，何ヵ月も何年も苦労して築き上げた結果の殿堂が，修正できない，あるいは修正しても次々と現れる欠落のために，崩れ落ちてしまうこともある．疑心暗鬼に陥るときや，アイデアが浮かばなかったり結果が間違いとわかるつらい時期に耐えるには，数学への愛が必要である．

一般には，夢想に耽る孤独な数学者というイメージがあるかもしれないが，実際には，数学者達は弦楽四重奏を奏でる音楽家達のような親密さで一緒に仕事をしている．共同研究は普通のことであり，国境を越えてなされることも多い．しかし数学者の人間的な面が表に出ることはほとんどない．フィリップ・J・ディヴィス（Philip J. Davis）とルーベン・ハーシュ（Leuben Hersh）が『数学的経験（The mathematical Experience）』[3]の中で告発しているように，数学的文献では「著者や読者が人間であることを示すようないかなる手がかりも注意深く隠す，という厳しい慣習」が重んじられている．

教育においても，たいていは結論の部分から始まる．無味乾燥な知識が述べられるだけなので，どういう道筋を通ってそこに至ったかはわからない．教わったことをすぐに理解できないと，自分が馬鹿だと感じるかもしれないが，じつは多

くの場合，数学者自身，そういう結果を得て自由に使いこなせるようになるには何年もの年月が必要だったのである．ギリシャ人は無理数に怯えたし，16世紀には負の数は「不可能な」解だと考えられていた．18世紀には割り算は大学で学んでいたのだ．

　数学を恐れていない人でも，数学が現在も一つの研究テーマであり，答えのわからない問題やまだ定式化すらされていない問題がたくさんあるということを，知らないことがある．数学の結果の美しさや驚くべき性質に気づかないままでいたりする．というのも，そのような結果は，歴史上の日付のように，きわめて慎み深くしばしば無味乾燥に述べられているからだ．

　私は目的地に到着するのと同じくらい途中の道筋が好きである．私はフーリエ解析やウェーブレットは数学的な道具だと思っているけれども，またそれは人とアイデアの美しい物語とも考えていて，これをお話ししたいと思う．そして研究の成果だけでなく人間的背景まで教えてくれたフランスや米国の研究者に心から感謝している．

　しかしながら，このような人間的な物語はまったく正しいわけではない．数学的結果について最初の発見者は誰かという問題は難しい．それ以前の数学はもちろん，会話とか記事，折よく得られた答え——あるいは質問——などの影響はどう評価したらよいだろうか．「定理の名前など道路の名前のようなものだ」とアンドレ・ヴェイユ（Andre Weil）なら言っただろう．

　ましてウェーブレット理論の形成に寄与した人すべてを正当に評価するというのは特に難しい．ウェーブレットの数学はいくつもの分野で独立に発展してきたし，その上，ウェーブレットの世界は現在もあふれんばかりに活動しているからである．この本の限られた紙面では，ウェーブレットの物語に不可欠な研究者や当然名前をあげるべき研究者すべてに言及することはできなかった．それらの方々にはお許しいただきたいと思う．

謝　　辞

　この本は多くの人の助けなしにはとても書けなかった．私はまず重要な協力をしてくださった二人の数学者にお礼申し上げたい．一人はウェーブレットの分野の最も優れた研究者であり，もう一人は私のごく身近にいる人である．イヴ・メ

イエ（Yves Meyer）は私のために多くの時間を費やしてくれた．彼はとても熱心に多くのことを教えてくれたが，これは私の大切な思い出となっている．さらに彼は原稿を何度も何度も読んで，訂正し，貴重な助言をしてくれた．彼の助力と励ましには感謝しきれない．

夫，ジョン・ハバード（John Hubbard）の精神的，物質的，そして知的な支えも重要だった．数学的な概念，式，図の理解を助けてくれただけでなく，私がついいい加減な考え方をしたりあいまいな言葉使いをしたときには，的確にルーズなところを探し当て，自分の言おうとすることをより良く理解できるよう，私を助けてくれた．彼は信じてくれないのだが，私は彼が数学の説明をしてくれるのが本当に嬉しかった．心から感謝している．

そのほかの研究者もなみはずれた寛大さで協力してくれた．彼らはフーリエの名誉ある伝統にしたがって，「不屈の忍耐力」で質問に答え，その深い学識を分け与えてくれた．彼らは，工夫を重ね簡単な言葉で，そして私の自尊心を傷つけないように丁重に，専門的な概念を説明してくれた．私は彼らの専門知識だけでなくそうした創意工夫にも感嘆したし高く評価したい．この本を書く喜びを持てたのも彼らの好意に負うところが大きく，深く感謝する．

とりわけ四人の方には特にお世話になった．前の版の原稿を丁寧に読んで，訂正や助言と共に私のさまざまな質問に明快な答えを与えてくれたイングリッド・ドブシー（Ingrid Daubechies）に感謝する．ステファン・マラー（Stephane Mallat）は，私がまごついていたたくさんの点を解明し，暗礁をいくつか迂回させてくれた．特に，多重解像度についてはあまり神秘的記述をしないよう念を押してくださった（彼の説明の後，私がまとまらない質問を洪水のように浴びせたときも，彼は文句を言わなかった）．オリヴィエ・リウール（Olivier Rioul）には，私の不備なところを見つけ出し親切に埋めてくれたことを深く感謝する．私ははじめ彼の正直さに不満を持ってしまったのだが，彼が示してくれた親切に感謝するばかりである．ヴィクトール・ヴィッケルハウザー（Victor Wickerhauser）は尽きることのない好意を示し限りなく陽気に接してくださった．この方々は，私が畑違いの仕事をすることを意識し過ぎていた何ヵ月かの間，数限りない質問に答えながら励ましてくれた．

私が面会し，本書の執筆に多大な協力をいただいた次の研究者の方々にも感謝したい．ダヴィッド・ドノホ（David Donoho）には明快な説明ととても有益

な助言をいただいた．マリー・ファルジュ（Marie Farge）は，私が混乱した考えのまま初めて研究室を訪ねたとき，自分の仕事を脇においてつき合ってくれた．そのとき，彼女はいくつかの図を示すだけでよいと考えていたのだが，私の質問に2時間もかけて答えてくれた．ダヴィッド・フィールド（David Field）は数学や信号処理の他にウェーブレットの発展を概説して，ウェーブレット変換をあるいくつかの信号の断片的符号化（un codage epars）と見る彼の解釈を説明してくれた．マイケル・フレイジアー（Michael Frazier）にはアーヴィン（Irvine）で大変な努力をして2時間で調和解析の説明をしてもらい，その後も助けてもらった．レオナルド・グロス（Leonard Gross）は量子力学に関していくつもの助言をしてくれた．アレックス・グロスマン（Alex Grossmann）には素晴らしい英語で楽しく教育的な話をしていただいたが，もっとうまく訳せなかったのが残念である．ロバート・シュトリシャルツ（Robert Strichartz）には原稿の見直しを手伝っていただいた．他の方々は，直接お話はできなかったが，E-メールや郵便で貴重な協力をいただいた．エドワード・アデルソン（Edward Adelson），クリストフ・ダレッサンドロ（Christophe d'Alessandro），ミシェル・バーロウ（Michel Barlaud），ジョナサン・ベルガー（Jonathan Berger），グレゴリー・ベイルキン（Gregory Beylkin），ロナルド・コアフマン（Ronald Coifman），カレン・ド・ヴァロア（Karen De Valois），ルッセル・ド・ヴァロア（Russell De Valois），ロナルド・ド・ヴォール（Ronald De Vore），ウリエル・フリッシュ（Uriel Frisch），ジョフリー・ジェロニモ（Jeffrey Geronimo），エリック・ゴアランド（Eric Goirand），デニス・ハーリィ（Dennis Healy），シュバ・カダンベ（Shubha Kadambe），リチャード・クロンランド−マーチネット（Richard Kronland-Martinet），ピエール−ジル・ルマリエー−リウッセ（Pierre-Gilles Lemarie-Rieusset），ブラッドレー・ルシエ（Bradley Lucier），ジルベルト・シュトラング（Gilbert Strang），ジーン・スヴィッケス（Gene Switkes），ブルノ・トレサニ（Bruno Torresani），マイケル・アンザー（Michael Unser），そしてマーチン・ヴェッテルリ（Martin Vetterli）．

このリストは，ヴァージニア・ウルフ（Virginia Woolf）がその小説『オーランド（Orland）』の序文で書いているように，「まだもっと長くなりそうだが，もうこれですでにとても立派なものになっている．これはとても楽しかった思い出を蘇らせてくれると同時に読者の期待をかきたてて，後はもうこの本自体がそれ

を裏切るだけかもしれない.」だから私は次の方々に謝辞を述べて終わることにする. 私にウェーブレットの最初の記事の執筆を要請されたステファン・モートナー, 技術的協力をしてくださったユバル・フィッシャー (Yuval Fisher), ディーク・シュライヒャー (Dierk Schleicher), リカルド・オリヴァ (Ricardo Oliva) そしてラルフ・オベルスト–ヴォース (Ralph Oberste-Vorth), 参照文献のリストを作る手伝いをしてくださったマーク・ベーカー (Mark Baker),『フーリエ解析』の著者, トム・ケルナー (Tom Körner). この本には教育的な逸話や楽しい小話が入っている. コーネル大学のオーリン図書館の方々, 図の複写を許可してくださった SIAM, フランス語の表現で協力してくれた義姉, アリース・レッスラー (Aries Roessler), テキストの訂正をしてくれた義母, ハリエット・ハバード (Harriet Hubbard), 私の手抜きで家や庭がひどい状態になるところを一生懸命かばってくれた私の子供たち, アレキサンダー (Alexander), エレノア (Eleanor), ジュディス (Judith) そしてダイアナ (Diana).

この本のかなりの部分は, 夫がビュール–シュール–イヴェットの高等科学研究所 (l'Institut des Hautes Etudes Scientifiques) で研究していたとき, フランスで書き上げたものである. お招きいただいた同研究所に, 特に, 入手しにくい資料を探して私の仕事に便宜をはかってくださったシュミット夫人にお礼申し上げたい.

私の原稿を本にしてくださった Pour la Science 社の方々, 特に, 私にこれを書くよう提案し, 私ができないと言っても断固として引かなかったフィリップ・ブーランジェ (Philippe Boulanger), そしてこの本の編集者, ベネディクト・ルクレルク (Benedicte Leclercq) にお礼申し上げる.

付け加えるまでもないが, ここにあげた方々には間違いとか不手際について一切責任はない. この本の長所はたくさんの著者がいることであるが, 間違いや不手際は私の責任である. というのは, たくさんいただいた賢明な忠告にいつも従ったわけではないからである. 私は数学教育を受けていない読者が読める本を書きたかった. 自分は, 幸か不幸か, 初心者が何を求めているかよくわかる立場にあると思えたので, 自分自身の直観に従った場合もあった. 協力していただいた優れた研究者の方々はきっと, 初歩的な議論に当惑されることもあるだろう. 彼らには一切責任はありません！

本編へのプロローグ

　アメリカの数学者マイケル・フレイジアーは，真の数学者によって創られた真の数学は決して何かに応用されたりはしない，という伝統の中で育った．「私は決して応用研究はしないだろうと思っていたし，それが誇りでもあった」と彼は回想している．「好きだったから調和解析を勉強した．それを応用するということは，定義により，不純であった」しかし彼はふと気づいてみると，1991年と1992年に，ある数学を使って，騒々しい背景音の中から潜水艦の船体に特徴的な音を取り出す研究を行なっていた．

　セント・ルイス（ミズーリ州）ではヴィクター・ヴィッケルハウザーが同じ数学を使って，FBIが最小の経費で指紋を保存できる方法を考えていた．また，エール大学ではロナルド・コアフマンが，ブラームスのピアノ録音盤の傷を修正するためにその数学を使っていた．さらにフランスではパリ・ドーフィヌ大学でイヴ・メイエが，この新しい数学を宇宙の大規模構造の研究にどう使ったらよいかを天文学者達に説明していた．

　10年程前から，普通なら抽象的な純粋数学の研究に没頭しているはずのかなりな数の数学者が，熱心に多くの実用的プロジェクトに関わり手を汚している．これらの研究は多種多様だがどれもある新しい数学を使うという共通点がある．この数学言語は，振動を引き延ばしたり圧縮したりしたもので，「ウェーブレット」の名前で呼ばれている．

　さまざまな情報，音声，指紋，写真，医学用X線撮影，宇宙線，地震波などはすべて，このさまざまな分野で別々に発展してきた新しい言語に移し替えることができる．ウェーブレット変換はしばしば，計算時間の短縮や，情報の分析，伝達，圧縮，また，信号から雑音を取り除くことなどを容易にする．わずかの間に，ウェーブレットは膨大な数の人々に受け入れられた．オリヴィエ・リウールが1989年に国立高等通信学校で学位論文の仕事を始めたときには「ウェーブレットは科学者達にとっては，まだ信号処理の分野の外にあるものだった…それから3年たった今日ではこの分野でウェーブレットについて発表した研究者はもはや数えきれないほどである…これを扱った学位論文とか出版されたあるいは出

版途中の本も…」と彼は書いている.

　熱烈な研究者の中には,電話をしたりテレビをつけたりするたびに利用される由緒ある数学言語であるフーリエ解析にウェーブレットが取って代わるかもしれない,という考えを抱いているものもいる.今はこの二つの言語が互いに補い合っているのは確かで,研究者はこれらを組み合わせ,さらにはウェーブレットを越えた新しい言語を創り出そうとしている.このウェーブレットの創始者の一人であるイヴ・メイエは次のように指摘している.「どの言語にもその強さと弱さがある.フランス語は解析や正確さには力を発揮するが,詩や感情の表現にはあまり適さない.フランス人があれほど数学が好きなのは,きっとそのためだ.私にはヘブライ語を話す友人がいるが,彼が言うには,ヘブライ語はフランス語よりはずっと良く詩的イメージを表現する.情報に直面して,どの言語を使えばもっとも良く表現できるか,を考えなければならない.フランス語か? ヘブライ語か? 英語か? ラップ人は雪について15の言葉を持っている.それなら雪について話したいときには,ラップ語を選ぶのがよいだろう.」

　フーリエの言語は情報処理のある種の仕事には都合がよいが,ウェーブレットの言語は他の仕事に都合がよく,それらを組み合わせた言語はさらに他の仕事に都合がよい.大事なのは,長い年月——フーリエ解析の誕生にまでさかのぼればほぼ2世紀——が経ってようやくこのような選択ができるようになったということである.

Notes

1) M. BARTUSIAK et al., *A Positron Named Priscillia*, National Academy Press, 1994.
2) ファラデーからマクスウェル宛のこの手紙は次の文献で読むことができる;*The Life of James Clerk Maxwell*, de L. CAMPBELL et W. GARNETT, MacMillan and Co., London, 1884, p. 206.
3) P. J. Davis et R. hersh, The Mathematical Experience, Birkhäuser, Boston, 1980, p. 36.
4) O. RIOUL, *Ondelettes régulières: application à la compression d'images fixes*, Thèse de doctorat, École nationale supérieure des Télécommunications, mars 1993, pp. 1-2.

1
フーリエ解析
──一篇の詩が世界を変える──

　ウェーブレット解析はフーリエ解析から生まれた．だからウェーブレットの歴史はフーリエ解析の歴史から始まっている．しかしこの理論の出発点を見きわめるのは容易ではない．じつはフーリエ解析そのものはフーリエの仕事よりもはるか以前に生まれたものであり，この理論を練り上げたのは主として彼の後継者達である．それでもフーリエは歴史的に重要な位置を占めている．彼が数学，科学，そして日常生活に与えた影響は計り知れないほど大きい．そして驚くべきことに，フーリエはアマチュア数学者であった[1]．

　ジョセフ・フーリエ（Joseph Fourier）は，父の12番目の子，そして母の9番目の子として，1768年オーセールで生まれた．9歳の時に母を失い，しばらくして父も失った．母の死後，兄弟の中の二人は孤児養護施設に入れられたが，フーリエは勉学を続けた．1780年オーセールの陸軍学校に入学，ここで13歳の彼は初めて数学に出会った．

　ヴィクトール・クーザン（Victor Cousin）はフーリエの伝記[2]の中で語っている．「言い伝えによれば，彼は昼間ろうそくの切れ端をたくさん集めておき，夜になって皆が眠ってしまうと起き出して，そっと学習室に下り，ろうそくをつけて，長い時間数学の問題に取り組んでいた」．

　彼の成績の良さはオーセールの司教の注意を引いたが，砲兵隊や工兵隊に入隊することはできず，サン・ブノア・シュール・ロアール修道院の修練士になった．（フーリエの友人によると，司祭は「フーリエは貴族ではないから，第二のニュートンになろうというのに，砲兵隊にも工兵隊にも入れなかったんだ」と言ったらしい．しかしこれに異論を唱える同時代人もいる.)

1. フーリエ解析——一篇の詩が世界を変える——

図 1.1　ジョセフ・フーリエ（Joseph Fourier）
男爵，科学アカデミー会員，レジオン・ドヌール受勲者，等々.（科学アカデミー資料）

しかしフーリエが修道誓願をたてる前に革命が勃発した．はじめ彼は政治の激変にも無関心だったが，次第に「王も聖職者もいない自由な政府を打ち立てるという崇高な希み」[3]に夢中になり，1793年にはオーセールの革命委員会委員になった．このころ彼は二度，最初はロベスピエールが失脚する前の流血の時期に，二度目は1795年6月に逮捕されている．ある朝，彼を逮捕するためにやって来た者たちは，ほとんど着替えをする間も与えなかったという．クーザンによれば，門番の女がきっとすぐに釈放されるだろうからと言ったのに対して民兵が答えた言葉を，フーリエは決して忘れることはなかった．「あんた，自分で迎え

に来るがいいさ，二つにちょん切られたこいつをな．」

　フーリエは恐怖政治に参加したとして糾弾されたが，オーセールのいかなる家庭でも「あの時代，父や親族を悼まなければならなくなるようなことは起こらなかった」[3] というのが彼自身の言い分であった．クーザンは次のような話も語っている．あるときフーリエは，無実と思っている男の逮捕を阻止しギロチンを免れさせるために，逮捕係の役人を旅籠の昼食に招いた．「彼は役人を故意に引き止めるため親切の限りを尽くした後，口実をもうけて食事をしていた部屋を出てそっと戸に二重の鍵をかけて締め，危険が迫っている男に知らせに走り」，その後，ゆっくりと戻ってきてから詫びを言った．

　革命後，フーリエはパリで教師をし，それからナポレオンに同行してエジプトに行き，ナポレオンが設立したエジプト研究所の常任書記として働いた．後に，フーリエはエジプトについての著作を書くことになるが，今日でも，数学や物理学への寄与よりはエジプト学の仕事の方で，フーリエの名をよく知っている人々がいる．

　1802年，フーリエはフランスに戻りイゼール県の知事に任命された．彼はこの職を14年間務めあげ，完璧な行政官という評判を獲得するに至った．彼の功績の一つは，何度もマラリヤ流行の原因となっていた80キロメートル四方ほどの沼地について，協力し合って水抜きをするよう37の市町村を説得したことである．クーザンによれば，この仕事には機転と「不屈の忍耐」が求められた．フーリエはナポレオンに仕えていたため，ワーテルローの戦いの後は年金が支給されず，セーヌ県の統計局でひっそりと暮らした．一度はルイ18世の拒否に遭ったが，1817年，フーリエは科学アカデミー会員に選ばれている．

1.1　一篇の数学的詩

　フーリエは，行政の職務を抱え，しかも長年パリから離れていたにもかかわらず，数学や科学の研究を続けることができた．ヴィクトル・ユゴーは「後世から忘れられた」[4] 四人として，もう一人のフーリエ（経済学者で哲学者のシャルル・フーリエ）と共にフーリエをあげているが，現在では科学者，数学者，信号処理の専門家で彼の名を知らないものはいないだろう．フーリエの名声は，彼が1807年の論文で定式化し，1822年著書『熱の解析的理論（*Théorie analytique de la chaleur)*』[5)] の中で発表したアイデアによるものである．

補足①　数学的解析

「数学解析の世界は自然そのものと同じように広大である．それは感覚され得るあらゆる関係を定義し，時間，空間，力，温度を予測する．この難しい科学はゆっくりと形成されるが，いったん獲得した知識はすべて保存される…

「数学解析は極めて多様な現象を比較し，それらを結び付けている隠れた類似性を見つけ出す．空気や光のように素材がきわめて微細なために我々には見えないとしても，物体が広大無辺の宇宙の彼方にあるとしても，おびただしい数の世紀をさかのぼった時代の天空のスペクタクルを知りたいと望むときも，重力や熱の作用が固い地球内部の永遠に近づけない奥深いところで発揮されるとしても，数学解析はやはりこれらの現象の法則をとらえることができるのである．数学解析はそういう現象を，我々にとって存在するもの，測ることのできるものにしてくれるのであり，命の短さを埋め合わせ，感覚の不完全さを補うための人間の理性の一つの能力なのである．そしてさらに注目すべきことは，数学解析はあらゆる現象の研究の中で同じ歩みをたどり，宇宙の唯一性と単純性を証明するかのように，同じ言語でそれらの現象を説明する…

ジョセフ・フーリエ，『熱の解析的理論』（23-24 頁）

ジェームス・クラーク・マックスウェル（James Clark Maxwell）はこの著作を「偉大な数学的詩篇」と評した[6)] が，この表現をもってしても，その輝かしい影響力を十分に示しているとはいえないだろう．17 世紀に，アイザック・ニュートン（Isaac Newton）は，力が生み出す運動よりもその力の方が基本であり，世界を理解するためには力を微分方程式や偏微分方程式で表さなければならない，というすばらしい考えを表明した（アルバート・アインシュタイン（Albert Einstein）によれば，それは「かつて一人の人間が行なうことのできた最大の知的寄与」[7)] である）．

ニュートンの微分方程式の一つは，二つの物体間の引力をそれらの質量と物体間の距離とに関係づけるものである．この方程式は数えきれないほどの観察に取って代わることになった．未来を予測できる科学が可能となり，数学者ピエール・シモン・ド・ラプラス（Pierre Simon de Laplace）をして，宇宙の物体の過

去と未来の運動を記述する唯一の方程式を考える気にさせた．ニュートンから1世紀後に彼は書いている．「与えられた瞬間に，自然を動かすすべての力と自然を構成する存在物のすべての位置を知る知性があれば，そしてさらに，その知性がそれらのデータを解析し得る巨大なものであれば，宇宙最大の物体の運動と最も軽い原子の運動を同じ方程式で扱うことができるだろう．その知性にとっては不確かなものは何もなく，その目には未来も過去もそこに存在しているだろう．」[8]

しかしこの楽観論は現実にぶつかってしまった．これらの方程式を解くこと——力そのものが刻一刻我々の新たな位置に従って変化するとき，その力によって我々がどこまで運ばれるか，を予測すること——は容易ではない．フーリエは書いている．「熱の伝播を記述する線形偏微分方程式が非常に単純な形をしていても，既知の方法ではそれを解くいかなる一般的方法も得られない．それゆえ，従来の方法では一定時間後の温度の値を導き出すことはできないだろう．しかしこの値をきちんと求めることは必要である…それが得られない限り…発見されるべき真理は，物理現象の中に隠れていたのと同様，方程式の中に隠れ続けるのである．」

「我々は細心の注意をはらってこの問題に取り組み，やっと困難を克服するに至った．」と彼は続ける[9]．ニュートンから約150年後，フーリエはある種の方程式，すなわち線形偏微分方程式からいかにしてこの真理を取り出すかを示したのである．

同時代の人々は，フーリエが期待したほどにはこの仕事を熱狂的に受け止めなかった．彼の論文は1812年の数学大賞を受賞したが，次のようなコメントがついていた．「彼の解析は…一般性の面でも厳密さの面でも不完全なところがあり不満が残る．」[10]

しかし後世は彼の仕事にもっと好意的であった．例えば，英国の物理学者ロード・ケルヴィン（Lord Kelvin, William Thomson）にとっては「そのユニークなオリジナリティ，その強力かつ卓越した数学上の利益，あるいはその永遠に重要な有用性をどのように讃えればよいのか，表現するのが難しいほどである．」[11]

フーリエの仕事は1世紀間数学解析を支配し，数論や確率論にさえ影響を及ぼした．数学以外でも，その重要性は議論の余地がない．科学者や技術者がシステムを作り上げたり予測を述べたりするたびに，フーリエ解析を使っているのである．フーリエのアイデアは線形計画法，結晶学，そして電話，ラジオ，医学

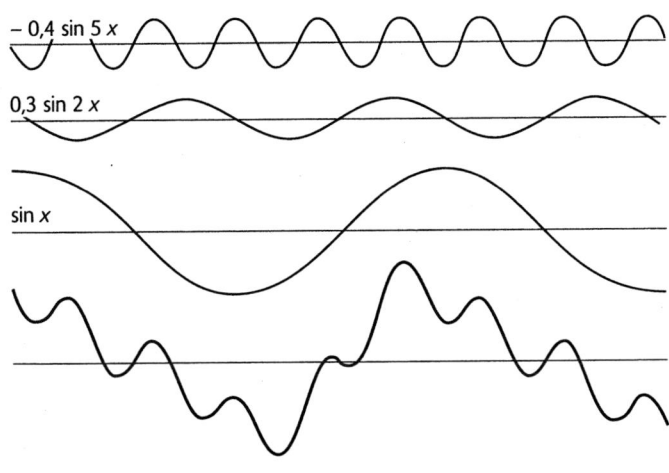

図 1.2
1807年フーリエはほとんどの関数は一連のサインとコサインの和であることを示した.下の関数は上の三つのサインで構成される.

用イメージスキャナーのような多くの装置の基盤ともなっている.英国の数学者T.W. ケルナー（Korner）が書いているように,それは「我々の社会の常識に溶け込んでいる.」[12)]

1.2 たくさんの奇妙な関数

フーリエの貢献には二重の意味がある.まず,彼は一つの数学理論を発見した（後にディリクレ（Dirichlet）により証明された）.次に,この理論が何に役立つかを示した.この数学理論は,どんな周期関数も様々な振動数のサインカーブ（サインおよびコサイン）の和として表すことができる,と結論している（図1.2参照）.これは今日,フーリエ級数と呼ばれるものである.おおざっぱに言うと,あらゆる周期的曲線は,たとえ不連続であっても,完全に滑らかな曲線の和として表せるということである.不規則な曲線とサインカーブの和というのは,同じ対象を異なる「言語」で表した2種類の表現なのである.

サインカーブは大変巧妙に足し合わさなければならない.まず振幅は係数 ── 大きな係数のサインカーブは足し合わせるとき無視することができない ── を掛けて調整し,さらに位相をずらしてぴったり重ねたり相殺したりしなければなら

ない．非周期的な関数も，遠くで速く減衰してグラフの下の面積が有限となる場合は，フーリエ変換によって扱うことができる．このようにフーリエ級数あるいはフーリエ変換によって元の関数を表すことができる．つまり関数の表現法を変えているのだが，一つの言語から他の言語に翻訳しているだけであって，いかなる情報も失われているわけではない．

　フーリエ自身はこの理論を「驚くべき」ものと考えたが，多くの数学者の反感を買うことになった．というのは，数学者は規則的な曲線で表される関数に慣れていたからである．例えば，$f(x) = x^2$ はごくおとなしい，きれいな放物線になる．（関数とは与えられたある数を他の数に変えるための規則を与えるもので，関数 $f(x) = x^2$ は x の2乗をとることを意味している．）しかしフーリエの考えによれば，不規則な曲線も関数であり，サインやコサインの和として表すことができる．これは当時の数学者にとって衝撃的であった．この考え方はその後，数学の世界に激しい変化を引き起こすことになった．19世紀のかなりの期間，数学者たちは関数の新しい定義を考え続けた．補足⑧「関数空間への旅：ウェーブレットと純粋数学」（p.77）に述べるように，ちゃんとしたフーリエ級数であっても，それが表現する関数のうちには，グラフにも描けず想像することさえできない関数が含まれているのである．

　数学者アンリ・ポアンカレ（Henri Poincaré）は1889年に書いている．「役に立つ立派な関数には全然似ていない変な関数がわんさと出現した．連続性のないもの，あるいは連続性はあるが導関数のないものなど…．しかも論理的に最も一般性のあるのは，こういった奇妙な関数なのである…．かつては，新しい関数を創るときは何か実用的な目的のためだった．今は，これらの新しい関数を作るのは，我々の前の世代の論法の欠点をあげつらうためのみであり，それ以外に何か有用な結論を得るわけではない．」[13]

補足②　フーリエ変換

　フーリエ変換は一つの数学的操作であり，プリズムが光をいくつかの色に分解するのと同じように，関数を振動数によって分解するのである．つまり，時間に依存する関数 f を，振動数に依存する関数 $\hat{f}$（f ハットと読む）に変える．この新しい関数

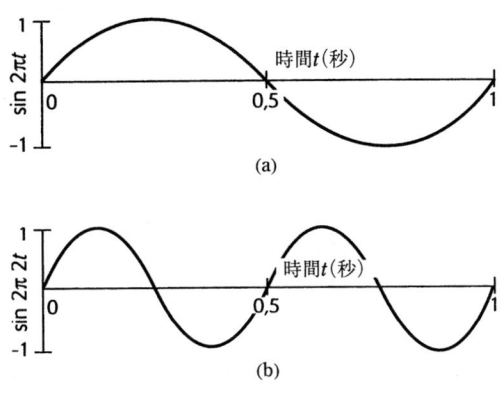

図 1.3
(a) $\sin 2\pi t$ の振動数は 1 サイクル/秒（1 ヘルツ）である．
(b) $\sin 2\pi 2t$ の振動数は 2 サイクル/秒（2 ヘルツ）である．

は，元の関数に各振動数のサインやコサインがどれだけ含まれているかを表すものであり，元の関数の フーリエ変換（周期関数については，その フーリエ級数）と呼ばれる．

信号 —音楽とか株式相場の変動のような— のような時間とともに変化する関数では，振動数は通常ヘルツまたはサイクル/秒で表される．図 1.3 は振動数の違う二つのサインカーブである．

空間的に変動する関数もフーリエ変換される．指紋のフーリエ変換は 1 cm 当たり 15 振動の「空間振動数」の付近で最大となるだろう．普通の時間振動数は時間の逆数の次元を持つが，空間振動数は 波数 と呼ばれ長さの逆数の次元を持っている．

関数とそのフーリエ変換は同じ情報の二つの面を表している．関数は時間についての情報をはっきり示すが，振動数についての情報は隠れている．音楽の録音記録に対応する時間関数は空気圧の時間変化（音波）を示すが，音楽がどんな振動数 —どんな音符— から成っているかは教えてくれない．

逆にフーリエ変換では，振動数についての情報がはっきり示され，時間的変化の情報は隠れている．音楽を構成する振動数について教えてくれるが，その音符がいつ現れるかという情報は隠れているわけである．

しかしそれでも，関数とそのフーリエ変換はいずれも信号についての完全な情報を含んでいるので，関数からフーリエ変換を得ることもできるし，フーリエ変換から関数を再構成することもできる．

● フーリエ級数

周期関数はどんなものでもフーリエ級数の形に書くことができる．その周期が 1（すなわち $f(t) = f(t+1)$）ならば，この級数は次のようになる．

$$f(t) = \frac{1}{2}a_0 + (a_1 \cos 2\pi t + b_1 \sin 2\pi t) + (a_2 \cos 2\pi 2t + b_2 \sin 2\pi 2t) + \cdots \quad (1a)$$

フーリエ係数 a_k は，信号 $f(t)$ に含まれる振動数 k のコサイン関数 $\cos 2\pi kt$ の「量」を表し，係数 b_k は振動数 k のサイン関数 $\sin 2\pi kt$ の「量」を表している．

フーリエ級数は基本振動数（周期の逆数）の整数倍の振動数を持つサインカーブしか含んでいないので，式 (1a) は普通次のように書かれることが多い．

$$f(t) = \frac{1}{2}a_0 + \sum_{k=1}^{\infty}(a_k \cos 2\pi kt + b_k \sin 2\pi kt) \quad (1b)$$

この式で k は振動数を表し，記号 $\Sigma_{k=1}^{\infty}$ は，1 から無限大までのすべての整数値 k について項 $(a_k \cos 2\pi kt + b_k \sin 2\pi kt)$ の和をとることを意味している．

振動数，または波数は，元の関数の変数に対応するギリシャ文字で表されることが多い．時間変化する信号のフーリエ変換では，t に対応するギリシャ文字 τ（タウと読む）が用いられ，空間変化する信号のフーリエ変換では，x に対応するギリシャ文字 ξ（グザイと読む）が用いられる．しかし普通数学では，これらの文字は連続的な変数を表すことが多いので，フーリエ級数の整数値変数を表すときは k を用いる方がよい．

「2π」は式を重苦しくしているが，残念ながらこれは周期性を表すためにはどうしても避けられない．つまり，関数 $\sin 2\pi t$ では周期は 1 だが，関数 $\sin t$ の方は周期が 2π であるからである（図 1.4）．

周期 1 の関数 $f(t)$ のフーリエ係数は次の式によって求められる．

$$a_k = 2\int_0^1 f(t)\cos 2\pi kt\, dt, \quad b_k = 2\int_0^1 f(t)\sin 2\pi kt\, dt \quad (2)$$

すなわち，関数 f と振動数 k のサインまたはコサインの積を計算し，それを積分

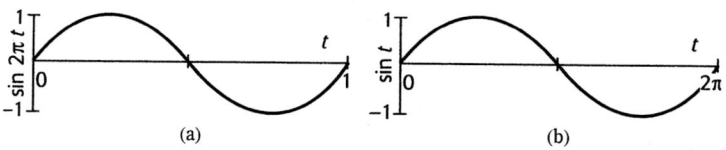

図 1.4 (a) $\sin 2\pi t$，および (b) $\sin t$

して，さらにその値に 2 を掛けるわけである．関数を積分することは，その曲線の下にある面積を求めることと同じである．記号 $\int_0^1$ は 0 と 1 の間で積分することを指示し，「dt」は積分変数が t であることを示している（補足④「積分によるフーリエ係数の計算」（p.35）を見よ）．

式 (1) によってフーリエ係数から元の関数を再構成することができる．すなわち，各サインカーブにその係数を掛け（振幅を変えて），得られた関数を一つ一つ加え合わせる．第 1 項だけは 2 で割る．

● 位相と振幅

フーリエ変換された関数の中では，時刻（または空間的な場所）に関する情報は位相，すなわちサインカーブのずれの中に隠されている．振動数 k の波の位相と振幅―寄与の大きさ― は，係数 a_k と b_k から計算できる．すなわち，この係数を平面上の点の座標 (a_k, b_k) として表すと，この点と原点を結ぶ線分が水平軸となす角 θ_k（シータ，ケー）が位相であり，この線分の長さ $\sqrt{a_k^2 + b_k^2}$ が振幅である（図 1.5）．

つまり位相 θ_k は次式によって係数 a_k および b_k から求めることができる．

$$\cos\theta_k = \frac{a_k}{\sqrt{a_k^2 + b_k^2}}, \qquad \sin\theta_k = \frac{b_k}{\sqrt{a_k^2 + b_k^2}}$$

振動数 k の項は $a_k \cos 2\pi kt + b_k \sin 2\pi kt$ である．この項は位相 θ_k だけずれた一つのコサインと考えることができる．この項に振幅を掛けて割る（すなわち 1 を掛けることになる）と，次式が得られる．

$$\sqrt{a_k^2 + b_k^2}\left(\frac{a_k}{\sqrt{a_k^2 + b_k^2}}\cos 2\pi kt + \frac{b_k}{\sqrt{a_k^2 + b_k^2}}\sin 2\pi kt\right)$$
$$= \sqrt{a_k^2 + b_k^2}(\cos\theta_k \cos 2\pi kt + \sin\theta_k \sin 2\pi kt)$$
$$= \sqrt{a_k^2 + b_k^2}\cos(2\pi kt - \theta_k)$$

この式の最後の部分ではよく知られた三角法の公式が使われている（付録 B「三角法のいくつかの定義」の式 (B1) を見よ）．この式から，サインとコサインを含ん

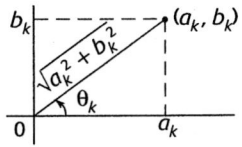

図 1.5 振動数 k の位相と振幅の図表示

だフーリエ級数の第 k 項は位相 θ_k だけずらした一つのコサインに等しいことがわかる.

理論上は,位相はあまり複雑そうにはみえない.しかし実際には,時間に関する情報を引き出すために十分な精度で位相を求めることは不可能である.例えば,音叉のイ音の振動数は 440 ヘルツである.しかし,ある交響曲の録音のフーリエ変換を用いて,曲が始まって 20 分後にイ音が奏でられているかどうかを知ることができるだろうか? そのためには $1/(20 \times 60 \times 440)$ すなわち $1/528000$ 以下の誤差で位相を知らなければならないだろう.(20 分間を区間 [0,1] とすると,440 ヘルツのイ音の波の周期は $1/(20 \times 60 \times 440)$)さらにサイクルの中のどの位置にいるかを知ろうとすれば,この数を少なくとも 5 で割らなければならない,つまり $1/2640000$ である.たった一つの振動数の位相を知ることは,1 km を 0.5 mm 以下の誤差で測定することに相当することになる.

この問題を別の面からみてみよう.イ長調の交響曲を考えてみる.このフーリエ変換はこの振動数 [440 ヘルツ] では大きな係数を持つだろう.20 分後に休止拍が現れるとする.これはフーリエ級数でみると,この休止の間,イ音が他の振動数の音の和によって打ち消されていることを意味する.もし,このイ音に 180 度 ─半周期,1 周期は 1/440 秒だから,これは非常に短い─ の位相ずれを起こさせると,コサインの符号が変わり,したがってイ音の符号が変わる.そうすると沈黙の代わりに,イ音が高らかに鳴り響くことになるだろう.つまり交響曲の「本当の」イ音が,他のすべての振動数の音の和 ─これはつまり「負の」イ音で,これもイ音として聞かれる─ を打ち消さず,反対に強めあうことになるのである.

● フーリエ変換

一つの周期関数のフーリエ級数は,基本振動数の整数倍の振動数のサインカーブしか含まない.関数が周期的でない場合でも,グラフの下の面積が有限になるように関数が無限遠で十分速く減衰するときは,この関数をサインとコサインの重ね合わせとして記述することができる.しかしこの場合は,すべての振動数の係数を計算しなければならない.この分解はその関数の <u>フーリエ変換</u> と呼ばれ,その係数は次の式に従って求められる.

$$a(\tau) = \int_{-\infty}^{\infty} f(t) \cos 2\pi\tau t\, dt, \quad b(\tau) = \int_{-\infty}^{\infty} f(t) \sin 2\pi\tau t\, dt \qquad (3)$$

または,変数が空間なら(単に変数の名前を変えるだけだが)

$$a(\xi) = \int_{-\infty}^{\infty} f(x) \cos 2\pi\xi x\, dx, \quad b(\xi) = \int_{-\infty}^{\infty} f(t) \sin 2\pi\xi x\, dx$$

p.20 の式 (2) では，考えている関数は周期が 1 だから，積分の範囲は 0 から 1 までであったが，周期的でない関数については，$-\infty$ から ∞ までの範囲で積分しなければならない．

●複素数

数学者が複素数を使いたがるのは，彼らがマゾヒストだから，というわけではない．彼らにすれば，たいていはその方が簡単だからである．フーリエ解析では，複素数を使うとサインとコサインを分けて書く必要がなくなり，各振動数についてのフーリエ係数を一つだけですますことができる．

複素数 $z = x + iy$（i は虚数 $\sqrt{-1}$）は平面上の点 (x, y) で表すことができる．複素数を使ってフーリエ級数またはフーリエ変換を表すには，次の式（英国の数学者アブラハム・ド・モワヴル（Abraham De Moivre）による）を用いる．これは最も注目すべき，かつ最も神秘的な数学の公式の一つである．この式によって，2000 年以上もの間お互いに無関係だった数学の二つの分野，三角法と複利計算が結びつけられることになった．

$$e^{i\theta} = \cos\theta + i\sin\theta \tag{4}$$

この式から，角 θ の値を大きくしていくと，数 $e^{i\theta}$ は半径 1 の円の円周上を回ることがわかる（巻末付録 B「三角関数の定義」を見よ）．

e は，π と同様，無理数であり超越数でもある．π に似て，式 (4) とか利子計算のような思いがけないところによく顔を出す．利息 100 %（年利）の銀行預金を想像し，1 日ごとよりも速く，1 秒ごとよりも速く，連続的に〔複利で〕利息が組み入れられるとしてみよう．こんな口座に 1 フラン預けると，1 年後には $e = 2.718281\cdots$ フランになっている．$[\lim(1 + 1/n)^n = e]$

フーリエ解析では，記法を単純化するためにド・モワヴルの式が用いられる．周期 1 の関数のフーリエ級数は次のように書かれる．

$$f(t) = \sum_{k=-\infty}^{\infty} c_k e^{-2\pi i k t}$$

ここで c_k は振動数 k のフーリエ係数，

$$c_k = \int_0^1 f(t) e^{2\pi i k t} dt$$

である．

この記法では，式 (1) と (2) の「2」と「1/2」が消えている．$e^{2\pi i k t}$ の項は振動数 k の 指数関数（より正確には 複素指数関数）である．

無限遠に向かってかなり速く減衰する関数のフーリエ変換とその逆変換は次の通りである．

$$\hat{f}(\xi) = \int_{-\infty}^{\infty} f(x)e^{2\pi ix}\,dx, \quad f(x) = \int_{-\infty}^{\infty} f(\xi)e^{-2\pi ix}\,d\xi$$

● 関数：それは f なのか，それとも $f(x)$ なのか？

数学者は関数 f を，与えられた点 x における関数の値 $f(x)$ と区別する．彼らは抽象的に関数 f を考え，変数が時間か，空間か，温度か，それともお金なのかは気にしない．

しかしそれでも，記号なしに関数の働き方を定義することはできない．例えば，$f(x) = x^2$ と書く．これはたぶん，関数を抽象的に扱わねばならないとき，多くの学生が感じる難しさの原因でもある．教師が f と言ったとき，彼らは $f(x)$ を考えているのである．

これは<u>個体発生は系統発生を繰り返す</u>という原理の数学的な例なのだろう．19 世紀には，数学者はいつも関数 $f(x)$ を考えていたが，20 世紀になって，関数を無限次元空間の中の点あるいはベクトルと考える（補足⑦「直交性とスカラー積」(p.68) を見よ）ようになったとき f と書き始めたのである．とはいえ学生達は，歴史的には数学者を大いに混乱させた概念 —複素数のような— を簡単に受け入れていたりもする．

いずれにせよ，この用語の混乱がことを難しくしている．f のフーリエ変換を $\hat{f}$ と書くことはできるが，$f(x)$ のフーリエ変換を $\hat{f}(x)$ と書くことはできない．f の変数は $\hat{f}$ の変数ではないのである．f が空間によって変わる（すなわち x が変数）なら，$\hat{f}$ は空間的振動数（k や ξ）によって変化する．$f(x)$ のフーリエ変換は $\widehat{f(x)}$ と書くこともできるが，ハットの長さを気にしながら読まねばならない人生は複雑すぎるし，数学者の筆跡がそんなにきちんとしているわけでもない．

ポアンカレはフーリエの本を，「数学史上きわめて重要なものであり，たぶん，応用解析よりも純粋解析の方がずっとたくさんの恩恵を受ける」[14)] と高く評価していた．しかしまた，こういう奇妙な関数を初心者の学生に教えた場合の影響も心配している．「腕白坊主どもはどう考えるだろう？ 数学は役に立たない空理空論を勝手に積み重ねているにすぎない，と思うだろう．嫌気がさすか，さもなければゲームみたいに面白がるに違いない…」

しかし，「病的」関数が世界の記述に不可欠（カオスやフラクタルのような現代の研究分野につながる発見）であることを示したのもポアンカレだった．この

新しい概念は，当時衰退し瀕死と言われていたあるテーマに活力を与えることになった．

1810年，天文学者ジャン–バチスト・ドゥランブル（Jean-Baptiste Delambre）（新しいメートル原器を確立するため，ピエール・メシャン（Pierre Mechain）と共に非常な困難を乗り越えてダンケルク–バルセロナ間の子午線弧を測定した人物）は，科学アカデミー宛の数学に関する報告の中で，「乗り越え難い困難…それは我々の解析力がほとんど尽きてしまったと告げているようにさえ思える」[15]と嘆いている．

また，それよりも30年ほど前に，ラグランジュ（Lagrange）は友人のダランベール（d'Alembert）宛の手紙で，10年後にも数学をまだやっているかどうか疑問だ，と述べていた．「鉱山はすでにもうほとんど奥底まで掘り尽くしたので，新しい鉱脈を見つけないかぎり遅かれ早かれ放棄しなければならなくなるでしょう．アカデミーでの幾何学のポストが，いつの日か，現在の大学のアラビア語教授ポストのようにならないとも限りません．」[16]と彼は書いている．

フーリエの考えが，ケルナーの言うように「19世紀を特徴づける新しい方法や新しい数学的結果の潮」[17]の前ぶれであることは，時をおいて眺めるとよく見えてくるのである．

1.3　自然現象の説明

ドイツの数学者カール・ヤコビ（Carl Jacobi）によると，フーリエは数学の主たる目的は「公共の利益と自然現象の説明」[18]であると考えていたという．熱に関する研究の中で，フーリエは，彼の理論がいかに自然現象の理解に役立つかを示すため，それまでまったくお手上げだった方程式を数値的に扱ってみせた．フーリエ変換は，ある重要で複雑な一群の微分方程式を，一連の単純な方程式に置き換えるのである．

金属の棒の一端を熱し，時刻 $t = 0$ で加熱を停止してみよう．この棒の各点の温度はどう変化するだろうか？　初期の温度は，棒の長さ方向の距離によって変化する関数である．温度の時間変化を記述する微分方程式は特に難しいようには見えないが，これには時間と距離という二つの独立変数が含まれている．フーリエ以前は，このような方程式はどうやって手をつければいいのか誰もわからな

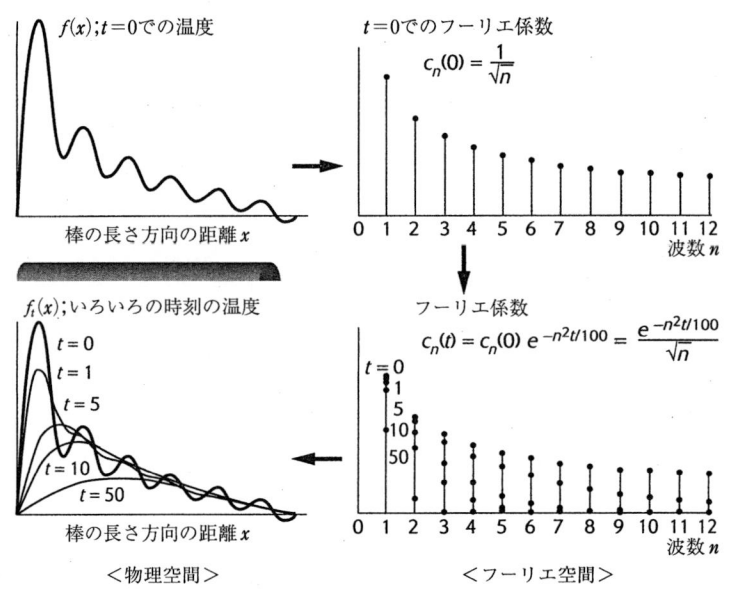

図 1.6

冷めつつある金属棒の温度変化を求めるため，まず初期温度 f を，棒の長さ方向の距離 x の関数として測定する．それからフーリエ空間に入り，この関数のフーリエ変換 $\hat{f}$ を計算する．これは時刻ゼロでの関数 f に含まれる各波数 $n(=1,2,3,\cdots)$ のサインカーブの係数 $c_n(0)$ を与える．次に時刻 t での係数を計算する．図には $t=1,5,10$，および 50 の場合を示してある．これらの係数は棒全体について同じである．つまり空間についての情報が消えてしまったようにみえるが，それは物理空間に戻るとまた現れる．つまり，時刻 t における $\hat{f}$ の逆変換の値は，時間 t における棒の長さ方向の温度 f_t を与える．

かった．この方程式にフーリエ変換を適用すると驚くべき効果を生じる．方程式が一連の単純で独立した微分方程式に変わるのである（図 1.6）．

　これら微分方程式の一つ一つは，温度分布を構成するサインカーブの係数の時間的変化を表す．各係数はそれ自身の方程式を持っているのである．（係数は，様々な振動数のサインカーブを大きくしたり小さくしたりするために掛ける数であることを思い出そう．係数は関数の構成に必要な各振動数の重みを表している．）これらの方程式はきわめて単純で，独立変数が時間一つにすぎない．ちょうど複利の銀行預金額を与える方程式に似ている（温度の場合は負の利子に対応する）．初期温度の係数は既知であるので，方程式を解いて時間 t 後の温度のフーリエ係数を得る．これらの新しい係数を用いて，時間 t 後の棒の各点の温度を与える新しい関数を作り上げる．このやり方には複雑なところも難解なところもな

い．銀行が毎月顧客の預金総額を計算するために用いるのと同じやり方である．

我々は「フーリエ空間」に一寸回り道をすることによって，問題の計算をきわめて簡単なものにした．これは，ローマ数字の LXXXVI と XLI の掛け算に出会ったときに，それをアラビア数字に直して $86 \times 41 = 3526$ と計算し，この答えをまたローマ数字に直すみたいなものである．

$$LXXXVI \times XLI = MMMDXXVI$$

加熱金属棒の例をみれば，なぜフーリエが不連続関数さえ含むあらゆる関数に適用できるようなテクニックを必要としたかが理解できる．初期の温度分布が規則的な曲線に従ってくれるとは限らないからである．フーリエによれば，「このような問題を扱う必要のあるすべての場合に適用できるよう，解が十分一般的で任意の初期温度分布を扱えることが必要であった」[19]．

補足③ フーリエ級数の収束と太陽系の安定性

フーリエが示したように，(ほとんど) 任意の周期関数 —不連続であっても— は，それぞれ係数によって大きさが調整された無限個のサインカーブの和で表すことができる．これらの係数によってフーリエ級数は組み立てられ，このフーリエ級数から関数を再構成することができる．周期 2π の「四角波」関数を考えてみよう (図1.7)．

この関数のフーリエ級数は次のように書かれる．

$$f(x) = \sin x + \frac{1}{3}\sin 3x + \frac{1}{5}\sin 5x + \cdots$$

このフーリエ係数は $1, 1/3, 1/5, \cdots$ である．もっと正確にいうと，これらの数はサインの係数で，コサインの係数は 0 である．級数がどんなふうにこの関数に収束するかをみるために，級数の最初の1項，3項，5項，7項の和の表す関数を描いてみよう (次頁図1.8)．

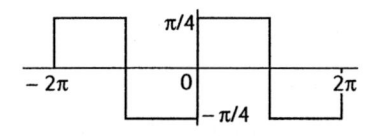

図 1.7 周期 2π の《四角波》関数

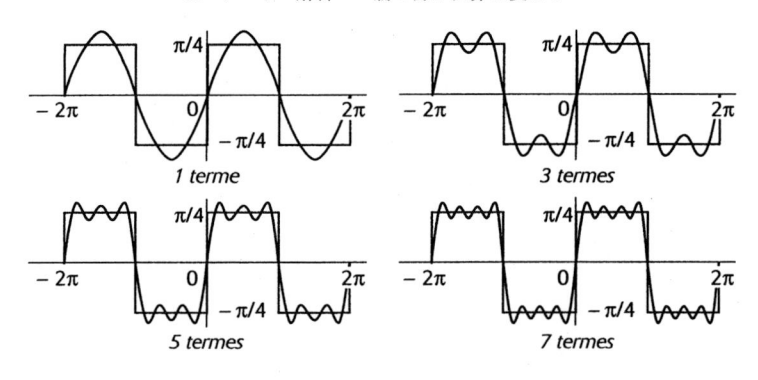

図 1.8　四角波とそのフーリエ級数のはじめの数項の和

● **数学的手品**

　上で，ほとんど 任意の関数はフーリエ級数に分解できると言ったが，なぜ「ほとんど」なのだろうか？　数学者が 1872 年に例外を発見したからである．連続関数の中には，そのフーリエ級数があるいくつかの点で発散するものがあるのである．数学者はときにはこれらの発散に目をつぶるのだが，1923 年にアンドレイ・コルモゴロフ（Andrei Kolmogorov）が発見した関数には呆然となった．この関数の級数はいたるところで発散するのである．

　級数の元の関数への収束が必ずしも自明でないことは認めざるを得ない．四角波を考えてみよう．これは区分的に連続で 区分的に微分可能 な関数である（不連続点の間では滑らか）．ギュスタヴ・ルジュウヌ・ディリクレ（Gustav Lejeune Dirichlet）は 1837 年に，この関数のフーリエ級数は 単純に 収束することを証明した．しかしこの収束という概念はいささかあいまいである．

　連続区間では（不連続点の近傍を除いて）何も問題は起こらない．つまり，新たに項をとるたびに，一項一項，級数は元の関数に近づく．言い換えれば，級数は 一様に 収束する．これに対し，不連続点では，このような収束は明らかに不可能である．2π での級数の値は同時に $\pi/4$ と $-\pi/4$ に収束することはできない．じつはこのときフーリエ級数は二つの値の平均値（ゼロ）に収束するのである．

　だから級数の収束には数学的な手品が必要なのだ．前の図を検討してみよう．四角波関数のフーリエ級数の第 1 項は関数そのものより高いことに気づく．級数の他の項を加えると元の関数を越える部分は不連続点に近づくが，なくなりはしない．この超過部分は決して消えないばかりか，それほど小さくならず，関数の跳びのほぼ 1/10 程度のままである．

　ギブス現象 と呼ばれるこの現象のために，19 世紀に作られた潮汐予報機の信頼性には限界があった．現代でもこの現象は，例えば医学的画像において偽の映像を作

り出す原因になっている．とはいえ，フーリエ級数は関数についての情報を持っており，かつ，この級数が どの x においても 収束することは確かである．つまり各点で級数はその関数に収束している．しかし，すべての点で同じような速さで関数に近づくわけではない．

別のやり方で級数の和を求めて，ギブス現象をなくすこともできる．和の先を細くするように，つまり級数の各項の重みをだんだん減らすように，級数の項に適切な重みをつけて和をとるのである．そうすると，ギブス現象のようにある項から先ではいくら項を足していっても超過部分が小さくならない，といったことも起こらなくなる．この総和法は，フーリエ級数の収束について，ディリクレが得たものよりも簡単な証明を可能にした[20]．

● 発散

ほとんどすべての周期関数はフーリエ級数で表現されるが，サイン・コサインから成るすべての級数が必ずしも一つの関数に対応するわけではない．例えば係数が十分速く減少しなければ，その級数は発散し，いかなる関数も表さない．しかしながら，1950 年代に，ローラン・シュヴァルツ（Laurent Schwartz）とイスラエル・ゲルファント（Israel Gelfand）は新しい考え方 —超関数（distribution）— を導入した．これは発散する級数に一つの意味を与えることに成功した．次の級数はその一つである．

$$\sin x + 3\sin 3x + 5\sin 5x + \cdots$$

この級数の初めの数項の和を表してみよう（図 1.9）．

フーリエ級数の収束は，純粋数学にとっても応用にとっても非常に重要な問題である．太陽系の安定性を証明しようとした 19 世紀の数学者を挫折させたのはこの問題であった．

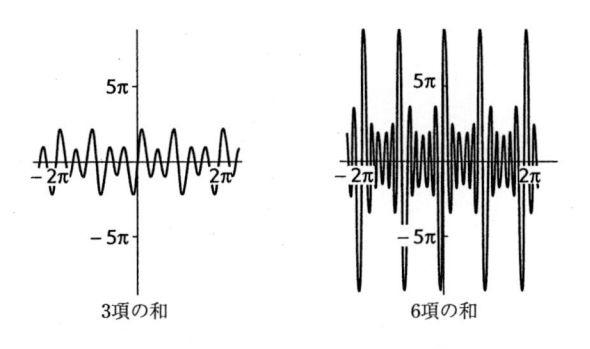

図 1.9 発散するサイン級数

図 1.10
19 世紀の偉大な数学者の一人カール・ワイエルシュトラスは，太陽系の安定性の問題にフーリエ解析を適用しようとした．

　太陽系の惑星は二百万年後も現在と同じ軌道をたどるだろうか？　周期的または準周期的な解を求めようとするときは，まず可能性のある解をフーリエ級数で表すことを考える．1878 年カール・ワイエルシュトラス（Karl Weierstrass）はロシアの女性数学者，ソフィ・コワレフスカヤ（Sophie Kovalevskaya）宛の手紙に，ニュートンの運動方程式によって係数が決定されるフーリエ級数を得た，と書いている[21]．しかし彼はこの級数の収束を示すことができなかった．3 年間この問題の研究を続けた後，彼は，これを解くにはどうしても「いくつかのまったく異なるアプローチ」が必要だと思う，と述べている[22]．「私はこれらのアプローチをおぼろげにつかんではいるのだが，依然として霧に包まれたままだ．」そして「誰か毎日一緒に私の試みについて議論してくれる人がいたら，たくさんのことがもっとはっきり見えてくるだろう．」と付け加えている．

●土星は太陽系から投げ出されることがあるだろうか

　太陽系の最終的な運命を考えるとき，最も懸念されるのは木星–土星対の将来である．木星の 1 年と土星の 1 年の比は 2/5 である．つまり，土星が太陽の周りを 2 回まわる間に木星は 5 回まわる．この二つの惑星は相対的に同じ位置で周期的に出会い，ちょうどブランコに乗っている子供を押してやったときの共振のように，お互いの引力による摂動が軌道のずれを増幅することが予想される．このときブランコとは違って，惑星の運動には摩擦によるブレーキはないので，摂動を弱めるものは何もないのである．

　物理学者，ジャン–バチスト・ビオー（Jean-Baptiste Biot）（1774-1862）はこの有理数比を見て，土星または木星の軌道のごく小さな摂動が土星を太陽系の外に投げ出すだろう，と推論した．これに対しワイエルシュトラスは激怒して，木星だって逃げ去るかもしれない，そうしたら「天文学者の仕事がかなり単純化されるだろう．な

ぜなら，正確に言えば，最も大きな摂動をもたらしているのはこの惑星なのだから．」と言った．彼は，安定性は軌道の周期の比に依存するはずがない，と反対した．有理性と無理性の違いが意味を持つほどに十分な精度でどうやって軌道が測定できるだろうか？ しかし，有理数比は彼が用いた数学的記述の中ではきわめて重要である．

この二つの惑星の共鳴の数学的記述には，有名な「小さな分母」問題が発生する．2惑星が一つの太陽の周りを独立してまわるなら，2/5 の比をなす安定な軌道はニュートンの方程式と完全に両立し得る．しかし二つの惑星間の重力を考慮すると，その軌道を記述するフーリエ級数はごく小さな分母を持つ無限個の係数を含む．この小さな分母は級数の収束を脅かす（なぜなら小さな数で割ると大きな数になるから）．ワイエルシュトラスはこのような級数の収束性の証明に成功しなかった．1942年になってようやくカール・ジーゲル（Carl Siegel）が小さい分母を含む級数の収束性を証明したのである．

●架空銀行預金口座

有理数，小さな分母，収束の間の関係を理解するために次の問題を考えてみよう．f が周期関数のときに，次の式を満たす同じ周期の関数 g が存在するだろうか．

$$g(t) - g(t-p) = f(t) \tag{5}$$

この方程式は木星と土星の軌道の問題の線形化である．お金の形で数字を考える方がわかりやすいので，架空の銀行預金口座を考えよう．$g(t)$ はお金を連続的に出し入れしている銀行預金の時刻 t での残高である．$g(t-p)$ は 24 時間前のこの口座の残高である（p は年で表され，約 1/365 である）．与えられた関数 f は，過去 24 時間の間にどれだけ増えたか，または減ったかを表している．

f が周期的で，たとえば 1 年の周期を持っていると仮定すれば，出費と貯金は毎年正確に繰り返されるということになる．つまり，あるとき 1,000 フラン出費したら，次の太陽年の正確に同じときに 1,000 フラン出費することになり，10,000 太陽年後にも同じように出費することになる．

f の周期が 1 年として，預金残高 $g(t)$ も同じ周期で繰り返されるような銀行口座を持つことができるだろうか？ そういう預金口座は大きく変動するかもしれないが，その一連のことは毎年飽くことなく繰り返される．太陽系が永遠に安定かどうかを知ろうとしたワイエルシュトラスのように，我々の銀行預金がいつまでも安定であるかどうかを知りたいものだ．決して破産（太陽の中に消える）せず，決して億万長者に（太陽系から脱走）ならないと確信できるだろうか？

無数の銀行預金 g があり得る（それらは必ずしも周期的ではない，実際ここではっきりさせねばならないのは周期的かどうかである）．我々は初期条件については何も

仮定しなかった．我々の口座に実際にどれだけのお金があるかを時を問わず知りたければ，最初の 24 時間の各瞬間の総額を知る必要がある．そうすれば g を決定するために式 (5) を使うことができる．

あるいは，最初の 1 日に望むままにお金を稼ぐことができる，と考えてもよい．こうなると，初期条件として一群のおびただしい可能性を考えざるを得ないわけである．そうすると我々の問題は次のようになる．考えられるあらゆる銀行預金口座の中に，1 年周期で繰り返されるものが存在するか？ つまり周期的な解は存在するか？

我々のアプローチは，ワイエルシュトラスが惑星の軌道を研究したときに用いたのと同じになるだろう．g をフーリエ級数で書くことができるだろうか？ それは収束するだろうか？ 後にわかるが，数が有理数であるか無理数であるかが我々の数学を決定的に支配しているのである．

第一段階は何も難しいことはない．複素指数関数を使って，f と g をフーリエ級数に分解する．

$$f(t) = \sum_{n=-\infty}^{\infty} a_n e^{2\pi i n t}, \qquad g(t) = \sum_{n=-\infty}^{\infty} b_n e^{2\pi i n t}$$

ここで，$f(t)$ の係数 a_n は既知であるが，$g(t)$ の係数 b_n は未知である．条件 (5) は次のようになる．

$$\sum_{n=-\infty}^{\infty} b_n e^{2\pi i n t} - \sum_{n=-\infty}^{\infty} b_n e^{2\pi i n(t-p)} = \sum_{n=-\infty}^{\infty} a_n e^{2\pi i n t}$$

書き換えると，

$$\sum_{n=-\infty}^{\infty} b_n (1 - e^{-2\pi i n p}) e^{2\pi i n t} = \sum_{n=-\infty}^{\infty} a_n e^{2\pi i n t}$$

二つの級数が等しいときは，項ごとに等しい．そうすると関数 f と g のフーリエ係数間の関係が次のように得られる．

$$b_n = \frac{a_n}{1 - e^{-2\pi i n p}} \tag{6}$$

●有理性と小さい除数

我々はこの問題の最初の部分を解いた．つまり我々の銀行預金 $g(t)$ のフーリエ係数はわかった．今度は級数の和を求めなければならない．級数が周期的解になるためには，収束しなければならない．残念ながら，各係数 b_n には分母に厄介な項 $1 - e^{-2\pi i n p}$ がある．この数は n のあるものに対しては非常に小さく，仮に p が有理数であれば 0 になる．

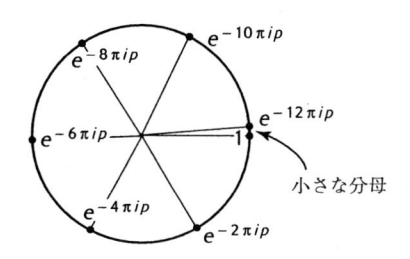

図 1.11
複素平面では，数 $e^{-2\pi i n p}$ は半径 1 の円周上にある．

これを理解するために，複素平面に半径 1 の円を描いてみよう（図 1.11）．点 $(1,0)$ は数 1 を表す．数 $e^{-2\pi i n p}$ は座標 $(\cos 2\pi np, -\sin 2\pi np)$ の点である．p が有理数 a/b（a と b は整数）であれば，np は n が分母 b の倍数のとき整数になる．この場合は $e^{-2\pi i n p} = 1$ となり，この問題には解がない．つまり式 (6) は分母が 0 になってしまう．（角 2π が円周の 1 回転に当たることを思い出そう．2π を整数倍することは，それだけの回数円周をまわることになる．1 から出発して 1 に戻るのである．）

p が無理数だったらどうなるだろうか？　そのときは式 (6) はたしかに数 b_n を定義するが，ここで注意が必要である．数 np は決して整数ではないが，いくらでも整数に近づき得る．このとき分母 $1 - e^{-2\pi i n p}$ は非常に小さくなる（そして b_n は非常に大きくなる可能性がある）．たとえば太陽年は正確には 365 日ではなく，365.24⋯ 日である．そうすると 365 番目の係数は非常に大きくなるだろう．そして 1461 番目の係数はさらにもっと大きくなるだろう（1461 日はほぼ 4 年）．

しかし希望はまだある．$f(t)$ の級数が収束するのであるから，n が大きいときにはそれ自身小さい a_n を，この小さな分母で割ることになる．級数が収束できるほど十分速く a_n が小さくなるだろうか，それとも小さな分母の方が速く小さくなるだろうか？

● KAM 定理

ワイエルシュトラスは，太陽系の場合には級数が収束すると思っていたようである．それはどうやら，彼が死ぬ前，1859 年に，厳密な数学で有名だったディリクレが n 体問題の近似解法を発見したと言ったためらしい[25]．しかし例えばアンリ・ポアンカレのように級数は収束しないと思っていた人もいる．彼は長い論文を書き 1885 年にスウェーデン王から賞を受けているが，この論文は，力学系の近代的研究方法の概略を述べた後，n 体系の軌道不安定性を論証しているかにみえた．つまり，無作為にとった軌道が永久に安定である確率はゼロ，というわけである．

この結論を最初に斥けたのはロシア人アンドレイ・コルモゴロフ（1903–1987）で

あった．1954年の国際数学者会議で発表した彼の結果は，軌道を安定化させる「保存法則」がなくても，軌道（惑星の，粒子の，…）は安定し得ることを示唆するものだった．現在 KAM 定理 と呼ばれているこの定理の証明は，1962年と1963年に，ウラジミール・アーノルド（Vladimi Arnold）（現在はパリ-ドーフィヌ大学）とユルゲン・モーザー（Jurgen Moser）によって与えられた．

KAM 定理は，古典力学のあらゆる非散逸系（摩擦のない系）に適用し得る．この定理は，そのような系を秩序と無秩序の闘いととらえるとき秩序の方が思った以上に強いことを示している．ある条件が満たされるとき，これらの系は深い根拠をもつ安定性を備えている[26]．安定性と無秩序の差は，無理数はどこまで有理数で近似できるかという整数論のデリケートな問題と関連している．

とはいえ，KAM 定理によって小さな分母の問題が論じ尽くされたわけではない．1994年8月，ジャン-クリストフ・ヨコッツ（Jean-Chrisophe Yoccoz）は，類似の問題においてフーリエ級数の収束のための精確な条件を論じフィールズ賞を受賞した．

1.4 公共の利益

フーリエの方法は微分方程式の解をはるかに越えて，数多くの分野で活用されてきた．心電図とか地震計の波形記録のような現実のデータは不規則である．こういう信号は，イヴ・メイエが言うように「複雑なアラベスク」[27]に似ていることが多い．つまり，あらゆる情報を含みながら，それを隠している曲線である．（我々は解析しようとしている信号と，ウェーブレットのようにその解析を可能にする関数を区別している．しかし数学的には信号もまた関数である．）

フーリエ解析は，時間的に変化する信号（空間的に変化する信号の場合もある）を新しい関数に変換し，このような曲線をわかりやすい形に翻訳する．信号のフーリエ変換というこの新しい関数は，その信号に含まれる各振動数のサインとコサインの量を表している．

フーリエ変換は，数学的に巧妙なだけではなく，しばしば信号を構成する物理的な波動現象を明らかにしてくれる．例えば，音波は空気の圧力変化を起こし，我々はそれを音楽や会話を聞くときに感じ取っている．高い音は高い振動数の波でできていて，圧力が極大となる場所の間の距離は詰まっている．一方，低い音は低い振動数の波でできていて，圧力極大の場所の間隔は広い．ピアノは，ソフトペダルを効かせていないときには，近くで発せられた音のフーリエ変換を行っ

ている．つまり，その音を構成する音波の影響を受けて，何本かの弦が振動している．

ラジオ波，マイクロ波，赤外線，可視光線，X 線は，すべて同じ種類の波，つまり電磁波であって単にその振動数が違うだけにすぎない，ということはフーリエの時代にはまだわかっていなかった．ラジオの波長を合わせる，外国に電話する，遠くの銀河から来た放射線を分析する，胎児をエコー造影でしらべる，といった現代生活の多くの行為は，信号を振動数ごとに分解するという我々の能力によっているのである．

量子力学によって，フーリエ解析は自然が話す言語でもあることが明らかになった．量子力学を用いて素粒子について話すとき，「物理空間」ではそれぞれの粒子の位置を考えることになるが，「フーリエ空間」では（つまりフーリエ変換した後では）粒子の持つ運動量について話すことになる．フーリエ変換がもたらすこのような違いは，粒子を波として扱う考え方を導くことになった．物質は，原子レベルでは，人間の通常のサイズの世界のようには振る舞わない —つまり素粒子は確定した位置と確定した運動量を同時に持つことはできない— という発見は，じつはフーリエ解析に由来しているのである．

補足④　積分によるフーリエ係数の計算

周期 1 の関数 f のフーリエ係数を計算するには，まず f に振動数が整数のサインとコサインすなわち $\sin 2\pi kx$ と $\cos 2\pi kx$ を掛ける．これらのサインカーブは $+1$ と -1 の間を振動するから，この掛け算は，関数 f の最大値と最小値に上下をはさまれながら振動する関数を与える．

この新しい関数を積分すると，与えられた振動数のフーリエ係数が得られる．関数を積分するということはその関数を表す曲線で区切られた面積，図 1.12 では灰色の部分，を求めることに相当する．

負の面積（x 軸の下部）は正の面積（x 軸の上部）から差し引かれる．積分は関数の 1 周期について行なわれる（ここでは，0 と 1 の間．周期が 2π の関数では，0 と 2π の間で積分する）．

非常に高い振動数では，滑らかな関数のフーリエ係数は 0 に近づいていく．つまり，振動数が大きい速い振動に比べると，関数はゆっくりと変化している．したがって，サインカーブと関数の積を考えると，正の部分の面積と負の部分の面積はほとん

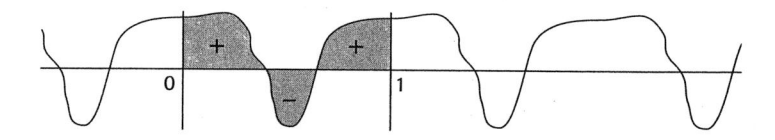

図 1.12
この関数の 0 と 1 の間の積分は，灰色の部分の符号をつけた面積の和に等しい．

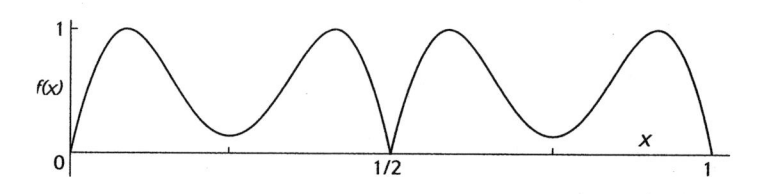

図 1.13 $f(x) = |\sin(3\sin 2\pi x)|$ のグラフ

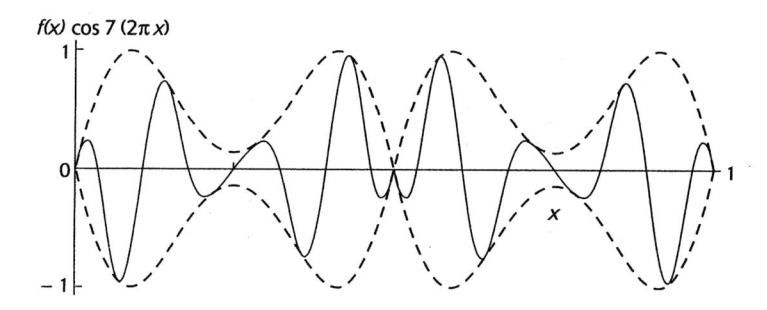

図 1.14 a $f(x)\cos(7 \times 2\pi x)$

振動数 7 のフーリエ係数は 0 となる．なぜなら，x 軸の下の面積（負の面積）は x 軸の上の面積（正の面積）に等しいからである．

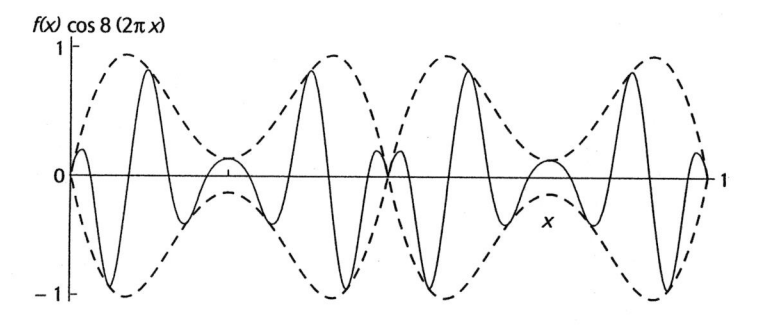

図 1.14 b $f(x)\cos(8 \times 2\pi x)$
振動数 8 のフーリエ係数は 0.07358．

1.4 公共の利益

ど等しい．このため積分結果つまり求める係数は小さな値となるのである．

しかし振動数が増大するとき必ず係数が小さくなる，と決まっているわけではない．例えば，図 1.13 のような関数，$f(x) = |\sin(3\sin 2\pi x)|$ を考えてみよう．

この関数のフーリエ級数では，振動数 100 のコサインの係数は，小さいが，振動数 7 のコサインの係数 0 よりは大きい．(この関数では，奇数振動数のコサインの係数はすべて 0 である．) 図 1.14 a～d は $k = 7, 8, 30$ および 100 のときの $f(x)\cos(k \times 2\pi x)$ を表す曲線を描いたものである．この曲線と x 軸の間に含まれる面積に 2 を掛けたものが各振動数 k のフーリエ係数の値である．

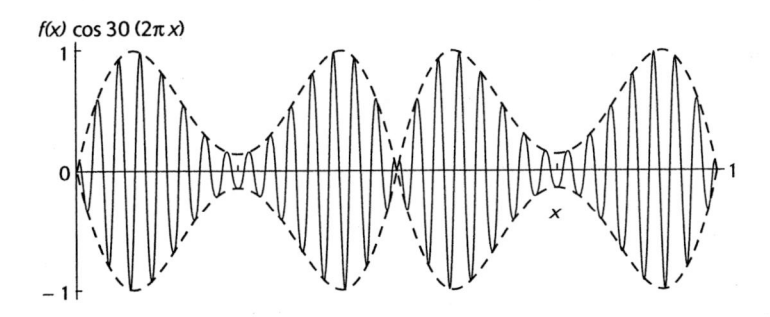

図 1.14 c　$f(x)\cos(30 \times 2\pi x)$
振動数 30 のフーリエ係数は 0.004224.

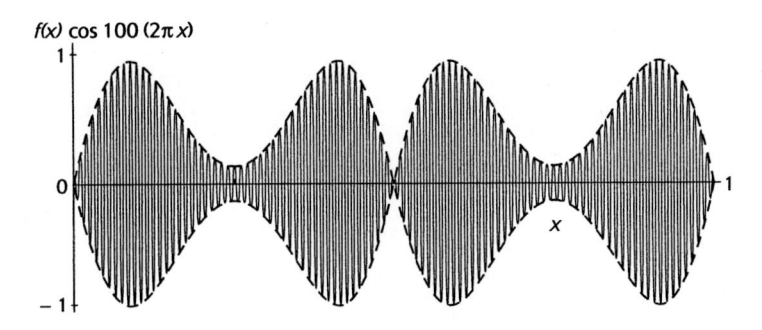

図 1.14 d　$f(x)\cos(100 \times 2\pi x)$
振動数 100 のフーリエ係数は 0.0003796.

1.5 アカデミックか現実的か

　信号をサインカーブの和で表せることがわかったが，その場合たいていは，無限に多くのサインカーブの和を考えなければならない．複雑な信号を，無数の係数の計算と無数の波の足し算を必要とする計算問題に変えてどんな利益があるのだろうか？　一難去ってまた一難のようにみえる．しかし幸いなことに，実用上たいていの場合は，わずかな個数の係数を求めるだけで十分なのだ．例えば熱の伝播の方程式の場合は，フーリエ係数は高い振動数で急速にゼロに向かう．そのため，考慮しなければならない係数はわずかな個数ですむ．またたいていの場合，技術者や科学者は，有限個の係数だけで信号のよい近似が得られると仮定している．この仮定が成り立たないことがわかったときは，そのとき改めて考え直せばよいというわけである．

　さらに，信号を再構成するためにサインカーブを足し上げたりしない人たちもいる．ちょうど，音楽家が楽譜を読みながら頭の中で音楽を聞くように，彼らは係数を「読んで」，欲しい情報を得るのである．彼らにとっては，周波数ごとにきちんと分けられているフーリエ空間の方が，全周波数が混ざってしまっている物理空間よりも，ずっと仕事をしやすいのである．

　しかしそれにしても係数の計算は長いし面倒くさいものだ．もし計算機や速いアルゴリズムがなかったら，フーリエ解析は理論的概念に止まっていたであろうし，数値解析も現代生活にこれほどの影響は及ぼさなかっただろう．

　現実の問題でフーリエ解析の実行を可能にする技術は，クロード・シャノン（Claude Shannon）の研究によって促進された．一般にはあまり知られていないが，米国ベル研究所のこの数学者は「あらゆる通信専門家にとってのヒーロー」である[28]．彼の情報理論における業績のうち，サンプリング定理（ハリー・ナイキスト（Harry Nyquist）も独立に発見）をとりあげよう．この定理は，信号の周波数帯域が n ヘルツ以下なら，信号を毎秒 $2n$ 回測定することでその信号を完全に正確に表すことができる，というものである．

　シャノンと共著で通信の数学的理論を書いたワレン・ウィーヴァー（Warren Weaver）は，「この定理は驚くべきものだ」と感嘆している．「普通なら，連続な曲線上の点を有限個しか知らないときは，その曲線を近似することしかできな

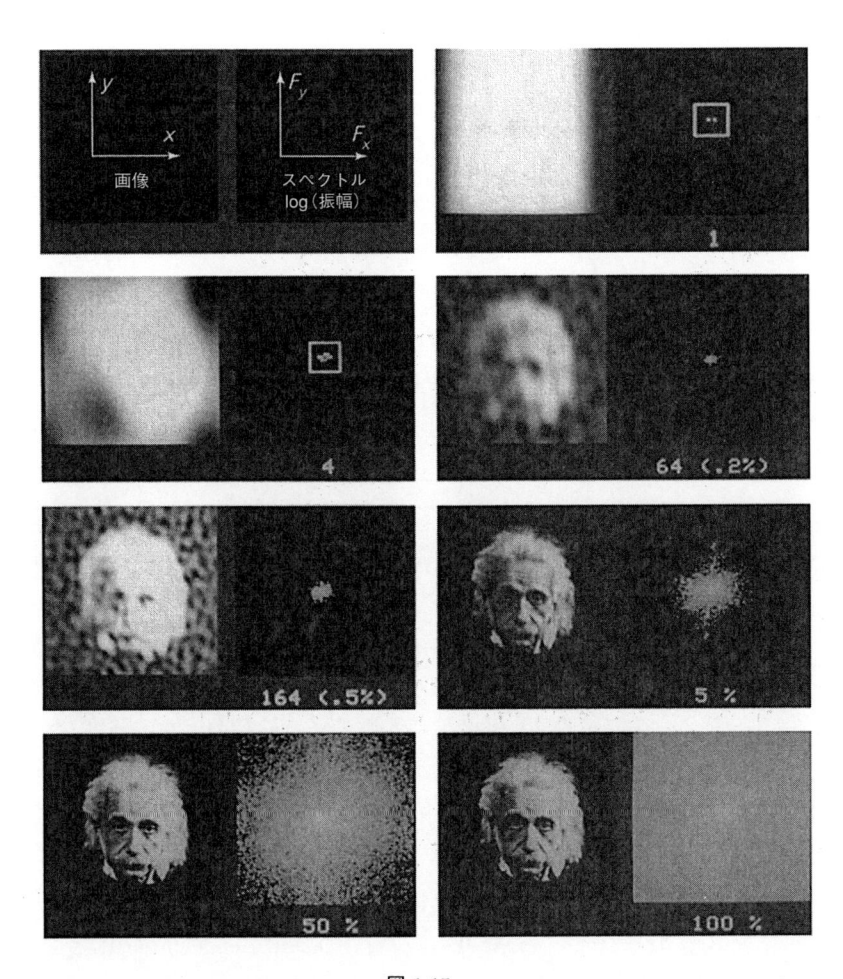

図 1.15

1次元の信号がさまざまな振動数のサインカーブの重ね合わせによって表されるように，画像もさまざまな《空間振動数》に分解できる．この場合，振幅と位相の他にこれらのサインカーブの方向も指定しなければならない．上の図は一つの画像（アインシュタインの顔）を，係数の大きさの順にフーリエ成分を足し上げながら再構成するようすを示している．振動数スペクトルのうち，再構成に使われた部分も示されている．最初の二つの段階についてはスペクトルを強調してある．（G.Switkes, K.De Valois および R.De Valois 氏提供）

い.」[29] しかし，曲線が限られた周波数帯域しか含んでいないなら，有限個の点からこの曲線を完全に再現できるのだ．この結果はフーリエ解析から直接得られるもので，証明も難しくない（巻末付録G「サンプリング定理の証明」を見よ）．この定理の情報伝達や情報処理への影響は広く大きい．その一つは，連続的な信号を伝えるときにも，もはや全体を伝える必要はなく，限られた数のサンプルだけを伝えればよいことが明確になったことである．例えば，電話線で伝えられる周波数帯域は，4000ヘルツを越えることは滅多にない．だから話し手の声は毎秒8000回測定される．忠実度の高い音楽再生では，もっとずっと広い周波数帯域を使っている．CDを聞くときには，毎秒約44000回の測定の結果を聞いているのである．この場合，昔ながらのレコードのような連続的再生や，より密度の高いサンプリングを行なってみても，結果が良くなるわけではない．

　サンプリング定理によれば，高音の再構成は低音の再構成よりも多数のサンプルを必要とする．広い周波数帯域を考えてみよう．ある一つの音の周波数は1オクターブ上がるごとに2倍になる．ピアノの最低音域の二つのイ音の周波数は28ヘルツしか違わないが，最高音域の二つのイ音は，我々の耳には同じ間隔に聞こえても，実際には1760ヘルツもの間隔がある．したがって，最高音域の1オクターブ内で演奏される曲を再現するには毎秒3520個（訳注：最高音域の2つのイ音の間のオクターブなら7040個）のサンプルが必要だが，最低音域のオクターブ内だと，毎秒56個（最低音域の2つのイ音の間のオクターブなら112個）で十分である．

　サンプリング定理は数値工学の門を開いた．つまり，サンプリングした信号を一連の数字で表すことができるのである（だから丸め誤差は慎重に扱わなくてはならない）．フーリエ解析を使えば，一つの声の周波数を他の周波数にずらすことができ，その結果その声を，かなりの数の声と同時に，ただ1本の電話線で伝えることができる．この方法は相当な額の倹約をもたらした．1915年当時，米国の東海岸から西海岸へ電話するには現在のお金で260ドル（1,500フラン）以上もかかっていたからである．

　1948年頃，シャノンや彼の共同研究者達は，数値（ディジタル）伝送の手法はすぐに通信に用いられるだろう，と考えていた[30]．この通信革命は実際にはなかなか実現しなかったが，革命が起こったときには，それまでの何もかもが一掃され，革命後数年のうちに，タイプライターは紡ぎ車と同じように時代後れ

になってしまっていた．これは，サンプリング定理が高速フーリエ変換（FFT（fast Fourier transform））と呼ばれる技術とうまく組み合わされた結果でもあった．高速フーリエ変換という数学的計算短縮法は，1965年にジェームス・クーリー（James Cooley）とジョン・チューキー（John Tukey）によって発表されたものであり，かつては想像もできなかった巨大な計算を数秒でやってのけることを可能にしたのである．マイケル・フレイジアーによれば，これこそが「アカデミックなことと現実的なことの差」なのである．

FFTは情報科学の発展に伴いますます重要になった．「後からみれば，FFTにはガウス（Gauss）にまでさかのぼる長く興味深い歴史があったことは明らかだ．しかし計算機が実用化される以前は，FFTはある特殊な数学的問題の一つの解にすぎなかった．」とケルナーは書いている[31]．しかし，今日の計算速度が達成できたのは，計算機の改良よりもFFTに負うところが大きいのである．

補足⑤　高速フーリエ変換

アルゴリズムとは計算の手順のことである．給料から天引きをしたり，2桁の数を掛けたりするときには，それらのアルゴリズムを実行しているわけである．良いアルゴリズムほど計算速度が速い．我々の社会を最も大きく変えたアルゴリズムはFFT（fast Fourier transform）である．マサチューセッツ工科大学の数学者，ギルバート・シュトラング（Gilbert Strang）によれば，「この純粋数学のアイデア一つによって，産業全体が低速から高速に移行した」[32]のである．

FFTはn個の値を含む信号のフーリエ変換を行なうのに必要な計算の数をn^2から$n\log_2 n$に減らす．（$\log_b n$はbを底とするnの対数で，底bを何乗すればnが求められるかという値（冪）である．$2^2 = 4$だから$\log_2 4 = 2$，$2^3 = 8$だから$\log_2 8 = 3$，$10^2 = 100$だから$\log_{10} 100 = 2$となる．）

nが大きくなると，FFTによる計算速度の利得は驚くほど大きくなる．$n = 2^{10} = 1,024$とすると，$n^2 = 1,048,576$だが，$n\log_2 n = 10,240$で，この二つの数の比は100倍以上になる．$n = 2^{20} = 1,048,576$とすると$n^2 = 1,099,511,627,776$だが，$n\log_2 n = 20,971,520$で，比は50,000倍にも達する．FFTと優れた計算機を使うと，1時間以内にπを10億桁まで計算できるが，同じ計算機でもFFTを使わなければ，この仕事をするのに10,000年くらいはかかるだろう．

FFTの基本的なアイデアはカール・フリードリッヒ・ガウス（Carl Friedrich Gauss）

までさかのぼる．彼は，たぶん 1805 年，フーリエが科学アカデミーに論文を提出する 2 年前に着想していたが，生前に発表することはなかった[33]．1965 年，このアルゴリズムはジェームス・クーリーとジョン・チューキーによって再発見され，コンピュータのソフトウェアとして実装され使用された．カルフォルニア大学バークレイ校のマルチン・ヴェッテルリ（Martin Vetterli）の解説によれば，「高速ウェーブレット変換など多くの有効なアルゴリズムと同じく，基本的な考え方は『分割して統治せよ』である」．このアルゴリズムは，行列の巧みな因数分解として理解できる[32]．学校で，何のためだかわからないまま行列の扱い方を学んだ人にとっては，FFT はその一つの答えである．また数学者や信号処理の専門家の中には，和の中で項を巧妙にまとめる方法として FFT を記述することを好む人たちもいる[34]．

●低速フーリエ変換

まず，FFT なしに，いくつかのフーリエ係数を，簡単のため複素数を使って計算してみよう．c_k を信号 $f(x)$ の振動数 k におけるフーリエ係数とする．この数は，信号に含まれるこの振動数の成分の大きさを表すものである．（我々のしきたりでは，k はフーリエ級数における整数変数の振動数を，ξ または τ はフーリエ変換における連続変数を表す．高速フーリエ変換はフーリエ変換の離散型であるから，ここでは k を使う．）信号 $f(x)$ を考え，x が 0 と 1 の間を動くとすると，c_k は次式によって計算することができる．

$$c_k = \int_0^1 f(x) e^{2\pi i k x} dx \tag{7}$$

しかし積分するというのは簡単なことではない．正確な値を与える式が得られる場合もあるが，多くの場合は近似値だけで満足しなければならない．この近似値を得るためには，一定の間隔ごとに信号をサンプリングし，各振動数についてこのサンプリングの平均値を計算する．つまり，サンプル値に問題の振動数の指数関数を掛けて，この積の値を加え合わせ，その和をサンプル数で割る．このとき，アルゴリズムをなるべく使いやすいものにするには，振動数の数はサンプルの個数と等しくとるのがよい．

数学的な手続きは，まず，この信号の周期を 2^N で割り（N は整数）$m/2^N$ の各点 $(m=0,1,\cdots,2^N-1)$ で信号を測定する．それから振動数 k の指数関数に，各点 $m/2^N$ における信号の値を掛ける．用いる振動数の数を点の数に等しくすると，k も 0 と 2^N-1 の間で変化する．各振動数についてのこれらの積をすべて加えてから，その結果を 2^N で割る．これらすべてを表す式は次のように書かれる．

$$c_k = \frac{1}{2^N} \sum_{m=0}^{2^N-1} f(m/2^N) e^{2\pi i k m / 2^N} \quad (k=0,1,\ldots,2^N-1) \tag{8}$$

$N = 2$ という簡単な例をあげよう．四つの係数 c_k ($k = 0, 1, 2, 3$ について) を，四つの，つまり，$0, 1/4, 1/2, 3/4$ ($m = 0, 1, 2, 3$ についての $m/2^N$ の値) における信号のサンプルから計算しなければならない．信号が $f(x) = x^2$ の場合を考えよう．そうすると，$f(m/2^N)$ は $(m/4)^2$ となり，各振動数について加えるべき四つの項は次のように得られる．

$$m = 0 \text{ については，} \quad (0/4)^2 e^{2\pi i k 0/4} = 0$$
$$m = 1 \text{ については，} \quad (1/4)^2 e^{2\pi i k 1/4} = 1/16 \, e^{\pi i k/2}$$
$$m = 2 \text{ については，} \quad (2/4)^2 e^{2\pi i k 2/4} = 1/4 \, e^{\pi i k}$$
$$m = 3 \text{ については，} \quad (3/4)^2 e^{2\pi i k 3/4} = 9/16 \, e^{3\pi i k/2}$$

これで係数が計算できる．振動数 $k = 0$ は冪0を与えるが，どんな数でも0乗すれば1に等しい．だから最初の係数 c_0 は，次のように得られる．

$$c_0 = \frac{1}{4}\left(0 + \frac{1}{16} + \frac{1}{4} + \frac{9}{16}\right) = \frac{7}{32}$$

$k = 1$ に対応する係数はもう少し複雑である．式 $e^{\pi i/2} = i$（これはド・モワヴルの式からすぐにわかる）を使うと，次式が得られる．

$$c_1 = \frac{1}{4}\left(0 + \frac{i}{16} - \frac{1}{4} - \frac{9i}{16}\right) = \frac{1}{4}\left(-\frac{1}{4} - \frac{i}{2}\right) = -\frac{1}{8}\left(\frac{1}{2} + i\right)$$

同じようにして他の係数も計算できるのである．

このフーリエ係数の計算方法は，あまり難しくはないが，手間がかかりうんざりさせるものである．普通は4点で四つの振動数を測定するだけでは不十分なので，もっと現実的には，例えば $2^{10} = 1024$ 個の点を用いる．つまり1024個の振動数の各々について，1024個の積を加算するわけだが，この方法では，たった一つの変換に100万回以上の計算が必要になることになる．これではやる気をなくしてしまうだろう！

●速度をあげるための行列

行列を使えばもっとうまくやれるだろうか．まず，行列の掛け算を思い出さなくてはならない．それは簡単だけど，直観的ではない．行列は数を長方形に並べたものである．二つの行列，A と B で，A の列の数が B の行の数に等しければ，A と B を掛けることができる[†]．したがって掛け算の順序が重要である．つまり，積 BA が存在しないのに，AB の掛け算ができる，ということもある．二つの行列が同数の行と列を持っていたとしても，たいていの場合，AB は BA に等しくない．

[†] 訳注：行列において，おなじ縦線上に並んでいる数字の組を「列」，おなじ横線上に並んでいる数字の組を「行」という．

$$
\begin{array}{c}
\underbrace{\begin{bmatrix} & B & \end{bmatrix}} \begin{bmatrix} 3 & 0 & 2 \\ -1 & 1 & 4 \\ 1 & 2 & 0 \end{bmatrix} \\
\begin{bmatrix} & A & \end{bmatrix} \begin{bmatrix} & AB & \end{bmatrix} \begin{bmatrix} -1 & 2 & 0 \\ 0 & 1 & 3 \end{bmatrix} \begin{bmatrix} -5 & 2 & 6 \\ 2 & 7 & 4 \end{bmatrix}
\end{array}
$$

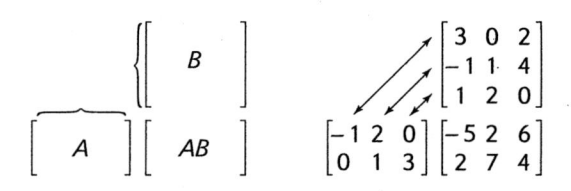

図 1.16 二つの行列 A と B の掛け算

図 1.16 の例のように，まず A（左側）の第 1 行の成分を B（右側上）の第 1 列の成分に一つずつ順に掛け，それらを足し上げて，AB の第 1 の成分を得る：$(-1 \times 3) + (2 \times -1) + (0 \times 1) = -5$.（この値は A の第 1 行と B の第 1 列のスカラー積と呼ばれる.）

それから A の第 1 行と B の第 2 列について同じやり方で計算する：$(-1 \times 0) + (2 \times 1) + (0 \times 2) = 2$. 以下同様に続ける….

普通，行列は上の図のようには書かず，$[A][B] = [AB]$ と書くことが多い．しかし我々の書き方の方が見やすいし，特に大きな行列のときには便利だろう．なぜなら，A の第 m 行と B の第 k 列のスカラー積は，我々の書き方では，この行とこの列の交点に位置しているからである．

さて式 (8) を行列の形で表してみよう．第 1 の行列（これをフーリエ（Fourier）の F を使って F_{2^N} と表す）の中には，$e^{2\pi i k m / 2^N}$ を置く．m は左から右に，k は上から下へ，それぞれ値が大きくなる．二つ目の行列には，$m/2^N$ におけるサンプル信号の値が入る．この二つの行列の積（を 2^N で割ったもの）はフーリエ係数 $c_0, c_1, \ldots, c^{2^N - 1}$ を与える.

$$
\begin{bmatrix} f\left(\frac{0}{2^N}\right) \\ f\left(\frac{1}{2^N}\right) \\ \vdots \\ f\left(\frac{2^N-1}{2^N}\right) \end{bmatrix}
$$

$$
\underbrace{\begin{bmatrix} e^{2\pi i 0 \frac{0}{2^N}} & e^{2\pi i 0 \frac{1}{2^N}} & \cdots & e^{2\pi i 0 \frac{2^N-1}{2^N}} \\ e^{2\pi i 1 \frac{0}{2^N}} & e^{2\pi i 1 \frac{1}{2^N}} & \cdots & e^{2\pi i 1 \frac{2^N-1}{2^N}} \\ \vdots & \vdots & \vdots & \vdots \\ e^{2\pi i (2^N-1) \frac{0}{2^N}} & e^{2\pi i (2^N-1) \frac{1}{2^N}} & \cdots & e^{2\pi i (2^N-1) \frac{2^N-1}{2^N}} \end{bmatrix}}_{F_{2^N}} \begin{bmatrix} 2^N c_0 \\ 2^N c_1 \\ \vdots \\ 2^N c_{2^N-1} \end{bmatrix}
$$

●巧妙な因数分解

残念ながら，行列で表現するだけでは何の役にもたたない．我々の行列 F_{2^N} は，2^{2N} 個 —これは $N = 10$ という現実的な場合だと，2^{20} となる— の成分を持っており，フーリエ係数を計算するためには相変わらず莫大な回数 —100 万回以上— の掛け算をしなければならないからである．FFT が巧妙なのは，行列 F_{2^N} を次のように三つの行列に因数分解する点にある．

基本的なアイデアは，同じ計算は繰り返して行なわないように，掛けるべき数を工夫して並べることである．これは $9,996,496 \times 8,426,735$ を筆算で計算する小学生に似ている．この場合，二つ目の数を最初の数の上におくことにすれば，計算時間を節約できる．なぜなら，9 を掛けるかけ算が繰り返し出てくるが，1 回行なったあとはその結果をそのまま使えばよいからである．

同じように，振動数を表す k とサンプル値の番号 m の積 km を計算するやり方はいくつもある．例えば，$km = 24$ とすると，$km = 1 \times 24 = 24 \times 1 = 2 \times 12 = 12 \times 2 = 3 \times 8 = \cdots$

ガウスは小惑星の軌道の決定に取り組んでいたとき，このように積の表し方がいくつもあることを利用することを思いついた．彼は一つの軌道を三角多項式の形で書き，とびとびの瞬間の小惑星の位置から，その間の小惑星の位置を内挿しようと試みた．これは軌道をサンプル信号のように考えるのと同じである．ガウスはサンプル値から多項式の係数を計算し —彼のフーリエ変換—，それから逆変換を行なって（もちろん彼はこの術語は使わなかった）多項式の値を求めた．彼は，こうして発見したアルゴリズムは「機械的で退屈な計算を大幅に減らす」と書いているが，この論文が発表されることはなかった．

ガウスは自分のアルゴリズムを行列の因数分解の形で書かなかった（そもそも「行列」が公表された論文の中に現れるのは 1858 年のアーサー・ケーリー（Arthur Cayley）のもの[36]が初めてである）．今日ではこれは以下のように書かれる．

$$[F_{2^N}] = \underbrace{\left[\begin{array}{c|c} I_{2^{N-1}} & D_{2^{N-1}} \\ \hline I_{2^{N-1}} & -D_{2^{N-1}} \end{array}\right]}_{\text{行列 [1]}} \underbrace{\left[\begin{array}{c|c} F_{2^{N-1}} & 0 \\ \hline 0 & F_{2^{N-1}} \end{array}\right]}_{\text{行列 [2]}} \underbrace{\left[\begin{array}{c} 偶 \\ 奇 \end{array}\right]}_{\text{置換行列}}$$

演算の回数（$N = 10$ の場合）

F_{2^N}	行列 [1]	行列 [2]	置換行列
1,000,000 回	約 1,000 回	500,000 回	1,024 回

行列 [1] は四つの小行列（$I_{2^{N-1}}$，$D_{2^{N-1}}$ および $-D_{2^{N-1}}$）を含んでいる．これら四つの小行列は非常に特徴的な形をしている．つまり，主対角線の成分以外はすべて 0

である．$I_{2^{N-1}}$ と書いた行列は，主対角線の成分はすべて 1 である．例えば，$N = 3$ で，$\omega = e^{2\pi i/2^N}$ のときは，

$$I_4 = \begin{bmatrix} 1 & 0 & 0 & 0 \\ 0 & 1 & 0 & 0 \\ 0 & 0 & 1 & 0 \\ 0 & 0 & 0 & 1 \end{bmatrix} \quad \text{および} \quad D_4 = \begin{bmatrix} \omega^0 & 0 & 0 & 0 \\ 0 & \omega^1 & 0 & 0 \\ 0 & 0 & \omega^2 & 0 \\ 0 & 0 & 0 & \omega^3 \end{bmatrix}$$

一つの行列に $I_{2^{N-1}}$ を掛けるとまた同じ行列が得られる（それで「同一（identité）」の I の名がついている[†]）．

二つ目の行列 [2] は半分は空である．つまり，その小行列のうちの二つは 0 しか含んでいない．他の二つの行列，$F_{2^{N-1}}$ は我々の最初の行列 F_{2^N} の半分の成分を含んでいる．

三つ目の行列は<u>シャッフル</u>，すなわち置換行列である．トランプのカードを切る（英語でシャッフル）ように，この行列は信号のサンプルを含むベクトルの成分を，その値を変えることなしに，入れ換える．もっと正確にいうと，2 枚の内から 1 枚の「カード」—偶サンプル— をとり，一組のカードの最初の半分の中に入れ，奇サンプルは残りの半分の中に残るようにする．例えば，S_0 から S_7 までの 8 個のサンプルを入れ換えるような行列は次のようなものである．

$$\begin{bmatrix} 1 & 0 & 0 & 0 & 0 & 0 & 0 & 0 \\ 0 & 0 & 1 & 0 & 0 & 0 & 0 & 0 \\ 0 & 0 & 0 & 0 & 1 & 0 & 0 & 0 \\ 0 & 0 & 0 & 0 & 0 & 0 & 1 & 0 \\ 0 & 1 & 0 & 0 & 0 & 0 & 0 & 0 \\ 0 & 0 & 0 & 1 & 0 & 0 & 0 & 0 \\ 0 & 0 & 0 & 0 & 0 & 1 & 0 & 0 \\ 0 & 0 & 0 & 0 & 0 & 0 & 0 & 1 \end{bmatrix} \cdot \begin{bmatrix} S_0 \\ S_1 \\ S_2 \\ S_3 \\ S_4 \\ S_5 \\ S_6 \\ S_7 \end{bmatrix} = \begin{bmatrix} S_0 \\ S_2 \\ S_4 \\ S_6 \\ S_1 \\ S_3 \\ S_5 \\ S_7 \end{bmatrix}$$

この因数分解によって必要な仕事を半分に減らすことができた．100 万の計算が必要なときは，今や約 50 万に減ったわけである．つまり，行列 [2] の二つの小行列については $2 \times (512 \times 512)$ で，行列 [1] については約 1,000 である．第 3 の行列によるベクトルの置換は計算量を考えるときには考慮に入れない場合が多い．これは，いわば「管理費」の一部である．（米国では国立科学基金による研究助成金の約 40 % が大学管理のために取られることを考えると，管理費を考慮しないのは軽率だろう．いずれにせよ，FFT は $n \log n$ 回の演算を必要とする，というときは，実際にはそれ

[†] 訳注：英語では identity．

は演算の数が $cn \log n$ であることを意味し，c は実際の計算の詳細によって変化する値である.)

しかしここで停まっていては何にもならない．行列 [2] の二つの小行列はそれ自身，同じやり方で因数分解され，それぞれ $2^{N-2} = 2^8 = 256$ 個の成分（$N = 10$ で）を持った新しい小行列を与え，それらはまた分解できる；…10 段階後には計算の数は著しく減少する．つまり，第 1 段階で，100 万から 50 万 + 1,000 のオーダーの数になり，第 2 段階で，25 万 + 2,000 のオーダーの数になり，…，第 10 段階では，100 万 ÷ 1,024（すなわち約 1,000）+ 10,000 のオーダーの数，つまり 11,000 回の演算になる．

この仕事を手計算で行なうとしたら，計算の手間をこれだけ減らしてもなおまだまだ多くの時間が必要だったことだろう．計算機の発達によって FFT は強力な道具となったのである．

Notes

1) J. HERIVEL, *Joseph Fourier — the Man and the Physicist*, Clarendon Press, Oxford, 1975. フーリエの別の伝記としては；I. GRATTEN-GUINESS et J. R. RAVETZ, *Joseph Fourier, 1768-1830*, MIT Press, Cambridge, Mass., 1972.
2) V. COUSIN, *Notes biographiques pour faire suite à l'éloge de M. Fourier*, 1831, Archives de l'Académie des Sciences, Institut de France, Paris, pp. 2-6.
3) J. FOURIER, *Lettre à Villetard*, 1795, Archives de l'Académie des Sciences, Institut de France, Paris.
4) V. HUGO, *Les Misérables*, édition Folio, tomo 1, p. 185.
5) J. FOURIER, *Théorie analytique de la chaleur*, 1822. これは次の文献に含まれている；*Œuvres de Fourier*, tome 1, 1888, Gauthiers-Villars et fils, Paris.
6) J. C. MAXWELL, *Encyclopedia Britannica*, 1968. vol. 11, p. 106 の *Harmonic analysis* の項目を参照．
7) A. EINSTEIN, *Maxwell's Influence on the Development of the Conception of Physical Reality*, これは次の文献の中にある；*James Clerk Maxwell, A Commemorative Volume*, 1831-1931, Cambridge University Press, London, 1931, p. 68.
8) P. S. DE LAPLACE, *Œuvres complètes de Laplace* tome 7. Gauthier-Villars et fils, Paris, 1886, p. vi.
9) J. FOURIER, *Théorie analytique de la chaleur, Ibid.*, p. 9.
10) H. S. CARSLAW, *Introduction to the Theory of Fourier's Series and Integrals*, MacMillan and Co., Ltd., London, 1930, p. 7.
11) W. THOMSON, *Encyclopedia Britannica*, 9e édition, vol. 11, Clarles Scribner's Sons, N. Y., 1880, p. 578 の *Heat* の項目を参照．
12) T. W. KÖRNER, *Fourier Anaysis*. Cambridge University Press, Cambridge, 1988, p. 221.（邦訳：『フーリエ解析大全（上）（下）』（高橋陽一郎監訳），朝倉書店，1996）
13) H. POINCARÉ, *La logique et l'intuition dans la science mathématique et dans*

l'enseignment, Œuvres de Henri Poincaré, tome 11, Gauthiers-Villars, Paris, 1956, pp. 130-131.
14) H. POINCARÉ, *La Théorie Analytique de la Propagation de la Chaleur*, Gauthiers-Villars, Paris, 1895, p. 1.
15) J.-B. DELAMBRE, 1810. *Rapport historique sur le progrès des sciences mathématiques depuis 1789*, éditions Belin, Paris, 1989, p. 125.
16) L. de LAGRANGE, *Œuvres de Langrange*, Gauthiers-Villars, Paris, 1867-1892. d'Alembert への手紙は tome 13, p. 368 にある.
17) T. W. KÖRNER, *Ibid.*, p. 474.
18) C. JACOBI, *C. G. J. Jacobi's Gesammelte Werke*, vol. 1, Verlag von G. Reimer, Berlin, 1881, p. 454.
19) J. FOURIER, *Ibid.*, p. 10.
20) この方法は, J. HUBBARD & J. M. MCDILL, *The Binomial Sum of a Fourier Series* (出版予定)に述べられている. また, 巻末付録 F「正規直交基底の例」p. 201 も参照.
21) K. WEIERSTRASS, *Letters*, Acta Mathematica 35 (1912), p. 31.
22) K. WEIERSTRASS, *Ibid.*, p. 33.
23) K. WEIERSTRASS, *Über das Problem der Störungen in der Astronmie*, 1880-1881 の冬学期に, 大学の数学セミナーで行なわれた講演. 原稿は l'Institut Mittag-Leffler, Djursholm にある.
24) C. L. SIEGEL, *Iteration of analytic functions*, Ann. Math., vol. 43, 1942, pp. 807-812.
25) J. MOSER, *Stable and Random Motions in Dynamical Systems*, Princeton University Press, Princeton, N. J., 1973, p. 8.
26) J. MOSER, *Ibid.* V. I. ARNOLD et A. AVEZ は, *Problèmes ergodiques de la mécanique classique*, Paris, 1967 の中で KAM 定理について数学的議論を行っている. また, 啓蒙書としては次のものがある；B. BURKE HUBBARD et J. HUBBARD, *Loi et ordre dans l'Univers: le théorème KAM*, Pour la Science n° 118 (juin 1993), pp. 74-82. さらに以下の文献も KAM 定理を扱っている；J. Hubbard, *Differential Equations*, vol. III, Springer-Verlag (1997 年出版予定).
27) Y. MEYER, *Les Ondelettes, Algorithmes et Applications*, Armand Colin, Paris, 1992, p. 2.
28) J. R. PIERCE et A. M. NOLL, *Signals — The Science of Telecommunications*, Scientific American Library, New York, 1990. p. 55.
29) C. E. SHANNON et W. WEAVER, *The Mathematical Theory of Communication*, The University of Illinois Press, Urbana, 1964 (10^c impression), p. 12.
30) J. R. PIERCE et A. M. NOLL, *Ibid.*, p. 79.
31) T. W. KÖRNER, *Ibid.*, p. 499.
32) G. STRANG, *Wavelet Transforms versus Fourier transforms*, Bulletin of the American Mathematical Society, vol. 28, n° 2, avril 1993, p. 290.
33) M. T. HEIDEMAN, D. H. JOHNSON et S. C. BURRUS は, 次の文献で歴史的な議論を行っている；*Gauss and the History of the Fast Fourier Transform*, IEEE ASSP Magazine, vol. 1, n° 4, oct. 1984, pp. 14-21.
34) P. DUHAMEL et M. VETTERLI は *Fast Fourier transforms : A tutorial review*, Signal Processing, vol. 19, 1990, pp. 259-299 の中で, この伝統的アプローチを述べている.
35) C. F. GAUSS, *Theoria Interpolationis Methodo Nova Tractata*, Werke Band III, p.

307, Königlichen Gesellschaft der Wissenschaften, Göttingen, 1866. この文献はラテン語である. 英語版は次の文献の中にある；*A History of Numerical Analysis from the 16th through the 19th Century*, de H. H. Goldstine, Springer-Verlag, N. Y. 1977. pp. 249-258.

36) E. T. BELL, *Invariant Twins, Gayley and Sylvester,* p. 361, dans James NEWMAN, *The World of mathematics*, vol. 1, Simon and Schuster, N. Y., 1956. 次の文献も参照；A. CAYLEY, *A memoir of the theory of matrices*, 1958, The collected Mathematical Papers (Cambridge University Press, 1889), *Johnson reprint corporation*, New-York, 1963. *Analyse historique de l'émergence des concepts élémentaires d'algèbre linéaire*, Cahier de DIDIREM, IREM, Université Paris VII, n° 7, juin 1990 の 32 ページにある Jean-Luc DORIER の議論も参照.

2
新しい道具の探求

　高速フーリエ変換は大成功だった．成功しすぎた，とすら言えるかもしれない．「FFTの効果は非常に大きいため，不向きな問題にまで使われているんです．」とイヴ・メイエは言う．「アメリカ人はつい近所に行くのにも車を使うけれど，それと同じように，FFTは乱用されています．」

　フーリエ解析はあらゆる信号に適しているわけではなく，あらゆる問題に適しているわけでもない．FFTを使う人の中には，よそで落としたコインを明るいからという理由で街灯の下で探している，というのに似た場合がある．

　フーリエ解析はどういう場所を照らしているのだろうか？　これは結果が原因に比例するような線形問題に対してはとても役立つが，非線形問題ではそんなにうまくいかない．線形でない系の振舞いを予測するのは困難である．パラメータが少し変化するだけで結果が一変することがあるからだ．引力の法則は非線形である．そのため，お互いに引力を及ぼし合っている3個以上の物体について，長期にわたる振舞いを予測することは非常に困難である．なぜならこの系は非常に不安定であるからだ．技術者達は逆にこの不安定性を巧く使って，遠くの惑星に宇宙探査機を送ったりしている．探査機は，惑星の軌道に近づくと運動量を獲得し，次いでロケットの力で別の軌道に移され飛行を続ける，というわけである．

　「19世紀の偉大な発見は自然の方程式が線形であることだ，と言われることがあるが，20世紀の偉大な発見はそれらがそうではないということだ」とケルナーは書いている[1]．

　非線形問題に直面すると，技術者はしばしば次のような大胆な手段に頼る．つまり，その問題を線形であるかのように扱い，得られる解がそれほど間違ってい

ないと期待するのである．

例えば，毎年の洪水からベニスの町を守る役目の技術者達．洪水になるとベニスの人々はサン・マルコ広場を横切るのに，杭の上に作った歩道を通る．技術者達は，エア式堤防を築く時間の余裕があるように，十分前もって洪水の予知をしたいと思っている．増水の振舞いを決定する非線形偏微分方程式（風，月の位置，気圧…を考慮にいれた方程式）は解くことができないので，彼らは，これを線形方程式に簡単化し，それをフーリエ解析で解いている．いろいろ進歩はしているが，1メートルあるいはそれ以上の増水が不意に起こることもある．

2.1 現実の歪曲

フーリエ解析には他にも限界がある．フーリエ解析は数学的な面では非のうちどころのないものであるが，「フーリエの方法で得られた結果の物理的解釈に関しては，専門家でさえ，不満をもらすことがあった」[2]と，ホログラフィの発明で1971年ノーベル賞を受賞した信号処理の専門家，デニス・ガボール（Dennis Gabor）は書いている．フーリエ解析の要素はサインとコサインで，これは一定の周波数で永遠に振動する．この無限の時間を考える限り「『変化する周波数』という言い方は矛盾した表現である」とガボールは言う．しかし，サイレン，音声，音楽，などは変化する周波数を持っている．

フーリエ変換は時間に関する情報を隠蔽している．つまり，どれだけの数の周波数がその信号に含まれているかを明らかにするが，様々な周波数がいつ発せられたかについては黙して語らない．フーリエ変換は，モーツァルトの交響曲のような複雑な信号であれ，心臓発作の心電図のように単純で乱暴な信号であれ，その信号の各瞬間がそれ以外の部分と同じであるかのように振る舞う．時間に関する情報はなくなっているのではないが（変換から信号を再構成できる），位相の中に注意深く隠されている．つまり，信号のようすが大きく異なるいろいろな瞬間は，サインとコサインによって表すことができる．なぜなら，それらの位相のずれによって信号が増幅されたり，相殺されたりするからである．

湖で，遠くでは2メートルの波やさざ波があるものの，その内側では波が互いに打ち消し合って鏡のように滑らかな水面になっているようすを思い浮かべてみよう．この状況は電磁気的信号や音響ではよくみられるものである．いつまでも

同じように振動している波が集まって，絶えず変化する信号を作りだす．別々のままだと，これらの波はいかなる情報も含んでいないが，集まることによって，交響曲の終りとそれに続く沈黙の時を伝えたり，患者の心電図に現れる心臓の鼓動の乱れと死後の平坦なラインを伝えたりするのである．

このような現象は我々の経験や物理的直観とはなかなか両立し難い．物理学者J.ヴィユ（J.Ville）はこれを「現実の歪曲」[3]とさえ呼んだ．交響曲のフィナーレは沈黙ではないし，生は死ではない．だからフーリエ解析は，突然，予測できない変化を起こす信号には不向きなのである．ところが，信号処理の観点からすると，このような変化は非常に興味ある情報を含んでいることが多い．

理論上は，フーリエ係数から位相を計算して時間に関する情報を引き出すことが可能である．しかし実際には十分な精度で計算することは不可能だし，信号がある瞬間に持つ情報はすべての周波数の中に広がっているという事実が大きな障害となる．信号の局所的特性が全体的特性に変換されてしまう．例えば，不連続性はすべての周波数の重ね合わせによって表現される．しかしこの重ね合わせ方から，もとの信号が不連続であることを結論するのは必ずしも容易ではないし，この不連続点の位置を求めるのはなおさら困難である．

また，時間に関する情報が欠如しているために，フーリエ変換は誤差の影響を非常に受けやすい．「1時間の信号を録音するとき，最後の5分間に一つエラーがあると，このエラーがそのフーリエ変換全体を駄目にしてしまいます」とメイエは言う．信号の一部分の情報が，正しくても間違っていても，変換全体に広がってしまうのである．したがって位相のエラーはひどい結果を引き起こす．元の信号とはまったく異なる信号を作り出す恐れがあるのだ．

2.2　隠されし時を求めて：窓付きフーリエ解析

フーリエ変換に使う変数は，変換される物理現象の側では時間を，他方，変換された側では周波数を選ぶことを余儀なくされる．しかし，「日常の経験，特に聴覚，では時間と周波数の両方の形での記述が要求される」とガボールは書いている[4]．彼は信号を時間と周波数を同時に使って分析するために，「窓付き」フーリエ変換をどう使えばよいかを示した．これは信号を区間ごとに周波数に分解するという考え方である．つまり，このようにして分析する時間の範囲を区切るの

である．窓は分析区間の大きさを定めるものであり，関数の窓を表すグラフは曲線の断片のような形である．この曲線は振動が含まれる範囲を制限している．窓の大きさは分析の間中変化せず，この窓の中に様々な周波数の振動が入ることになる（59ページ図2.2a参照）．

古典的なフーリエ変換が信号全体を無限個の様々な周波数のサインカーブと比較するのに対して，窓付きフーリエ変換は信号の一部分を様々な周波数の振動曲線の断片と比較する．一つの部分の分析が終わると，信号に沿って窓を「ずらし」，次の部分を分析する．

しかし窓の大きさを決めようとするときには，かなりの妥協が必要となる．狭い窓は，ピークや不連続点のような急激な変化の位置を求めるにはよいが，低い周波数の信号は，周期が長すぎて窓に入りきらないのでうまく調べられなくなる．窓が大きいと，ピークや不連続点が起こる時刻を正確に求めることができなくなる．つまり，正確な時刻についての情報は，窓で決まる時間区間に対応する情報全体の中に隠されてしまうのである．

フーリエ解析の力と限界をよく知っていたイヴ・メイエは（フーリエ解析は彼のテーマである調和解析の基本的道具である），信号を時間と周波数に同時に分解する小さな波のことを聞いたとき，興味をそそられた．信号にとってウェーブレット〔小さな波〕とは，楽譜のように，どんな音符で（どの周波数で）演奏すべきか，だけでなくいつ演奏すべきかも指示してくれるようなものではないだろうか？

2.3　異教徒に話をする

「私はほとんど偶然のきっかけからウェーブレットの研究を始めることになったのです」とメイエは語っている．「私がポリテクニクの教授をしていた当時，数学の人達は複写機を理論物理部と共同で使っていました．理論物理部の部長は何でも知りたがり屋で，何でも読みたがり，いつも文献の複写をしているんです．彼がコピーしている間，私は待たされたことにカッカする代わりに，彼とお喋りしていました．

1985年の春のある日，彼はマルセイユの友人，アレックス・グロスマンの論文を見せて意見を求めてきたんです．それは信号処理の興味ある数学的手法に触

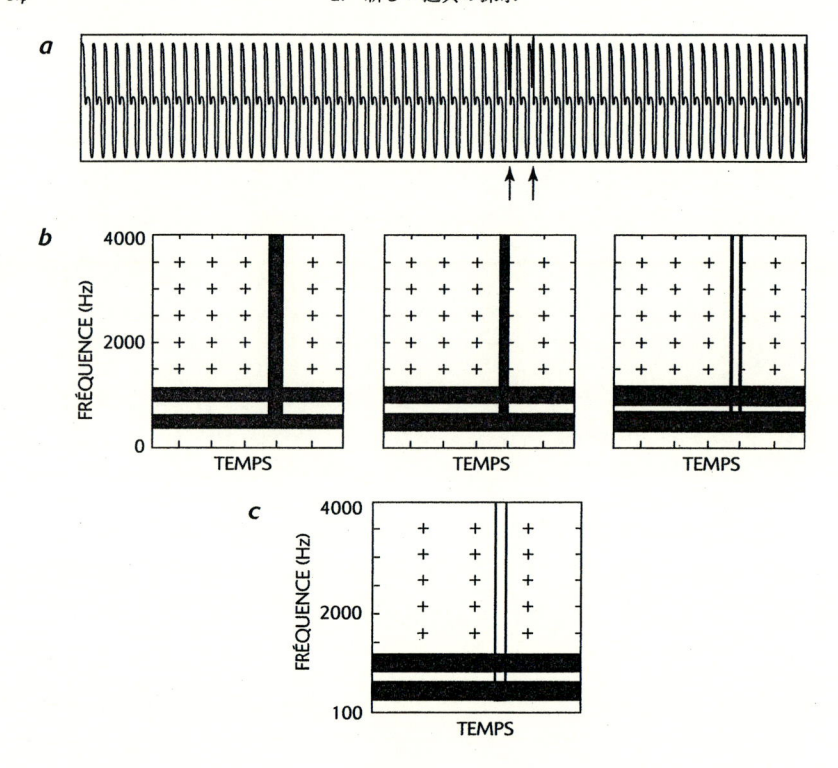

図 2.1

1秒当たり 8000 回サンプリングした信号 (a) には二つのピーク（矢印で示してある）が含まれている．この信号を，12.8, 6.4 および 3.2 ミリ秒という長さの三つの窓付きフーリエ変換 (b) で分析する．大きな窓は，この信号の主要な二つの周波数に対しては良い解を与えるが，二つのインパルスは区別できない．窓の大きさを小さくすると，時間については良い結果を与えるが，周波数については悪くなる．ウェーブレットによる分析 (c) は，二つのインパルスと二つの主要な周波数を同時に区別する．(I.Daubechies および SIAM 提供)

れたものでした．私はマルセイユ行きの列車に飛び乗り，グロスマンと一緒に研究を始めたのです．」

たいていは，純粋数学がまずはじめにあり，それから応用を見つけるのだが，ウェーブレットの場合はそうではなかった，とメイエは説明する．「それは数学者から課されたテーマではなく，技術者からのものでした．数学者はそれを少し綺麗にし，構造と秩序を与えたのです．」

確かに構造と秩序は必要だった．初期のウェーブレットは異なる様々な分野で

生まれたが，雑然としていて，最初は研究者達も既に知られている結果をそれと知らずに再発見することがあった．コーネル大学の心理学者，ダヴィド・J・フィールドによれば，この種の混乱は今でもまだある．「信号処理の専門家は，視覚の分野で発見されたものを学んでから仕事をすべきじゃないか，と時々思いますよ．」自分の分野の研究が近隣の分野の研究者にはあまり知られていない，と感じるのは，彼一人だけではないだろう．

これらの研究者は皆，自分達が同じことを話しているということがわかっていなかった．これは，彼らがめったに話し合いをしなかったこともあるが，彼らの研究がじつに様々な形式で行なわれていたからでもあった．グロスマンはメイエと同じ分野を研究している人達にウェーブレットの話をしたが，「彼らには関係がわからなかったんです」と，彼は言う．「イヴはすぐピンときましたよ．彼は何が行なわれているかをすぐに理解しました．」

ウェーブレットの主要な貢献は，ウェーブレットについての専門家達に会議を開かせていることだ，というのはよく言われる冗談だが，この冗談の背後には現実がある．つまり，ウェーブレットのおかげで互いに知り合うことのなかった専門家達が出会い，彼ら皆が理解する一つの言語で語り合うことが可能になったのである．グロスマンは言う．「普通は，異なる分野の間には多少なりとも壁があります．多くの人がウェーブレットに興味を持つ理由の一つは，このテーマが彼らに，馴れた世界を離れていろんな種類の異教徒に対し話をせざるを得なくしている，ということです．我々の小さな村に誰かよそ者が来たら，それは定義上，異教徒ですが，人々は『ごらんよ，あの人達，耳が二つあって，鼻は一つ．私たちとそっくり！』と言って驚くのです．この確認は皆にとって心地よいものでした．」

2.4　「それは間違っているに違いない」：モルレのウェーブレット

ウェーブレットの歴史を辿るには，考古学者に似た仕事が求められる．「私はこの理論の別々のルーツを少なくとも 15 は見つけました．そのうちのいくつかは 1930 年にまでさかのぼります」とメイエは言う．「ノーベル賞受賞者ケネス・ウィルソン（Kenneth Wilson）のくりこみ群を述べた 1971 年の論文以来，物理の人達は直観的にウェーブレットの存在を意識していました」．数学では「原子分解」という名前でウェーブレットを使い様々な関数空間を研究していた．ま

た別の研究者は，視覚系を理論的なモデルで表すためにウェーブレットを——「ガボールの自己相似関数」という名前で——発展させている．

しかし，やはり出発点としてはジャン・モルレ (Jean Morlet) の仕事があげられるだろう．モルレはエルフ・アキテーヌ社勤務の地球物理学者で，地下の石油を見つけるために，独立にウェーブレットを作り出した．もっともこれはそのために使われることはなかった．「少しやってはみましたが，中止になりました．反対するものと賛成するものがいて，それに金がなかったんです…」と，現在は退職しているモルレは語る．

1960 年代に導入された地下石油探査の標準的方法は，地中に振動または衝撃を送ってエコー（直接または後方拡散反射）を分析するやり方である．この方法で，様々な層の深さ，厚さ，構造を求めようというのである．このエコーの周波数は地下の層の厚さに関係していて，おおざっぱに言って高い周波数は薄い層に対応している．モルレの説明によれば，「何百もの層がありました．様々な層に結びつく反射信号が全部干渉しあっているのです．ぞっとするような混ざり合いです．この様々な信号を分離しようというわけなんです．」

この複雑に錯綜したエコーから情報を引き出すために，フーリエ解析と次第に強力になるコンピュータが用いられた．それから信号の所々で大きな窓を用い，コンピュータの発達により計算費用が安くなると，窓を接近させて重なり合うようにした．「しかし，どんな方法を用いてみても良い結果は得られない，という限界につき当たりました」とモルレは打ち明ける．「もっと局所的で細かい性質を明らかにしようとしました．特にいろんな厚さの層についての情報を得たかったのです．」

そのために，モルレは 1975 年頃，30 年ほど前にガボールが提案した窓付きフーリエ解析をとりいれた．残念ながらこの方法は，高周波数では時間の分解能が足りない（窓を非常に狭くとらないかぎり．しかしそうすると低い周波数についての情報がすべて失われることになる）．この方法はまた別の重大な欠陥もある．つまり，古典的なフーリエ変換とは逆に，変換から信号を再構成するための数値的方法がないのである．

モルレは別のアプローチを選んだ．窓の大きさを固定し，その窓の内部の振動の数を変える代わりに，逆のことを行った．つまり，振動の数を一定にして，窓の大きさを変化させ，アコーデオンのように引き延ばしたり，圧縮したりした

(59 ページ図 2.2 参照)．窓を引き延ばすと，振動を引き延ばす，したがってその「周波数」を低くするという結果をもたらす．窓を圧縮すると，振動を圧縮し，したがって高い周波数を生じさせるという結果になる．モルレはこの方法を用いて，小さな窓によって高い周波数の位置を求め，大きい窓で低い周波数を調べることができた．

これらの新しい関数はすべて似た形をしているので，彼はこれを「定形ウェーブレット」と名づけて，ガボールの関数（モルレはこれを「ガボールのウェーブレット」と呼んだ）や地球物理学で地中に送られる信号の「ウェーブレット」と区別した．

またモルレは，小さな事務用計算機を使ったシミュレーションに基づいて，信号をウェーブレットに分解したり再構成したりするための経験的方法を作りだした．しかしその結果を仲間に見せると，彼らはそれが間違っていると言い張った．「もしそれが本当なら，ずっと前から知られていたはずだ」というわけである．1981 年，彼はエコール・ポリテクニクで同期入学だった物理学者，ロジエ・バリアンに，ウェーブレットについての自分の最初の論文の修正を手伝ってほしいと頼んだ．バリアンは「僕は時間–周波数を扱う専門家だが，僕よりもっといい専門家を知っている．」と言って，彼にアレックス・グロスマンを紹介した．

2.5　誤差はゼロ…

グロスマンは説明する．「私の研究分野が量子力学だったので，ジャンが紹介されて私に会いに来ました．量子力学と信号処理の分野では，フーリエ変換がしょっちゅう使われるのです．とはいえ，これらの分野では，フーリエ変換がそれぞれどのような情報を与えているのかということを忘れてはなりません．

ジャンはやって来たとき，一つの処方を持っていて，それはそれなりにうまく行ってました．しかし，それらの数値結果は一般的に正しいのか，それとも近似なのか，どんな条件でそうなのか，などということについては何もはっきりしていませんでした．」モルレとグロスマンはこのような疑問を解決するため 1 年間一緒に研究を進めた．

この研究中，彼らはマイクロコンピュータで多くの実験を行なった．「この方法がもっと早くに編み出されなかった理由の一つは，以前は，一生コンピュータを

仕事とするのでない限り,小さなコンピュータを手に入れて遊ぶ,ということが不可能だったからです」とグロスマンは説明する.「新しいものを作り出し理解しようとするときには,自分で操れる道具が必要です.仕事の最大の部分をジャンは自分のPCでやりました.もちろん,彼は大型コンピュータも扱えました,彼の専門ですから.しかしこれは頭の使い方がまったく違うんです.同じように,私は,自分がグラフィックを出力できる小型コンピュータを持っていなかったら,これらの結果を得られなかっただろうと思います.」

　これらの経験的な結果を数学的に正しいと証明するために,グロスマンとモルレは,信号をウェーブレットで表すとき,信号の「エネルギー」が変化しないことを明らかにした.(この「エネルギー」——振幅の2乗の平均値——は必ずしも物理的エネルギーには対応しない.)その結果,信号をウェーブレットに変換し,次いでこのウェーブレットからその同じ信号を正確に再構成することができることになる.その上,この変換はロバスト†である.つまり,ウェーブレットを用いて信号を表すとき,係数を少し変化させても,信号には同程度の大きさの変化しか生じない.小さなエラーや修正がけた違いに増幅されることはないのである.

　しかし,この再構成の方法は大変だった.フーリエ変換では,1変数(時間または空間)の信号を別の1変数(周波数)の関数に変換する.これに対しウェーブレットによる変換は,時間と周波数という2変数の関数に変換する.そのため再構成には二重積分を実行しなければならず,かなり骨の折れるものだった.しかしモルレとグロスマンは——いくつかの論文の中でも述べているように——一重積分によって「近似的」再構成ができることを知っていた.

　「実用という観点からすると,費用がまったく違います.つまり一方のやり方では金を払わなくてはならないが,もう一方だと,再構成はほとんどただでできます」とモルレはコメントする.この場合,近似の質,つまり誤差が大きいかどうか,を知ることが重要であったが,モルレもグロスマンも数学者ではなかったのでこの問題に取り組むのを躊躇していた.

　モルレは思い起こす.「しばらくして思いました,『それでも面白いぞ,こいつは.これについて何ができるかやってみるべきだろう』と.アレックスは『よし,こうやって信号を再構成するときに生じる誤差の上限を求めてみるよ.』と言い

---

† 訳注:頑丈なこと.入力が多少変化しても出力がむやみに変化したりはしない,という性質を表す言葉.

ました．1984年の9月のある日，彼がカルフォルニアのパサデナからサン・ディエゴにいる私に電話してきました．『計算したよ．誤差はゼロだった！』」

2.6 数学的顕微鏡

　ウェーブレットはフーリエ解析の拡張である．ウェーブレット変換は，フーリエ変換（あるいは窓つきフーリエ変換）と同じように，信号を数—係数—に変換する．この数は，記録したり，分析したり，処理したり，伝達したり，あるいは元の信号を再構成するために使うことができる．

　やり方は同じである．つまり，曲線を集めることによって信号は再構成されるが，係数は，その曲線を得るために分析関数（サインカーブや「窓」やウェーブレット）をどう調整するかを決めるのである．サインやコサインの加え合わせによって信号のフーリエ変換から元の信号が再構成されるように，様々な大きさのウェーブレットを加え合わせることによって信号のウェーブレット変換から元の信号が再構成される．係数の計算は，原則的に同じやり方で行われる．つまり，信号と分析関数を掛け，その積分を計算する（実際には別の高速アルゴリズムを使う）．モルレは，ガボールが窓つきフーリエ解析に使った（釣り鐘型の）ガウス関数から，彼のウェーブレットを作り出した．

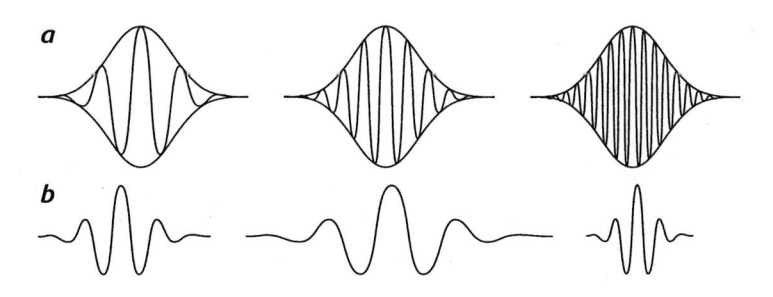

図 2.2　(a) 窓つきフーリエ解析，および (b) ウェーブレット解析
(a) では，窓の大きさは固定されており，窓の中の振動の数が変化する．小さな窓は，大きい波（低周波数の波）には「気がつかない」．一方，大きな窓では，急速に変化する信号は，その窓の区間全体の情報の中に埋没してしまう．(b) のウェーブレット解析では，「マザー・ウェーブレット」（左）を調べたい区間の大きさによって圧縮したり引き延ばしたりする．このようにして様々なスケールで信号を調べる．ウェーブレット変換は「数学的顕微鏡」と呼ばれることがある．つまり大きなウェーブレットは信号のおおまかなイメージを与え，狭いウェーブレットは信号の細部を「ズーム撮影」できる．

TINTIN AU PAYS DES ONDELETTES

... Une aventure palpitante du sympathique reporter accompagné du fidèle Capitaine MEYER et de l'ineffable Professeur GROSSMANN...

図 2.3

オリヴィエ・リウールは学位論文を書くときに,「ウェーブレット物語」の立役者であるメイエ船長とグロスマン教授をデッサンした.さらに最近,第3章で述べるように,イヴ・メイエとともに高速ウェーブレット変換のアルゴリズムを作り上げたステファン・マラーもデッサンした(右ページ下右).(O. リウール氏提供)

〈左ページ〉ウェーブレットの国のタンタン

"…誠実なメイエ船長やあのおかしなグロスマン教授と一緒に,すてきなリポーターが手に汗にぎる冒険を行なう…"

〈右ページ上〉

「この証明にいくら払ってくれますか?」

〈右ページ下左〉

ボン,ボン,ボン,…

「失礼! もうちょっと南って,言ったんだ!」

しかし，周波数を変化させるためウェーブレットを圧縮したり引き延ばしたりする，ということがすべてを変えた．ウェーブレットは信号の様々な成分に自動的に適合する．つまり過渡的状態の高周波数成分には狭い窓が，長時間にわたる低周波数成分には広い窓を用いるわけである．

このやり方は多重解像度〔解析〕と呼ばれる．粗い解像度で信号を調べるには，大きいウェーブレットと少数の係数によってアウトラインを描き出す．細かい解像度では，詳細を探る多数の小さいウェーブレットを使って信号を分析する．ウェーブレットは「数学的顕微鏡」と呼ばれた．つまり，ウェーブレットを圧縮することによってこの顕微鏡の倍率を上げ，細かな詳細（石油探査では，層が薄くなるにつれて周波数は高くなる）を明らかにしていく．一般には，5段階の解像度が用いられ，1段階上がると解像度は2倍になる．冗長にはなるが中間の解像度でも信号を調べることができる．初期のウェーブレットではこのようなことも必要であった．

解像度ではなくスケール（echelle）という言葉を使うこともある．また，モルレは「オクターブ」という言い方をした．解像度という言葉は使用したウェーブレットの個数——信号のサンプル数——を連想させ，スケールという言葉は，ウェーブレットの大きさと見ようとする成分の大きさの関係を表す．そしてオクターブという言葉は，解像度を2倍にするとウェーブレットの周波数が上がって，2倍の周波数の成分が見られる効果があることを想起させる．（フーリエ解析とは異なり，周波数に関する情報は近似的でしかない．ウェーブレットは，サインやコサインのような正確な周波数は持っていない．）これはウェーブレットの特徴，つまりウェーブレットが「定形」である結果である．つまり，解像度，スケール，そして周波数はすべて同時に変わるのである．

すべてのスケールでの係数が一緒に働いて信号や関数を正しく表す．イヴ・メイエは書いている．「フーリエ級数の場合と異なり，この級数の係数は単純，正確，かつ忠実にこれらの関数の性質を伝える．」[5] 彼はこのような関数の性質として，少なくとも「断絶，不連続，不測の事態など一切の強い過渡的状態に対応する性質」をあげている．これは，単にウェーブレットによって信号の詳細を観察できるからではなく，ウェーブレットが変動だけを符号化しているからである．次頁図2.5で見られるように，ウェーブレットの一つの係数は，ウェーブレット（ピークと谷を持つ）と対応する信号の区間との関係を表している．「ウェー

ブレットの大きさを見て信号のリズムをつかむのです」とメイエは言う．信号が単に定数である区間は係数ゼロを与える．定義により，ウェーブレットは積分がゼロである．すなわちウェーブレットが取り囲む面積の半分は正で半分は負である．このウェーブレットに定数を掛けると正部分も負部分も同じ割合で変化し，積分はゼロのままである．また，1次関数や2次関数，さらにもっと高次の多項式に対しても係数ゼロを与えるウェーブレットを作ることができる（ウェーブレットのゼロモーメント[6]の数は，そのウェーブレットが何に「盲目」であるかを定める．）

「ウェーブレットによる分析は，変動に対する我々の感受性と似ています．」とメイエは説明する．「速度に対する反応のようなものです．人間の体は加速に対して反応するだけで，速度に反応するのではありません．」我々は，列車や飛行機に乗っているとき，速度が一定であるかぎり，静止しているように感じている．

この特性によってウェーブレットは情報を圧縮することができる．例えば，100,000 の値を含む信号は 10,000 個のウェーブレット係数によって表すことができる．ゼロのものは自動的に無視される．図 2.4 および 2.5 で示すように，不測の変動，信号のピーク，あるいはイメージの輪郭を強調することもできる．ウェーブレットによる分析は，メイエに言わせると，このような信号の「知的解読」であり「まっすぐに核心に飛び込む」ものである．

補足⑥ 連続ウェーブレット変換

連続ウェーブレット変換では，小さな波のようなマザー関数 Ψ （プサイ）から，一群のウェーブレット $\Psi(ax+b)$ を作り出す．ここで a と b は実数である．a は関数 Ψ を <u>拡大</u> し（圧縮または引き延ばし），b は関数を <u>平行移動</u> する（ずらす）．

信号 $f(t)$ をこれらのウェーブレットで分析するときは，この信号を2変数（時間と分析スケール）の関数 $c(a,b)$ に変換する．

$$c(a,b) = \int f(t)\Psi(ax+b)\,dt$$

この変換は理論上は非常に冗長である．しかしそれは信号のいくつかの特性を明らかにしてくれる．それにこの冗長性は恐れるほどの障害はもたらさない．研究者達はこの冗長な変換から，迅速に本質的な情報を引き出す方法を練り上げた．

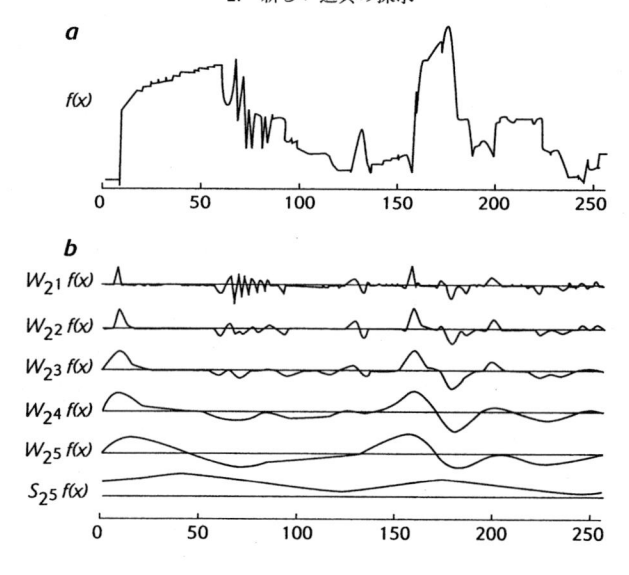

図 2.4 ウェーブレット変換

元の信号 (a) を五つのスケールでウェーブレット変換する (b). 一番上は詳細を与える最も細かい解像度のもの. 下は残りのより低い周波数のグラフである. (S. マラー氏提供)

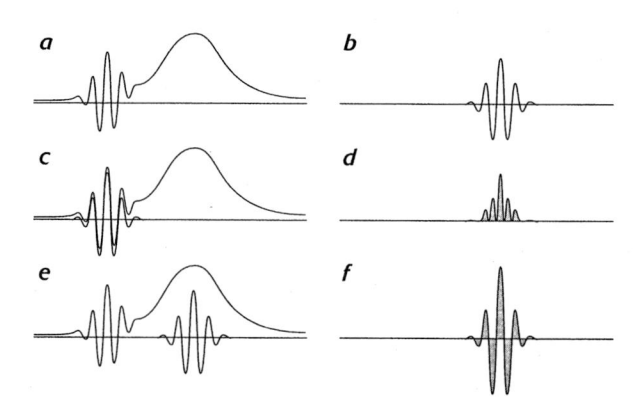

図 2.5

信号 (a) のウェーブレット変換は, 一つのウェーブレット (b) をこの信号の様々な断片と比較する (c, e). 信号とウェーブレットの積は曲線を与える (d と f). この曲線の下の面積はウェーブレットの係数に等しい（網掛け部）. ウェーブレットに似た信号の断片 (c) は, ウェーブレットとの積が正であるから大きな係数を与える (d). ゆっくり変化する断片 (e) は, 積分で, 負の値が正の値をほぼ打ち消すため小さな係数を与える. このようにウェーブレットは信号の変動を際立たせる.

そういう方法の一つは，冗長な変換をその「骨格」にまで単純化するものである．ある種の信号の連続ウェーブレット変換では，本質的な情報は曲線または「骨」に含まれる．エクス・マルセイユ大学にある国立科学研究センターの研究者，ブルノ・トレサニによれば，この骨は「平行移動し拡縮したウェーブレットの自然な周波数が，その信号の局所的周波数または周波数の一つと一致する」ような時間-スケール平面の点で構成される．これらの骨が変換の「骨格」を形成する．

トレサニは，マルセイユのリシャール・クロンラント-マルチネ（Richard Kronland-Martinet）やリヨンのベルナール・エスキュディエ（Bernard Escudie）と協力し，連続ウェーブレットの冗長性を利用してこれらの骨を迅速に計算するアルゴリズムを発見した．「曲線，または骨，を連続してたどる必要があった」とトレサニは説明する[8]．マルセイユの他の研究者達はこの方法に基づいて仕事をしている．すなわち，ナタリー・デルプラ（Nathalie Delprat），フィリップ・ギルマン（Philippe Guillemain）およびフィリップ・チャミチアン（Philippe Tchamitchian）はこれを音楽に適用したし，カロリヌ・ゴンネ（Caroline Gonnet）はトレサニと共に画像の骨格を研究した[9]．ヴィルゴ（VIRGO）と名付けられた仏伊プロジェクトでは，ジャン-ミシェル・イノサン（Jean-Michel Innocent）がこの骨格の方法を，例えば，崩壊している連星から発せられた重力波の検出に応用しようとしている．重力波は一般相対性理論で予言されてはいるが，まだ観測されたことがない．強い雑音下での骨格の問題を研究しているトレサニは，「大きな困難は信号を背景雑音から分離することだが，この場合，背景雑音がものすごく大きい」とコメントしている．

骨格の方法は，信号が局所的に狭い周波数帯からなる場合——例えば，音声信号など——に適している．この場合，信号の各瞬間に，はっきりわかっているいくつかの波（ときには一つの波）を結び付けることができる．特異性——画像の端のように急に変化する点——を含む信号に対してはそうはいかない．こういった信号に対して，クーラン数理科学研究所のステファン・マラーとウェン・リアン・ワン（Wen Liang Hwang）は，冗長な変換を単純化する別の方法を得た[10]．彼らは変換の最大値——ウェーブレット最大値——を計算している．マラーはシフェン・ゾング（Sifen Zhong）と共に，そのウェーブレット最大値から信号を再構成する方法も開発した[11]．

●離散変換

離散ウェーブレット変換では，ウェーブレットを，離散値によってのみ，平行移動したり拡縮したりする．通常，拡大因子 a は2の累乗である（2進数的）．つまり，ウェーブレットは $\Psi(2^k t + l)$ の形をとり，k と l は整数である．直交ウェーブレット（補足⑦「直交性とスカラー積」参照）は特殊な離散ウェーブレットである．作るのはずっと難しいが，冗長性のない表示を提供し，速いアルゴリズムを作りやすい．

2.7　タキトゥス対キケロ：直交性を求めて

　1985年，イヴ・メイエがアレックス・グロスマンに会うためにマルセイユ行きの列車に乗ったとき，多重解像度は存在していたが，ウェーブレット係数の計算は時間がかかり，骨の折れるものだった．その上，変換は簡潔ではなかった．変換から信号を再構成するには，2倍の解像度だけではなく，あらゆる中間の解像度でも分析しなければならなかった．モルレとグロスマンは「オクターブ」間に三つか四つの「声」を持った表示を作り上げた．これは誤差を少なくして信号の再構成を行なうものであった．

　しかし信号の完全な再構成を得るためには，連続ウェーブレット変換を使わなければならなかった．つまり，信号をあらゆる解像度で調べ，ウェーブレットをあらゆる値の上に動かさなければならなかった．

　信号に沿ってゆっくりとすべるたった一つのウェーブレットを想像してみよう．その間に無数の係数が計算される．この果てしない仕事が終わるとウェーブレットを少し圧縮し，そしてまた始める…理論上は，この仕事は無限である．しかし実際は，「無限というのは10,000くらいでいいんです．それほどひどくはないですよ」とグロスマンは言う．ウェーブレットで行なう連続変換というとき，それはしばしば言葉の誤用である．実際には離散的な数で仕事をしているのであり，信号を有限回サンプリングしているだけである．

　しかし連続変換には無駄がある．連続変換では，一つのウェーブレットによって符号化された情報の大部分が，隣のウェーブレットによってまた符号化される，というように互いに部分的に重なり合っている．(信号は 過剰サンプリング されており，サンプリング定理が要求する以上のサンプルがある．) だいたい，この変換は10倍冗長だ，とメイエは断言している．「連続変換はキケロ的で，何でもだいたい10回は繰り返し言われるのです．」

　この冗長性は利点でもあり得る．連続的表示だと，信号を符号化するとき，正確な原点はそれほど重要ではない．この原点をずらしても係数は変化しない（数学者はこういう表示を 平行移動に対し不変 と呼んでいる）．結果として，データを分析したりパターンを認識したりするのが容易である．

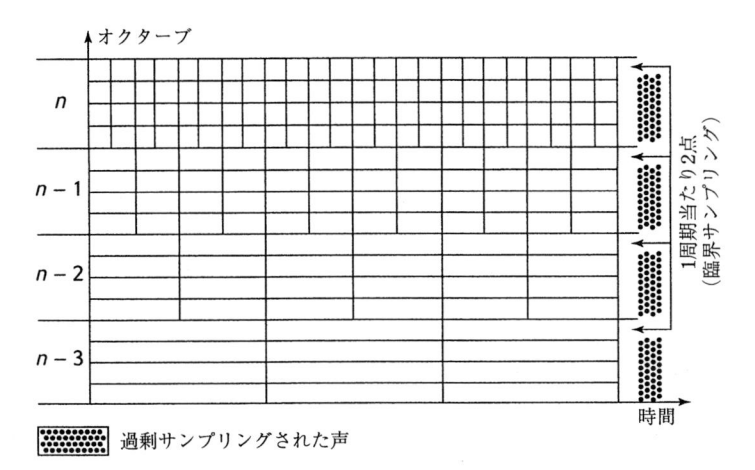

2.7 タキトゥス対キケロ：直交性を求めて

図 2.6
ウェーブレットによる分析では，計算された各ウェーブレット係数は信号のサンプルに相当する．モルレは彼の定形ウェーブレットで，一つのオクターブ（今日ではスケールとか解像度とかいわれることが多い）から上位のオクターブに移るたびに，信号のサンプル数を2倍にした（敷石の数を2倍にした）．彼はオクターブ間にもサンプルをとった．シャノンのサンプリング定理から見れば，この中間の声は過剰なサンプリングとなっている．直交ウェーブレットだと，臨界のサンプリングで，つまりサンプリング定理で要求される最低限のサンプル数で，信号の完全な表示を作ることができる．(J. マラー氏提供)

　連続変換ではすべての係数を正確に知る必要もない．1985年以来ウェーブレットの研究をしているプリンストン大学教授のイングリッド・ドブシーは地図作製法になぞらえる．「多くの男性は何本か線を描くだけですが，そのとき，もし細部を一つ描き損じるとそれだけで駄目になります．一方，多くの女性は細かいことをたくさん描く傾向があります——ここにガソリン・スタンド，あそこに食料品店…と．この地図のあまりきれいでないコピーがあると想像してください．冗長性が多くても，とにかく使うことができるでしょう．三番目の通りの角で売っているガソリンのマークは読みとれないかもしれないけれど，自分の行く道を見つけるのには十分な情報が得られるでしょう．このようにして冗長性が利用されるのです．つまり，知っていることについて正確さが欠けていても，それでも正確な再構成が得られるわけです．」

　しかし，情報を伝えたり分析したり，あるいは蓄えるためにこれを圧縮しようとすると，冗長性は高くつく．そこで直交変換の助けを求めることになる．この変換は，符号化の過程で冗長性を排除し元の信号の完全な再構成を提供する（補

足⑦「直交性とスカラー積」参照).信号の情報全体は,繰り返しなしに1回しか符号化されない.つまり,メイエのコメントによれば,これはキケロではなくタキトゥスである.

その頃,メイエは情報の圧縮のような応用は考えていなかった.純粋数学者の名にふさわしく,彼はウェーブレットの数学に熱中していた.連続変換に限れば,積分がゼロになりさえすれば,ほとんどどんな関数もウェーブレットと考えることができる.直交ウェーブレットについては状況はまったく異なり,それが存在するかどうかすら,興味ある問題となる(ハール(Haar)の非常に不規則な関数は別として;補足⑨「多重解像度」(p.88)参照).

1981年にバリアンは,ガウス型あるいはもっと一般的には滑らかで局在化したどんな窓を選んでも,窓つきフーリエ解析に対する直交写像は存在しないことを証明していた[12].メイエは,直交ウェーブレット—正確に言うと,変数が無限遠に向かうと急速にゼロに近づく無限回微分可能な(完全に滑らかな)直交ウェーブレット—も存在しないと確信していた.彼はこのことを証明しようとし,そして失敗した.つまり,1985年の夏の間に,まさにこのタイプのウェーブレットを作りあげてしまったのだ.これは,彼によると,存在しないはずのものだったのである.(彼は,自分のものより不規則な別の直交ウェーブレットを,スウェーデンの数学者,J.O. ストレンベルク(Stronberg)が4年前に作っていたことに後で気づいた[13].)

これらの新しいウェーブレットを用いると,経済的なウェーブレット変換,つまり信号そのものと同じ数の点からなる変換を行なうことが可能になる.

補足⑦　直交性とスカラー積

フーリエ解析やウェーブレット理論に馴れていない人には,本文のいくつかの命題は神秘的に見えるかもしれない.フーリエ変換は信号をその周波数によって分解し,ウェーブレット変換は信号を様々なスケールの成分に分解する.両者とも積分を計算する.すなわち,信号に分析関数(サインカーブまたはウェーブレット)を掛け,積分する.

これらの積分はどのように信号を分解するのだろうか.信号処理とかウェーブレッ

トについての本を見るとそこには，フーリエ係数やウェーブレット係数の計算は信号と分析関数のスカラー積をとる，と書かれている．(英語では，三つの言葉，scalar product（スカラー積），dot product（ドット・プロダクト），inner product（内積）は同義語である．) 計算手法が積分だとすれば，どうしてスカラー積などを引っ張り出さねばならないのだろうか．

さきに直交ウェーブレットに触れた．これは連続変換で用いられるウェーブレットよりも作るのが難しいが，簡潔さという利点（と欠点）を持っており，元の信号の完全再構成を可能にする．<u>直交</u>という言葉は垂直を意味する．どういう意味でウェーブレットが垂直なのだろう．信号の符号化と垂直の間にどんな関係があるのだろうか．

この項の目的は，これらの疑問に答え直交変換の意義を説明することである．簡潔さだけがその利点ではない．事実，離散的ではあるが直交性のない変換でも簡潔なものがある．重要なのは直交ウェーブレットの幾何学的性質である．なぜならそれが信号の変換を容易にするからである．つまり，各係数の計算には一つのスカラー積だけが必要であり，他の係数の計算とは無関係になるからである．

初歩的な 2 次元または 3 次元の幾何学的概念を使うことにしよう．リセ（高等学校）で習ったベクトルの加法とスカラー積の計算である．無限次元空間に適用されるとき，これらの概念は直観性を失うが力強いものとなる．さて，関数あるいは信号を無限次元空間の中の点と考えよう．こういう考え方を奇妙に思ったとしても，それはあなた一人ではない．今日，数学者はほとんど無意識のうちにこう考えるが，前の世代はとても苦労したし今も相変わらず学生を当惑させている．関数をこのように考えられるようになるのが，数学者の教育における一つの大きな曲り角である．いろいろな関数でも，同じ性質を持つものは同じ <u>関数空間</u> に属すことになる．(もちろん，細かい問題では，ある関数空間に属す，というだけでなく考えている関数の詳細を知ることが必要となる．)

●**関数：無限次元空間の点**

直線上の点はただ一つの数で定まり，平面の点は二つの数（2 次元の座標）で定まり，3 次元空間の点はその三つの座標で定まる．関数はそれがとる値の全体，すなわち無限個の数によって決定される．したがって，関数は，ウェーブレットとか信号のように，無限次元空間の中の点と考えられる．

n 次元空間の点はその点の n 個の座標軸上への射影によって表される．2 次元または 3 次元の射影は視覚化できる．学校では，直交軸が選ばれる．例えば，座標 (3, 5) の点を通り x 軸に垂直な直線は x 軸を目盛 3 で切る．これを，点 (3, 5) の x 軸上への射影は 3 である，という．同様に，この点の y 軸上への射影は 5 である．

この幾何学用語を無限次元空間に適用しよう．その空間では，一つの点が一つの信

号を表している．信号は，その性質（音楽，イメージ，…）や目的（周波数を求める，圧縮する，…）に応じて，三角関数か，ウェーブレットか，あるいは他の分析関数で分解することができる．まず，分析関数の 基底 を選ぼう．つまり，どんな信号でも表すことができる関数族——例えば，サインとコサイン，あるいはマザー・ウェーブレットとその拡縮および平行移動したもの——を選ぼう．

基底に属する各々の関数は座標軸の一つの方向を定める．したがって一つの基底を選ぶことは一つの座標系を選ぶことである．信号をある基底で分解することは，信号を無限個の座標で表し，無限個の軸上に射影することを意味する．フーリエ係数やウェーブレット係数は，それらのなす座標軸上への射影点を表す．それらの関数——つまり信号を射影する座標軸——がすべて互いに垂直なら，この基底は直交基底である．二つの直交基底は，それらの軸が信号空間で異なる向きを持つとき相異なる基底である．

しかしこれらの言葉は，高次元空間で長さや角という概念が意味——これは自明ではないが——を持っていないと使えない．そこで自然な概念に対応させるため，この空間の点を，座標系の原点を始点としこの点を終点とするベクトルと同一視することにしよう．こうして，一つの点の長さや2点間の角といったものを考える代わりに，一つのベクトルの長さや二つのベクトルが作る角を考える．しかし，17次元のベクトルの長さとか，無限次元空間の二つのベクトル間の角とは何を意味するのだろうか．こういう空間の幾何学を作り上げるためスカラー積を考える．

● スカラー積

n 次元座標の二つのベクトル $\mathbf{a}$ と $\mathbf{b}$ のスカラー積 $<\mathbf{a},\mathbf{b}>$ は次式で定義される．

$$<\mathbf{a},\mathbf{b}> = \begin{bmatrix} a_1 \\ a_2 \\ \vdots \\ a_n \end{bmatrix} \begin{bmatrix} b_1 \\ b_2 \\ \vdots \\ b_n \end{bmatrix} = a_1 b_1 + a_2 b_2 + \cdots + a_n b_n \tag{9}$$

例をあげよう．$n=3$ で，$\mathbf{a}$ は点 $(3,6,1)$, $\mathbf{b}$ は点 $(2,5,3)$ とする．そうすると

$$<\mathbf{a},\mathbf{b}> = (3\times 2) + (6\times 5) + (1\times 3) = 6+30+3 = 39$$

スカラー積は数であって，ベクトルではないことに注意しよう．（我々はすでに補足⑤「高速フーリエ変換」で行列の掛け算のときにスカラー積を使った．）

この定義を高次元空間に適用するときは，長い列が必要になり計算は大変になるものの，10次元や100次元でのスカラー積の概念がより難しいわけではない．

高次元空間での長さや角はどうなるのだろう．我々は無頓着に無限個の垂直な軸な

どと言った．定義 (9) は，以下の二つの公式と共に，高次元空間で幾何学的に考えるとき役に立つ．公式 (10) と (11) は 2 次元や 3 次元では定理（これらには証明がある）であるが，もっと高次元では定義になる．公式 (10) は，ベクトルの長さは一つのベクトルとそれ自身とのスカラー積の平方根である，と定義している．

$$|\mathbf{a}|^2 = <\mathbf{a},\mathbf{a}> \tag{10}$$

ここで $|\mathbf{a}|$ は $\mathbf{a}$ の長さである．

2 次元および 3 次元では，(10) はピタゴラスの定理の内容である．つまり，座標 (x,y) のベクトル $\mathbf{a}$ は，他の 2 辺の長さが x および y である直角三角形の斜辺である．公式 (9) により，$<\mathbf{a},\mathbf{a}>= x^2 + y^2$．

公式 (11) は二つのベクトル $\mathbf{a}$ と $\mathbf{b}$ の作る角 θ を定める[14]．

$$<\mathbf{a},\mathbf{b}> = |\mathbf{a}||\mathbf{b}|\cos\theta \tag{11}$$

直角のコサインはゼロであるから，直交する二つのベクトルのスカラー積はゼロであることがわかる．

こうして，2 次元や 3 次元ではっきりしている長さや角の概念を，高次元でも定義することができる．17 次元の空間も無限次元空間も視覚化することはできないが，類推によって研究することができる．定義 (9) を高次元に適用することで，これらのなじみ深い概念が n 次元という想像もできない空間でちゃんと意味を持つ，ということがわかるだろう．

●スカラー積による係数の計算

信号のベクトルと基底関数のベクトルという，二つのベクトルのスカラー積を使うだけで，正規直交基底の各係数が計算できることを示そう．<u>正規直交基底</u>は，基底に属する関数がすべて長さ 1 に正規化された直交基底である．三角関数は正規直交基底を作る（付録 F,「正規直交基底の例」参照）．計算は，他の基底関数には影響されないので比較的簡単である．また，それぞれの係数の持つ情報は他の係数には決して含まれない情報となる．

2 次元の簡単な例を考えよう．信号（ベクトル $\mathbf{s}$）を二つの直交ベクトル $\mathbf{w_1}$ と $\mathbf{w_2}$ から成る正規直交基底を用いて分解する．（これらのベクトルはウェーブレットであっても，またウェーブレットと関係のない関数であってもよい．）これらの基底ベクトルは，信号を射影する二つの座標軸を定める．これら二つの射影に $\mathbf{v_1}$ と $\mathbf{v_2}$（原点を始点とする二つのベクトル）という記号をつけよう（図 2.7）．そうすると，

$$\mathbf{s} = \mathbf{v_1} + \mathbf{v_2}$$

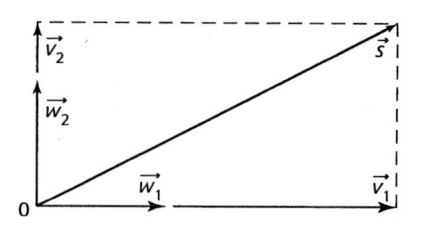

図 2.7
信号 s の，ベクトル w_1 と w_2 が成す基底への射影 v_1 と v_2

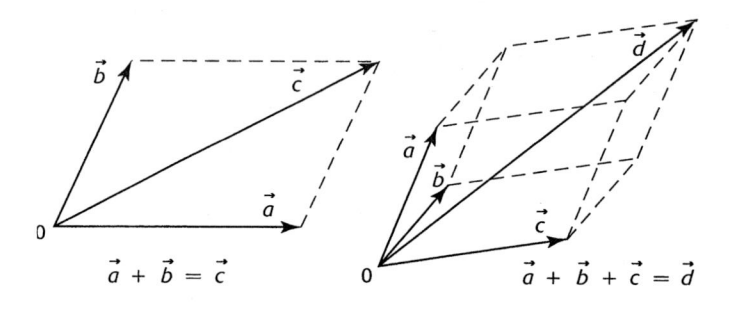

図 2.8
(a) 2 次元のベクトルの和，および (b) 3 次元のベクトルの和

係数 c_1 と c_2（例えば，ウェーブレット係数）は，ベクトル v_1 および v_2 と基底ベクトルとの比例係数である．

$$s = v_1 + v_2 = c_1 w_1 + c_2 w_2 \tag{12}$$

（平面上の二つのベクトルの和は，それらのベクトルの座標を加えることであるのを思い出そう．二つの横座標の和が新しいベクトルの横座標で，二つの縦座標の和が新しいベクトルの縦座標である．新しいベクトルは，元のベクトルで形成される平行四辺形の対角線である．すなわち図 2.8(a) に示すように，$a + b = c$. この操作は 3 次元以上でも同じである．）

今や，正規直交基底の中の信号の係数 c_j は，その信号と基底ベクトル w_j とのスカラー積に等しい，すなわち $c_j = <s, w_j>$ であることを容易に示すことができる．そのためには，式 (12) のように s を基底ベクトルを用いて表す．

$$<s, w_1> = <(c_1 w_1 + c_2 w_2), w_1> = c_1 <w_1, w_1> + c_2 <w_2, w_1>$$

我々の基底は正規直交系だから，w_1 と w_2 は長さが 1 に等しい．それゆえ，式 (10) から，

$$< \mathbf{w_1}, \mathbf{w_1} >= 1$$

二つの直交ベクトルのスカラー積はゼロ,だから,

$$< \mathbf{w_2}, \mathbf{w_1} >= 1$$

したがって,

$$< \mathbf{s}, \mathbf{w_1} >= c_1$$

となる.

この例では,基底は二つのベクトルしか含んでいない.無限次元では $\mathbf{w_1}$ と他の基底ベクトルとのスカラー積は常にゼロで,各基底ベクトルのそれ自身とのスカラー積は 1 である.そのため $c_j =< \mathbf{s}, \mathbf{w_j} >$ となり,2 次元で示したことは無限次元空間の点で表される信号についても真である.

●それで積分は?

上では,正規直交基底による係数の計算にはただ一つのスカラー積しか必要としないことを述べた.しかし以前に,係数は積分で得られる,とも述べた.この言い方は二つとも正しい.スカラー積と積分は,結局は,同じ操作を指しているのである.

この二つの計算が正確に一致する場合を考えよう.関数 $f(t)$ は,t が整数 n のとき定義され,t の二つの整数値の間では一定で,したがって t が整数のときに不連続になることもあり得る,としよう.こういうヒストグラムは工業生産高を年ごとに記述するのに使われる.関数 f は鉄鋼の生産高を,関数 g は鉄鋼の平均価格を表すと考えよう(図 2.9).

積分 $\int_0^6 f(t)g(t)dt$ は 6 年間にわたる鉄鋼生産の全額を与える(図 2.10).

同じ情報をスカラー積で表すことができる.

$$< f, g >= \begin{bmatrix} 2 \\ 2.5 \\ 2 \\ 3 \\ 3 \\ 1 \end{bmatrix} \begin{bmatrix} 2 \\ 1.5 \\ 1.5 \\ 1 \\ 1.5 \\ 3.5 \end{bmatrix} = 4 + 3.75 + 3 + 3 + 4.5 + 3.5 = 21.75$$

この場合,積分とスカラー積は同じである.ヒストグラムが関数を近似するように,リーマン和は積分を近似する(付録 C,「積分」参照).リーマン和を使って二つの関数の積の積分を計算するときは,まさにこれらの関数のスカラー積を計算してい

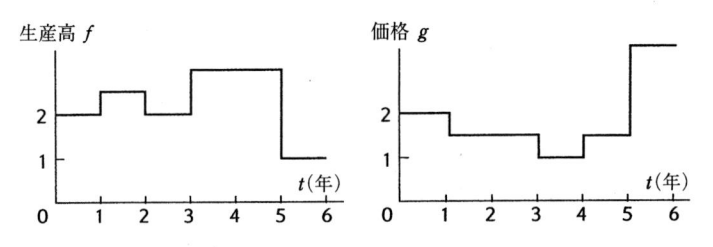

図 2.9 ヒストグラムの 2 例
生産高と価格の単位はここでは任意である.

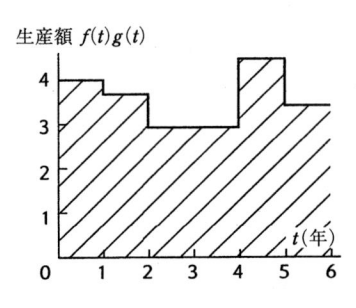

図 2.10
6 年間にわたる鉄鋼生産の全額は斜線の面積に等しい.

るのである.積分結果は「カーブの下の面積」として意味づけることができるが,計算の仕方が大切で幾何学的意味は副次的なことである.つまり,積分の計算は一連の掛け算と足し算にすぎない.

この例は,区間 $[a,b]$ 上の関数の空間におけるスカラー積(より正確には,2 乗可積分関数の空間 $L^2[a,b]$ におけるスカラー積)を次のように定義できることを示している.

$$<f,g>=\int f(t)g(t)dt$$

積分とスカラー積は同じものである,と言うと,ベクトル—ウェーブレット—の長さの直観的意味がわかりにくくなるかもしれない.関数を一つのベクトルと考えたとき,その長さとは,関数の 2 乗の積分の平方根に等しい.このため「長さ」が一定となる一群のウェーブレットを作るには,細いウェーブレットは高く,幅広いウェーブレットは低くしなければならない.このようにすることで,2 乗した関数で囲まれる面積が一定となるのである.

● 非直交基底

信号を直交していない離散基底に分解するにはどうすればよいだろうか．直交基底の場合と同じような計算をして得られる係数では，元の信号を再構成することができない．信号 $\mathbf{s}$ と我々の基底ベクトル $\mathbf{w_1}$ のスカラー積は係数 c_1 を与え，信号と $\mathbf{w_2}$ のスカラー積から係数 c_2 も得られる．しかし，$c_1\mathbf{w_1} + c_2\mathbf{w_2}$ は $\mathbf{v_1} + \mathbf{v_2}$ に等しくても信号には等しくない（図 2.11）．

元の信号を再構成できるようにしたければ，$\mathbf{v_1} + \mathbf{v_2} = \mathbf{s}$ となるようなベクトル $\mathbf{v_1}, \mathbf{v_2}$ を作らなければならない．

残念ながら，図 2.12 に示されるように，たった一つの係数の計算にすら基底のすべてのベクトルがかかわってくる．つまり，$\mathbf{s}$ の $\mathbf{w_2}$ 上への射影を得るためには，$\mathbf{w_1}$ に平行な線を引かねばならない．同様に，$\mathbf{w_1}$ 上への射影を作るためには，$\mathbf{w_2}$ に平行な線を引かねばならない．

平面のときには，この種の計算はそれほど厄介ではない．2元連立1次方程式を解けば二つの係数が求められる．n 次元では，n 元連立1次方程式を解かねばならな

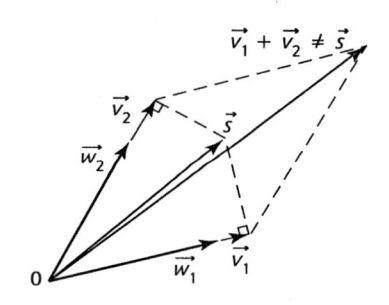

図 2.11
非直交基底では，信号の射影の和は信号を再現しない．

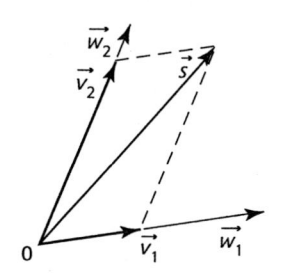

図 2.12
非直交基底における信号の再構成は可能だが，基底の全ベクトルを考慮しなければならない．

い．このためには約 n^3 回の演算が必要になる．ちなみに，直交変換に必要な操作は n^2 回であり，FFT に必要な操作は $n \log n$ 回である．

このような基底の複雑さは量子化誤差の影響の点からも不利である[15]．直交基底においては，全誤差の「エネルギー」は（パーセバルの定理により）各係数の誤差のエネルギーの合計になる．したがって全誤差を求めるときに信号を再構成する必要はない．また各係数の誤差は他の係数の誤差とは独立である．しかし，非直交基底においては，誤差を求めるためには信号を再構成する必要があり，また「部分誤差」の調整がデリケートである．すなわち一つの係数をいじるとたちまち他のすべての係数が影響を受けることになる．

● 冗長性と直交性

直交基底では，各ベクトルが一つの情報を受け持ち，その情報は他のベクトルには共有されない．そのため，基底ベクトルの係数をたった一つ削ってもその情報は失われる．簡潔さは利点であるが，危険でもある．だから，情報が重要なものだったり高くつくときは，情報を複数の場所に格納しておく方がいい．「何でもだいたい10回は繰り返し言うことになるような」連続変換では，少々のタイプミスがあっても情報は破壊されない，とメイエは言う．「一方，漢詩のように短いテキストでは，わずかのタイプミスでも意味を壊してしまいます」．

正規直交変換は離散変換の特別な場合にすぎない．非直交性の離散変換の中には同じように非常に簡潔なものがある．さらに，正規直交変換でも信号間の統計的相関に由来するような冗長性を含むことがある（補足⑯「最良基底」(p.175) 参照）．

● 複素ベクトルのスカラー積

複素数のベクトルを用いるときは（付録 H「ハイゼンベルグの不確定性原理の証明」で行なうように），スカラー積の定義を少し変更する．つまり，ベクトル **a** と **b** の座標 a_j と b_j が複素数ならば，次式のようになる．

$$<\mathbf{a},\mathbf{b}> = \begin{bmatrix} a_1 \\ a_2 \\ \vdots \\ a_n \end{bmatrix} \begin{bmatrix} b_1 \\ b_2 \\ \vdots \\ b_n \end{bmatrix} = a_1\overline{b_1} + a_2\overline{b_2} + \cdots + a_n\overline{b_n}$$

ここで $\overline{b_j}$ は b_j の共役複素数，つまり b_j の虚数部の符号を変えたものである．

補足⑧　関数空間から関数空間への旅：ウェーブレットと純粋数学

　数学者が，様々な関数空間を調べるのにウェーブレットを使う，というのはどういう意味だろうか．過去2世紀にわたって，数学者が関数の概念をどのように，抵抗に逢いながらも，拡張してきたかをみてみよう．

　「微分積分の計算以来19世紀まで，数学の基本的な概念は関数であり，関数は各点で一つの値を持っていました」と，コーネル大学のロバート・シュトリシャルツは語る．フーリエまでは，関数は $x, x^2, x^3, \cdots$ のような冪関数の級数で表されるものに限られていた．しかしこれらの解析関数は，存在する関数のごく一部分でしかない．数学者達はこの解析関数だけを使って，想像もできないような奇妙な野生植物を奥深くに秘めた森のはずれで，いくつかの家庭用の花を調べていたのだった．

　不連続な関数でもサインカーブの和として表すことができる，というフーリエの発見は，数学者に，ときには不承不承ながらも安全な境界をはずれて森の中へ踏み込むことを強いることになった．彼らはそこで奇妙な関数を見つけることになる．その一例はワイエルシュトラス（1815–1897）が，「唖然としてしばしば憤慨している同時代の人々に」（これはイヴ・メイエの言葉[16]）示した関数である．これは，いたるところ連続だがどこも微分可能ではなく，どの点においても振動しているためグラフはフラクタルとなり，各部分が「グラフ全体と同じ複雑さ」を持つような関数である．

$$f(x) = \frac{1}{2}\cos 3x + \frac{1}{4}\cos 9x + \frac{1}{8}\cos 27x + \frac{1}{16}\cos 81x + \cdots$$

　「私は恐ろしさと嫌悪感で，導関数をまったく持たないこの連続関数の痛ましい傷口から顔をそむりました」と，1893年にシャルル・エルミット（Charles Hermite）は友人の数学者，トーマス・スティルチェス（Thomas Stieltjes）に書いている[17]．しかし，父祖の代の「礼儀正しい関数」を懐かしむ人々からみれば，もっとひどいことが起こりつつあった．アンリ・ルベーグ（Henri Lebesgue）（1875-1914）の積分の一般的定義，関数空間概念の導入（シュテファン・バナッハ（Stefan Banach），フェリックス・ハウスドルフ（Felix Hausdorff）），そして超関数理論（ローラン・シュワルツ（Laurent Schwartz），イスラエル・ゲルファント（Israël Gelfand））によって，関数の概念が徹底的に変えられようとしていたのだ．

●アンリ・ルベーグ

　「ルベーグは各点で関数を定義することは非常に強い制約である，ということを理解していました」とシュトリシャルツは語る．ルベーグはこの条件を満たさない「関数」についても積分を論じることができることを示した．より一般的な彼の定義を

もってすれば，数学者は次の級数のような途方もなく変わったものも関数と認めざるを得なくなった．

$$f(x) = \cos 2\pi 10x + \frac{1}{2}\cos 2\pi 10^2 x + \frac{1}{3}\cos 2\pi 10^3 x + \frac{1}{4}\cos 2\pi 10^4 x + \cdots$$

この関数は絶えずプラス無限大からマイナス無限大に跳ぶ．この関数は，10 進数で書いて有限桁の小数で終わる x，および無限小数ではあるがあるところから先は 0，1，8 および 9 しか現れない x に対しては無限大であり，同じく 3，4，5 および 6 しか現れない x に対してはマイナス無限大である．

しかし，ほとんどすべての x（つまり上のもの以外のすべての x）に対しては，この級数は一つの有限値に収束する．つまり，無限大を与える数は非常に多くあるが——例えば，計算機が扱える数の全体——，「たまたま」ある一つの数を選んだときに，そういう点に当たることは決してないだろう．（確率の言葉で言うと，10 面体サイコロによって次々に数字を選ぶとき，その選ばれた数字による数が無限大またはマイナス無限大を与える確率はゼロである．）「この関数は想像し難いけれども，量子力学の数学的理論を作ろうとするときには必要になるんです」とシュトリシャルツは説明する．

この関数は表示を変えると驚くほど簡単になるという例でもある．f は怪物のような関数で，稠密な点集合において無限大になる．しかしフーリエ空間では，この関数は単純な数列になる，すなわち，係数の大部分はゼロであり，ゼロでないものは簡単な規則に従う．(0, 0, 0, 0, 0, 0, 0, 0, 0, 1, [89 個の 0], 1/2, [899 個の 0], 1/3, …) このような関数も扱えるようにするため，ルベーグは積分を一般化した（リーマンの積分と比較するために，巻末付録 C「積分」参照）．ルベーグの積分は，曲線の下の面積として考えるのを躊躇するような，

$$\int_0^1 |f(x)|^2 dx$$

にも意味を与える．彼はこの積分にピタゴラスの定理が適用できることを示した．すなわち，関数の長さの 2 乗は，それを構成する直交関数の長さの 2 乗の和に等しい．

$$\int_0^1 |f(x)|^2 dx = \int_0^1 |\cos(2\pi 10x)|^2 dx + \int_0^1 \left|\frac{1}{2}\cos(2\pi 10^2 x)\right|^2 dx$$
$$+ \int_0^1 \left|\frac{1}{3}\cos(2\pi 10^3 x)\right|^2 dx + \cdots$$

（ここでは補足⑦「直交性とスカラー積」で説明した定義を用いる．つまり，関数は無限次元空間のベクトルである．ベクトルは，それぞれ係数のついた無限個のコサインの和として，フーリエの基底に分解される．これらのコサインもまたベクトルである．右辺の長さの 2 乗の和は関数の 2 乗の積分に等しい．）

コサインの 2 乗の積分が 1/2 なので，右辺の各項はきれいな形となる．

$$\int_0^1 |f(x)|^2 dx = \frac{1}{2}\left(1 + \frac{1}{2^2} + \frac{1}{3^2} + \frac{1}{4^2} + \cdots\right) = \frac{\pi^2}{12}$$

このように絶対値の 2 乗の積分が有限になる関数は <u>2 乗可積分関数</u> と言われる．
（18 世紀に，レオンハルト・オイラーは次のような等式を予想し，

$$1 + \frac{1}{2^2} + \frac{1}{3^2} + \frac{1}{4^2} + \cdots = \frac{\pi^2}{6}$$

何年もの研究の後証明に成功した．分母の冪を変数とする次の級数の和は ζ 関数（ゼータ関数）を定義する．

$$\zeta(n) = 1 + \frac{1}{2^n} + \frac{1}{3^n} + \frac{1}{4^n} + \cdots$$

オイラーは ζ 関数の値 $\zeta(2n)$ を得ることに成功したが，$\zeta(3)$ については和が有限であること以外は誰も何も言うことができなかった．1978 年，カーン大学の無名の数学者ロジェ・アペリー（Roger Apery）が，$\zeta(3)$ は無理数であることを証明し，数学者たちに驚きを与えた．その証明ははじめは懐疑的な眼で見られたが，やがて「素晴らしくそして奇跡的」と判断され，アペリーはヘルシンキの国際数学者会議に招かれた．「最も驚くべきことは，アペリーの証明には 200 年前の数学者では無理だという点がまったくないことである」とアルフレッド・ファン・デル・プールテン（Alfred van der Poorten）は書いている[18]．）

●超関数

20 世紀になると，こういう変な関数まで考えてもなお十分でなくなり，数学者はその武器庫に <u>超関数</u> を加えることになった．超関数に厳密な基礎を与えようとして数学者は苦労することになったが，物理的背景を考えると超関数はかなり自然なものであり，これによって複雑な状況の記述が簡素化された．例えば，壁に投げつけたゴムボールを考えてみよう．ボールは壁に当たって，平たくなり，圧縮された空気とゴムの力によって跳ね返る．各点で起こることを記述する関数は非常に複雑である．しかし，ほとんどの時間，ボールは壁から離れているため，すべては，まるでボールが無限に短い時間の間に無限に大きい衝撃を受けたかのように経過する．超関数はこのような特徴を表現する．

超関数という名前は用いなかったものの，実質的にそれを最初に使った一人はイギリス人のオリヴァー・ヘヴィサイド（Oliver Heaviside）である．しかし彼は同時代の人々から抵抗を受けた．「ロイヤル・ソサエティの伝統で，会員（フェロー）は誰でも，ほとんどんなものでも，紹介者に妨げられることなく，会報に発表することができ

た．しかし，ヘヴィサイドが彼の記号的方法についての2篇の論文を発表した後，こういうことにも限度がある，もう終わりにしなければならない，と決められることになった」[19]と同時代の一人はコメントしている．しかし結局，数学者たちは超関数を受け入れ，そしてシュワルツとゲルファントの超関数理論が線形偏微分方程式の理論を変えたのである．

●関数空間

補足⑦「直交性とスカラー積」でみたように，関数（または超関数）は無限次元の関数空間の中の，点またはベクトル，と考えることができる．この観点から数学者は，特別な関数だけでなく，関数のなす空間，を考えるようになった．すなわち，あるいくつかの特徴を共有する関数はすべて同じ <u>関数空間</u> に住んでいる，というわけである．

非常に重要な関数空間は L^2 空間（ルベーグに敬意を表する L）—2乗可積分な関数の空間—である．これは数学者が重要と考える空間であり，通常の空間と最も多くの類似点がある．数学者は，無限次元の空間はもちろん，4次元とか5次元の空間を視覚化できるような透視力も持ちあわせていないので，この類似点は重要である．こういう空間を研究するためには，数学者は，通常の空間の持つ性質のうちどの性質が成り立っているのかを知らなければならない．

信号処理では，L^2 空間は有限のエネルギーを持つ信号のなす空間である．この関数空間は量子力学でも非常に役に立つ．ある一つの系の量子状態は L^2 の関数によって表される．エネルギーまたは運動量は L^2 の演算子によって表される．（関数が数とか点を扱うように，<u>演算子</u> は関数を扱い，与えられた関数を別の関数に変える．）関数空間と量子力学は同時に発展した．数学者の中には，ジョン・フォン・ノイマン（John von Neumann）やヘルマン・ワイル（Hermann Weyl）など，この両方の分野で研究を行なった人物もいる．

そこでまず，いま考えている関数はどんな関数空間に属するのかということが問題になるだろう．それはその関数の性質を研究することにほかならない．次のようなもっと一般的な問題もある．関数空間に属する関数にある演算子を施したとき，得られた関数はやはり同じ関数空間に属するのだろうか．演算子は関数の滑らかさを保存するのだろうか．

フーリエ係数を用いて，こういった難しい疑問の答えを見つけようとするのは自然である．しかし，フーリエ解析のいくつかの性質，つまり短い信号や定常的でない信号の時は解析が不利という性質が，またしても困難を作りだす．関数の局所的性質については，そのフーリエ変換を見ても，何もわからない．つまり，その関数の局所的特徴はすべての係数に影響を与え，各係数は関数全体についての情報を含んでい

る．関数のフーリエ係数とその関数が属する関数空間との関係はデリケートであることが多い．「関数のフーリエ係数を無邪気に変えたりすると，最初の関数空間から追い出されてしまう危険があるんです」と，シュトリシャルツは言う．

ルベーグの例でみたように，非常に賢いフーリエ級数が物理空間ではまったくの馬鹿になることがある．ジキール博士を見て，彼がハイド氏になると，誰が予想できるだろうか．我々は物理空間での振舞いを記述できるように関数を注意深く作り上げた．もしわずかでもその係数を変えると，その関数はもはや記述できないものになるかもしれない．

「演算子についての初期の仕事，それはフーリエ解析を使うのですが，恐ろしく難しく，専門的なものでした．ウェーブレットはこういう証明をシンプルにし，もっとわかりやすくし，もっと統一的にしました．これは微分方程式，数理物理，応用数学…に役立ちます．」とシュトリシャルツはコメントする．

期待にたがわず，ウェーブレット係数は関数の局所的性質をずっと忠実に反映している．「シュテファン・ジャファード（Stephane Jaffard）は，関数の局所的滑らかさとウェーブレット係数の関係についてきわめて精密な命題を証明しました」とシュトリシャルツは述べている．

さらに（純粋数学ではより重要なことだが），ウェーブレットによって関数の大域的特徴を判別し—例えばその正則性を定量化し—どの関数空間に属するかを決定できる．メイエが書いているように，ウェーブレット係数を変えることで，一つの関数空間から別の関数空間へと旅することができる．つまり，「あるいくつかの係数の大きさを徐々に減らしていくと，L. シュワルツの超関数の絶え間ない想像もできないようなゆらぎが和らいで静かになり，その超関数はだんだん滑らかな通常の関数になるだろう．『ボタンを反対方向に回す』と，凹凸がまた現れ，ピークがそそり立ち，底知れぬ深い穴が口を開く… そして非常に荒々しい超関数にまた出会うのだ．」

メイエは書いている．「この空間旅行は関数空間の間を内挿する数学理論によって体系化される．この理論のパイオニアの一人である A.P. カルデロン（Calderon）は（非常に異なる言語を使って）いくつかの関数空間の間の内挿計算を行なうためのウェーブレット分解を発明した．」

Notes

1) T. W. KÖRNER, *Fourier Analysis.* Cambridge University Press, Cambridge, 1988, p.99.
2) D. GABOR, *Theory of Communication*, J. Inst. Electr. Engrg., London, vol.93 (III), 1946, p.431.
3) Y. MEYER, *Les Ondelettes, Algorithmes et Applications*, Armand Colin, Paris, 1992,

p.86.
4) D. GABOR, *Ibid.*, p.429.
5) Y. MEYER, *Ondelettes et Opérateurs*, Hermann, Paris, 1990, p.x.
6) 関数 f の k 次モーメントとは，関数と独立変数の k 乗の積の積分のことである．すなわち
$$m_k = \int_{-\infty}^{\infty} f(x)x^k dx$$
7) Y. MEYER, *Les ondelettes*, manuscrit inédit, p.5.
8) Ph. TCHAMITCHIAN, B. TORRÉSANI, *Ridge and skeleton extraction from wavelet transform*, dans *Wavelets and Their Applications*, édité par B. RUSKAI, Jones and Bartlett, Boston, 1992. 次の文献も見よ；N. DELPRAT, B. ESCUDIÉ, P. GUILLEMAIN, R. KRONLAND-MARTINET, Ph. TCHAMIT-CHIAN, B. TORRÉSANI, *Asymptotic wavelet and Gabor analysis: extraction of instantaneous frequencies*, IEEE Trans. Inform. Theory 38, special issue on wavelet and multiresolution analysis, 1992, pp.644–664.
9) C. GONNET, B. TORRÉSANI, *Local frequency analysis with the two-dimensional wavelet transform*, Signal Processing vol.37, 1994, pp.389–404.
10) S. MALLAT et W. L. HWANG, *Singularity Detection and Processing with Wavelets*, IEEE Transactions on Information Theory, vol.38, n° 2, mars 1992, pp.617–643.
11) S. MALLAT et S. ZHONG, *Characterization of signals from multiscale edges*, IEEE Trans. on Pattern Analysis and Matching Intelligence, vol. 14, n° 7, juillet 1992.
12) 彼の証明は不完全であったが，証明の穴は R. COIFMAN et S. SEMMES によって埋められた．一方，Puis Guy BATTLE はまったく異なる証明を与え G. BATTLE, *Heisenberg proof of the Balian-Low theorem*, Lett. Math. Phys., n° 15, 1988, pp.175–177 に発表した．また次の文献も参照；Y. MEYER, *Les Ondelettes Algorithmes et Applications*, Armand Colin, Paris, 1992 et I. DAUBECHIES, *Ten Lectures on Wavelets*, Society for Industrial and Applied Mathematics, Philadelphia, 1992, p.108.
13) J. -O. STRÖMBERG, *A modified Franklin system and higher-order spline systems on R^n as unconditional bases for hardy spaces*, Conference on Harmonic Analysis in Honor of Antoni Zygmund, vol.II, édité par W. Beckner, A. Caldéron, R. Fefferman, P. Jones, University of Chicago, 1983, pp.475–494.
14) $|\cos\theta| \leq 1$ だから，この式よりシュワルツの不等式
$$|<\vec{a},\vec{b}>|^2 \leq |\vec{a}|^2|\vec{b}|^2$$
が得られる．この不等式は，巻末付録 H（p.207）においてハイゼンベルクの不確定性原理の証明に用いる．
15) データ処理における量子化とは，数値を，与えられた集合に属する別の数値で近似することである．この集合は整数から成る集合のこともあるし，小数点以下 2 桁の十進数の集合のこともある．量子化による誤差とは，したがって丸め誤差である．実際には，この集合の数は等間隔には選ばれない．プリンストン大学のイングリッド・ドブシーによると，「良い結果が得られる量子化を見つけるためには，問題をよく理解して十分に研究しなければならない．」これとは別に量子力学では，量子化は，ある種の物理量のとる値が離散的であることを意味する．
16) Y. MEYER, *Les ondelettes*, manuscrit inédit, p.12.
17) C. HERMITE, *Correspondance d'Hermite et de Stieltjes*, Tome II, Gauthiers-Vallars,

Paris, 1905, p.318.
18) A. VAN DER POORTEN, *A Proof Euler Missed...Apéry's Proof of the Irrationality of z(3), An Informal Report*, Mathematical Intelligencer, vol. 1, n° 4, 1979.
19) T. W. KÖRNER, *Ibid.*, p.371.
20) Y. MEYER, *Les ondelettes*, manuscrit inédit, p.14.

3
新しい言語が文法を獲得する

　1986年の秋，イヴ・メイエはアメリカでウェーブレットについて一連の講義を行なった．そのとき，同じフランス人の23歳の若者から，会いたいという電話が何度もかかってきた．ステファン・マラーである．彼は今はクーラン研究所とエコール・ポリテクニックにいるが，当時はフィラデルフィアのペンシルヴァニア大学で人工画像に関する博士論文を準備していた．彼はメイエがポリテクニックで教えていたときに在学していたのだが，当時はお互いに知らなかったのである．マラーはポリテクニックを卒業した後，フランスを離れて米国に行っていた．

　マラーはヴァカンスでサン・トロペにいるとき，ウェーブレットのことを聞いていた．この仕事は彼には馴染みやすく思えたので，直交ウェーブレットに関するメイエの論文を読み，この数学を画像処理に適用しようと考えた．今日，彼は言う．「私は結構おめでたくて，今のこのアイデアはうまくいくだろう，ついている，と思い込むんです．そうすると不安がなくなるし，もっと大事なのは，そのアイデアがうまくいかないと気づいたときは，そのアイデアがさっさと別のアイデアを導いてくれているのです．もちろんうまくいくはずのアイデアにね．そしてこのやり方を繰り返しているうちに本当にうまくいくアイデアに行きつくんです．たいていは，それは最初のものとは何の関係もありませんが，そんなことはどうでもいい！　そこで私はいつも学生に説明するようにしています，自分の考えはうまく行くと確信するほどに情熱的でなければならない，そうすれば，結局はうまく行くだろう，と．」

　このときは，最初のアイデアが良かったので，彼が予想もできなかったほど先

まで導いてくれることになった．アメリカに戻ると，彼はメイエに電話し，シカゴ大学で会う約束をもらった．彼らは借りたオフィスに引きこもったまま3日間過ごした．「私は彼に，絶対にシカゴ美術院を訪れるべきだと言い続けたけれど，そのひまがなかったですねぇ」とメイエは思い出を語る．マラーは，ウェーブレットの多重解像度解析は，信号処理の専門家と画像処理の研究者が同じものを異なる名前で使っている，と確信していた．

「まったく新しい考えでした」と，メイエは言う．「数学者は自分たちのコーナーに居るし，信号処理の専門家も自分達のコーナーに，マサチューセッツ工科大学のダヴィド・マール（David Marr）のような画像の研究者達はまた別のコーナーにいました．そこへ23歳の若者がやって来て言うんです，『あなた方はみんな同じことをやっている．もっと広い視野を持ち，自分の仕事をもっと距離をおいて眺めるべきだ』と．まるで熟年の人のように！」

彼ら二人は，3日間で数学的な困難を解決した．メイエはもうちゃんとした教授だったので，この結果できた論文，『多重解像度近似とウェーブレット』，をマラーの単著で発表するよう強く主張した．

この論文は，もともとはお互いに共通点のない技術であった，ウェーブレット，画像処理で使われるピラミッド・アルゴリズム，信号処理のサブバンド符号化，音声信号符号化で使われるクワドラチュアミラー・フィルターは，じつはすべて同じものであることを証明したのだった．つまり，信号を様々な解像度でウェーブレット分解することは，次々にフィルタを適用することと同じである．広いウェーブレットで低周波数の成分だけを通し，小さいウェーブレットでは高い周波数だけを通すのである．

この発見は多くの人達にとって貴重な助けとなった．パリのエコール・ノルマルでウェーブレットを使って乱流の研究をしているマリー・ファルジュは語る．「こういったテクニックはどれも，すぐに個々の問題に応用しようとするあまり，深く考えずに使われていました．その数学的基礎については何の確信も持ってなかったし，包括的な理論などなかったのです．」しかしイングリッド・ドブシーはこの見方を抑えて，次のように言っている．「信号処理の専門家達はその見解を侮辱のように感じるでしょう．彼らは自分たちがやっていることについて美しい数学理論を持っていましたが，それが関数解析の範囲に入るものであるとはわかっていなかったのです．」

1986年以来，人々はウェーブレットに関する数学的文献を自由に利用できるようになったが，じつは，その文献の大部分は「ウェーブレット」という名称が存在するより以前に書かれたものである．つまり，これらの数学は，そのとき以来，他の分野でも使えるようになったということなのである．マリー・ファルジュは説明する．「マラーは，例えば，クワドラチュアミラー・フィルタをやっている人達に，例えば，彼らの方法はその場限りのテクニックではなくもっと深くもっと一般性があること，また，彼らの理論を精密な数学とする定理があるのだということを理解させました．」さらに，ウェーブレットは二つの新しい概念－正則性と消失モーメント－をもたらした．これらは信号処理の世界，特に符号化の分野においてはなかったものである．

ウェーブレットには二つの寄与がなされた．まず，ステファン・マラーは新しい関数であるスケーリング関数を導入した．これによってウェーブレット係数を素早く計算することができるようになった．フーリエ解析の一つの面白い変わり種がこうして強力な実用的道具となったのである．「私はウェーブレット解析を，伝統的なフーリエ解析の自然な拡張，つまり，科学的観点から見て，数学的解析や様々な科学で50年来使われてきた様々な数学的道具や手段の集合体である，と考えている．このテーマの現在の活気は，特に，マラーのアルゴリズムのような速いアルゴリズムに由来している．それはもともと理論的だったこれらの概念を実用的な道具に変えるものである．この状況は応用分野におけるFFTの寄与と似ている．」と，エール大学のロナルド・コアフマンは説明している．

さらに，マラーは直交ウェーブレットの系統的な構成方法を与えた．これは一つの作り方というより，むしろウェーブレットの解釈が与えられているのである．直交ウェーブレットはイヴ・メイエの計算から突然ほとんど神秘的に出現したのだった．「今述べたような性質を持ったアルゴリズムの存在は一つの偶然のようにみえる」と，彼は書いている[2]．しかし数学者は奇跡を好まない，しかるべき形式をふんだ証明で確かめられていても．彼らは理解したいのだ．多重解像度理論によって，ウェーブレットは理解しやすくほとんど自然なものになったのである（補足⑨「多重解像度」参照）．「私のウェーブレットは，手で計算していて見つけたんです．概念はありませんでした．」と，メイエは言う．「マラーの論文は一つの哲学，つまり枠組を確立しました．それは少しばかり幾何学的な思想でした．彼は多重解像度解析に関するこの論文を書くことで，いわば，このテーマの

基礎を築いたのです.」

3.1 マザーかアメーバか?

　直交ウェーブレット変換では,スケールを次々に2倍ずつ大きくしながら,その中間のスケールは無視して,信号を分析する.この方法はサンプリング定理の状況と一致している.つまり,周波数を2倍にするたびに,信号をサンプリングするウェーブレットの数を2倍にするわけである.

　この分析では小さな波から成る一大家族を利用する.すなわち,「マザー（母親）」ウェーブレット,「ファーザー（父親）」関数（スケーリング関数とも呼ばれる）,そして大きさが2倍づつ異なるたくさんのベビー・ウェーブレットである.しかしこのような言葉の使い方は「人間の生殖についてのひどい無知を示すものだ.ウェーブレットの形成は,むしろアメーバの繁殖のスタイルにずっとよく似ている.」と,コーネル大学の数学者ロバート・シュトリシャルツはこれらの用語に反対している[3].

図 3.1
母親を引き伸ばしたり縮めたりすると,子供になる.
（エレノア・ハバード（Eleanor Hubbard）の好意による）

ファーザー（これは連続ウェーブレット変換では必要ではない）は，子供の懐胎については間接的な役割しか果たさない．また，子供の方は，引き伸ばしたり，圧縮したりして（数学者の間では，辞書を無視して，「拡張された (dilatés)」をこれら二つの意味を持つ言葉として用いる）作られた，マザーのクローンである．これら子供のウェーブレットをずらし，つまり平行移動して，信号の様々な部分に対応させる．

しかしそれでもファーザーには二つの重要な役割がある．すなわち，解析する際の解像度の上限を定めること，及び，ウェーブレット係数の計算を加速することである．前者は，物理的信号やアナログ信号をサンプリングする際に重要となる．「まず第一の操作は信号を数値化することです」と，メイエは言う．信号を直接にサンプリングすると，代表的でない値をサンプルとしてしまう恐れがある．それよりも，信号をファーザー－スケーリング関数－の長さの部分に分けてから，各部分について係数すなわち平均値を計算するのがよい．

スケーリング関数は，信号を調べる際の最も細かい解像度を決定する．例えば，温度の変化を考えるなら，昼と夜の変化に，あるいは1ヵ月間の，1年間の，1世紀にわたる…変化に興味を引かれるかもしれない．調べる際の最小の細かさはスケーリング関数の大きさに依存する．

補足⑨　多重解像度

ステファン・マラーは，多重解像度理論によって，直交ウェーブレットを信号処理におけるフィルタに結びつけた．この見方によれば，ウェーブレットはもはやスターではなく，主役を演じるのは別の関数，スケーリング関数である．この関数は，信号の概形の列を与えている．各概形は一つの解像度に対応しており，その解像度は一つ前の概形の解像度の2倍になっている．解像度を上げると概形は次々に近似が良くなり，解像度を下げると概形に含まれる情報量が減ってついにはなくなってしまう．

しかしこのときもウェーブレットは重要である．それは引き続く二つの概形の間の情報の差，つまり解像度を2倍にしたときに概形が獲得する情報を記述している．

一つのイメージをいろいろな解像度で分析する，という考えは，すでに，画像処理で用いられていた．マラーが書いているように，画像解析には最適の解像度というものはない．というのは，一つの画像はスケールの非常に異なる構造の集まりだからである．「多重解像度分解はスケールに依存しない画像の解釈を与える」と，彼は書い

ている[4]．つまりこの解釈は，被写体と写真機の間の距離に依存することはない．カメラは被写体の詳細を写すために被写体に近づいたり，最も大きな構造をとらえるために遠ざかったりする．多重解像度とはこのカメラのようなものである．

画像処理における多重解像度分解（ハール，3次スプライン，サイン・カーディナルなどの関数が与える分解…）は，いずれも解像度を変化させるためにスケーリング関数を使っていた．それとは独立に，イヴ・メイエは，自分のウェーブレットのためにそのような関数を探していた．彼は「マザー」ウェーブレットを拡げたり縮めたりして直交基底を作る方法を知っていた．

メイエの求めていたのは，直交分解の出発点を定める関数で，それを用いればあとは縮めたウェーブレットだけを使えばいいようなものであった．この関数およびそれを平行移動したものは低周波数に関する情報を引き受け，一方，高周波数はウェーブレットに任せればよい．彼は学生のピエール−ジル・ルマリエ−リュセットと共にこの関数を見つけた[5]．メイエとルマリエ−リュセットは，ルマリエ−リュセットが（そして彼とは独立にギィ・バトルが）練り上げたスプライン関数に対して，もう一つ別の関数を作った．ルマリエ−リュセットはこれらのスケーリング関数を「低周波数の奇跡」と呼んだ[6]．

「私は，最初，画像処理で使われている多重解像度とウェーブレットの関係を研究していました．だからイヴ・メイエとコンタクトをとったんです．」とマラーは回想する．「彼自身の道も同じ考えに向かっていました．だから私達が出会って，すべてがとても速く進んだのです．二人のうちのどちらが何をやったかを言うのは難しい．様々な視点を伴う共同研究だったんです．」

● フィルタ

数学者は，いろいろなやり方で関数を分類する．信号処理の専門家にとっては，関数は2種類しか存在しない．解析すべき信号と信号を解析するフィルタである．古典的なフィルタの一つは電気回路である．入力は信号であり，出力は濾過された信号である．フィルタは関数（そのフィルタがディジタルであれば数列）でもある．フィルタの効果は，物理的なものであれ数学的なものであれ，フーリエ空間の方が理解しやすい．つまり，信号のフーリエ変換にフィルタのフーリエ変換を掛けるだけである．言い替えれば，フィルタはある周波数は通すが，他の周波数は通さない．

もしフィルタのフーリエ変換が，ゼロの付近でほぼ1で他のところでほぼ0ならば（図3.2），フィルタを通過したとき，信号に含まれる低周波数の成分は残るが，高周波数の成分はほとんど除去されてしまうだろう．つまり，これはローパス・フィルタである．物理空間では，このフィルタの効果は信号を滑らかにすることである．すなわち，高周波数の小さな変動が消え，信号のおおまかな形が伝えられる．

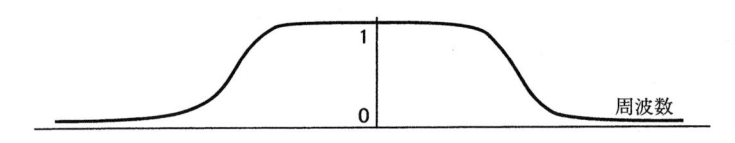

図 3.2 ローパス・フィルタのフーリエ変換

　マラーは，ウェーブレットによる信号の解析を，解像度の各レベルごとに一対のフィルタを対応させる一連のフィルタによる信号の分解と見なおそうと考えた．各レベルごとに，スケーリング関数に対応するローパス・フィルタが信号のおおまかな形を与え，ウェーブレットに対応するハイパス・フィルタが信号の細部を与える．この二つのフィルタはお互いに補い合っている．つまり，一方が伝えるものを他方は遮断しているわけである．(高周波数と低周波数の定義は，今考えているスケールまたは解像度における相対的なものである．非常に細かい解像度のローパス・フィルタで得られる「低」周波数が，粗い解像度のハイパス・フィルタで得られる「高」周波数よりも高い，ということもあり得る．)
　フィルタの概念によって，多重解像度理論の直交ウェーブレットは，直交多重解像度に帰着され，完全で簡潔かつ迅速な解析が得られることになった．マラーの多重解像度解析は，元の画像を構成するピクセル〔画素〕数と同じ数の係数を計算する方法を与えた．またウェーブレットは，画像処理に正則性（滑らかさ）という概念をもたらし，従来のアルゴリズムに強固な数学的基盤をもたらした．
　フィルタは高速計算を可能にした（補足⑫「高速ウェーブレット変換」(p.109)を参照）．その結果，ウェーブレット変換－高速ウェーブレット変換という言葉は同義反復だという人もいる－は多くの応用において，FFTの有力なライバルとなった．さらに，フィルタは直交ウェーブレットを系統的に作る方法を提供している．スケーリング関数はもはやウェーブレットのファザーではないし，ウェーブレットももはやマザーではない．つまり，これらはいずれもローパス・フィルタのフーリエ変換（すなわち伝達関数）によって生成されるのである．伝達関数をうまく選べば，望みの性質を持つウェーブレットを作ることができる．例えば，三角多項式からは，コンパクト・サポートなスケーリング関数と，（少なくとも1次元のウェーブレットについては）コンパクト・サポートなウェーブレットが生成される（3.3節参照）．かつては，人々が探し求めても稀にしか得られず，少なからず神秘的だった直交ウェーブレットも，これ以後，好みに合わせて自分自身の直交ウェーブレットを作ると主張できるほど，十分によくわかった関数の無限集合に属している．
　マラーはそういうふうには想像していなかったのだが，この理論によって，ウェーブレットを幾何学的に理解することもできる．伝達関数は4次元空間の球面上で曲線

を定義する（もっと正確には，2次元複素空間で，原点を中心とする半径1の球面上の曲線–3次元球面…）．この曲線は球面上の点 (1,0) と (0,1) をつなぐ．このような曲線一つ一つがそれぞれ多重解像度に対応する．これらの点をつなぐ曲線は非常にたくさん「描く」ことができるし（4次元であることを思い出そう），その曲線によって一つのスケーリング関数と一つのウェーブレットが作れるのである．

こうした見方は，1次元のウェーブレットを使うときには余計なことのようにみえるかもしれない．しかし，2次元以上の場合は役に立つかもしれない．2次元ウェーブレットの場合は，伝達関数は3次元球面上の曲線には対応せず，7次元球面上のトーラスに対応する．3次元ウェーブレットのときは，15次元球面を考えることになる…．ウェーブレットを作るときは，このようにして位相的な難しさにぶつかることになる．初めてメイエの直交ウェーブレットの論文を読んだとき，こんなことになるとはマラーはまったく予想していなかった．「メイエのウェーブレットと画像処理のピラミッド・アルゴリズムの間に関係があることは，直観的に明らかでした．私は，これらの数学的結果を画像処理に適用するため，この関係を理解したいと思いました．私は，数学をとても崇敬していたので，自分が数学に貢献できるとはとても思えなかったし，依然として，知識は純粋数学から応用へ流れるものと確信していました．だから，画像処理のアプローチがウェーブレットの数学的理解に貢献できると初めてわかったのは，この直観的な関係をきちんと確立しようとしてからだったのです．」と彼は語っている．

●多重解像度の定義

多重解像度解析を $88/7 = 12.5714285\cdots$ という数の表現と比べてみよう．必要な精度に応じて，$88/7$ を 10；12；12.5；$12.57\cdots$ と端数を切り捨てることができる．同じように，圧縮したり拡張したりしたスケーリング関数は，必要な解像度を持つ信号の形を与える．ウェーブレットは，二つの解像度（10進法では10倍異なることになるが，ウェーブレットでは2倍だけ異なっている）の情報の差を与えることになる．10と12を考えるとウェーブレットはその差2を与え，12と12.5の場合はもっと細かいウェーブレットが差0.5を与え，12.5と12.57の場合はさらに別のウェーブレットが差0.07を与える．以下，同様に続くわけである．差が小さいほど近似は良くなる．反対に，スケーリング関数を引き伸ばすと，$88/7$ を100の位だけで近似する場合のように，しまいには何も見えなくなる．情報全体は，したがって，ウェーブレットによって記述される差を合わせたもの全体に含まれることになる．すなわち，$10+2+0.5+0.07+0.001+\cdots$小数は，冗長性なしに，任意の精度で，いかなる数でも近似できる．

多重解像度解析は四つの数学的条件を満たしてさえいれば，どんな信号も同じよ

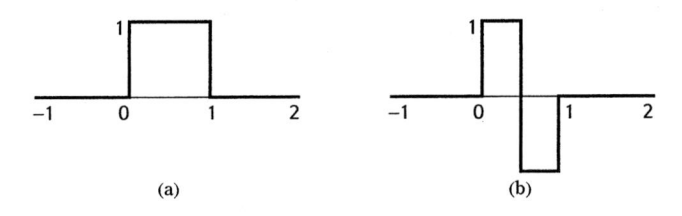

図 3.3 (a) ハールのスケーリング関数,および (b) ハールのウェーブレット

うに近似できる[7].その条件とは次のようなものである.

(1) スケーリング関数は自分自身を整数だけ平行移動したものと直交しなければならない.

スケーリング関数 ϕ(ファイ)をある整数だけ平行移動したとき,それらの関数はお互いに直交していなければならない.つまり,ϕ とそれらのスカラー積はゼロである.

整数だけ平行移動した関数に対する直交性の条件を,ハールの関数をスケーリング関数とする場合について検証してみよう(図 3.3).1910 年に始まる[8]ハールの関数は,直交ウェーブレットを生成する初めてのウェーブレットであった.しかし,ハール関数の不連続性は,関数や画像を符号化する際,もとのデータにはない人工的な信号の乱れを作りだす.

ハールのスケーリング関数は,x が 0 と 1 の間では 1,他のすべての x に対しては 0 である.したがって,この関数を整数だけ平行移動すると,平行移動したものは,元のスケーリング関数が 0 である場所で 1 となる.ゆえにこれらのスカラー積はゼロで直交している.

スケーリング関数のサポートの広さが 1 を越えるときには,直交性の条件を満たすのは難しくなる.このときは,1 だけ平行移動した関数が,元の関数に部分的に重なるからである.そこで,相関を避ける〔つまりその部分の積分を 0 にする〕ため,正の部分の負の部分の間でデリケートな相殺が必要となる.

(2) 任意の与えられた解像度を持つ信号は,それより粗い解像度の信号の情報をすべて含む.

空間 $V_j(\cdots V_{-2}, V_{-1}, V_0, V_1, V_2, \cdots)$ を考えよう.空間 V_0 は,定義により,スケーリング関数とそれを整数だけ平行移動したもので生成された空間である.つまり,これらの関数で表すことができるものはすべて V_0 に含まれ,逆に V_0 に含まれるものはすべてこれらの関数で表すことができる.

例えば,ハールのスケーリング関数による空間 V_0 は,局所的に定数で,変数が整数値のところだけで不連続になるような関数(ヒストグラム)全体の作る空間である(図 3.4).

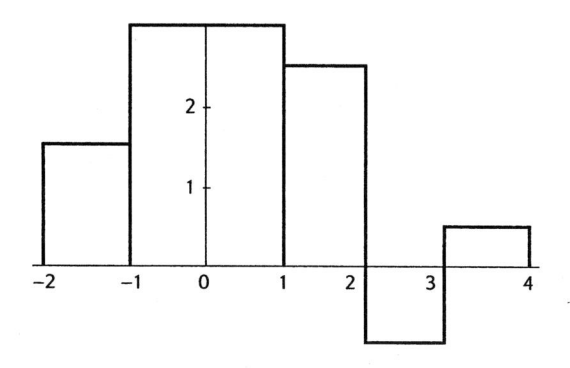

図 3.4　ハールの空間 V_0 の関数

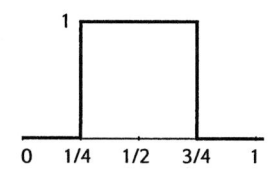

図 3.5　ハールのスケーリング関数に似た関数
（これは互いに含まれる空間を作り出さない）

空間 V_j は，因子 2^j で〔つまり 2^j 倍に〕圧縮された V_0 の関数によって生成される．したがって，ハールの多重解像度では，V_1 は，局所的に定数で，半整数のところだけで不連続になるような関数全体の空間である．この空間は，スケーリング関数を，因子 2 で（1/2 に）圧縮し任意の半整数だけ平行移動したものの全体から生成される．

　条件 (2) は，多重解像度の空間 V_0 は V_1 に含まれねばならないことを定めている．ハールの多重解像度の場合は確かにそうなっている．つまり，整数のところを除いて局所的に定数であるような関数は，半整数のところを除いて局所的に定数であるような関数，でもある．同じように，V_1 は V_2 に含まれ，V_2 は V_3 に含まれ，…となる．（添字の数字を逆の順序にする研究者もいる．ドブシーもその一人．そのときは V_1 は V_0 に含まれる．不慣れな者にはさらなる罠だ！）

　ハールの例の単純さに惑わされてはいけない．新しい空間 V_j を作るために，任意の関数を拡縮し平行移動して次々に作られる空間について，ある一つが別の一つに含まれる保証は，アプリオリには何もない．1/4 と 3/4 の間で 1，それ以外では 0，という関数を考えよう（図 3.5）．

　この関数を整数だけ平行移動すると，局所的に定数である関数を集めた空間 V_0 が得られる（図 3.6）．

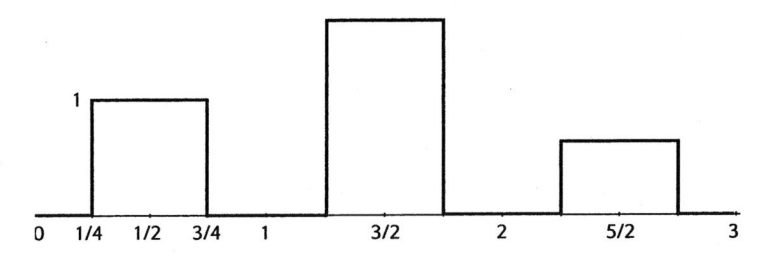

図 3.6 ハールのスケーリング関数に似た関数（1/4 と 3/4 の間で 1，それ以外では 0）の整数による平行移動で形成される空間 V_0 の関数の例

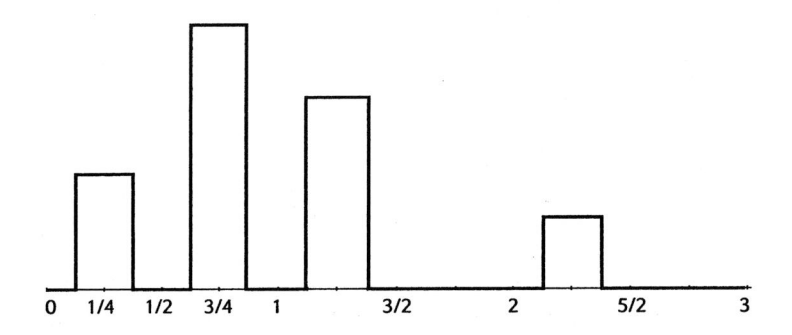

図 3.7 1/2 に圧縮した同じ関数と，それの半整数だけ平行移動したものから形成された空間 V_1 の関数の例（この場合，V_0 は V_1 に含まれない）

この関数を因子 2 で〔1/2 に〕圧縮したものは 1/8 と 3/8 の間で 1，それ以外では 0 である．この新しい関数を半整数だけ平行移動したものは，やはり局所的に定数の関数による新しい空間 V_1 を形成する．しかし空間 V_0 は V_1 には含まれない（図 3.7）．

(3) 関数 0 はすべての空間 V_j に共通の唯一の関数である．

伸長の操作を続けると，信号のイメージは限りなくぼやけて，しまいにはもはや何の情報も含まれなくなる．数学の言葉ではこの条件は次のように書かれる．

$$\lim_{j \to -\infty} V_j = \cap V_j = \{0\}$$

(4) どんな信号も任意の精度で近似できる．すなわち[†]，

$$\lim_{j \to \infty} V_j = L^2(\mathbf{R})$$

[†] 訳注：正確に書くと $\overline{\cup V_j} = L^2(\mathbf{R})$，すなわち $\cup V_j$ の閉包が $L^2(\mathbf{R})$ に等しい．

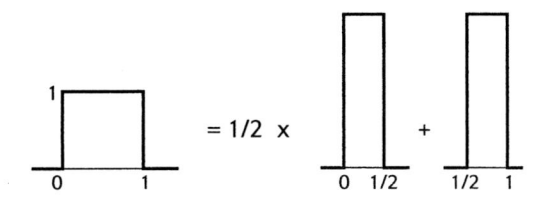

図 3.8
ハール関数は，自分自身を 2 だけ（1/2 に）圧縮した二つの関数の和の半分に等しい．このとき右側の二つ目の関数は，1/2 だけ平行移動させたものである．

●多重解像度を作る

上の 4 条件が満たされると，多重解像度理論により，ある一つのウェーブレットが存在することが保証される．そのウェーブレットから平行移動と拡縮によって生成されたウェーブレットは，(引き続く) 二つの解像度の情報の差を記述するものである．このウェーブレットが作る空間 W_j は空間 V_j と直交し，V_j と V_{j+1} の差を表す．

$$W_j \oplus V_j = V_{j+1}$$

これらの条件，特に条件 (1) と (2) を満たす関数の存在は，(ハールのスケーリング関数に対するものを除いて) アプリオリには自明ではない．しかし，マラーは，ほとんど任意のフィルタのフーリエ変換－伝達関数－からスケーリング関数とそのウェーブレットを構成できることを発見した．それゆえ，無数の多重解像度系が存在し，その各々は，固有のスケーリング関数と固有のマザー・ウェーブレットを持っている．

マラーの方法の概略を示しておこう[9]．まず最初に，与えられたスケーリング関数に基づいて伝達関数を定義する．そのために，スケーリング関数を，2 倍細かい解像度のスケーリング関数を平行移動したものに係数を掛けたものの和として表す．(これは条件 (2) により可能である)[10]．

$$\phi(x) = \sum_{n=-\infty}^{\infty} a_n 2\phi(2x - n)$$

(これらの新しい関数の積分を 1 に正規化するために，ϕ ではなく 2ϕ と書いた．というのは，それらの関数は因子 2 だけ（1/2 に）圧縮されているのだから，2 倍大きくなければならない．) ハールの関数については，次式のようになる（図 3.8）．

$$\phi_H(x) = \frac{1}{2}[2\phi_H(2x)] + \frac{1}{2}[2\phi_H(2x-1)]$$

したがって，$a_0 = a_1 = 1/2$ で，他の a_n は 0 である．(通常は，関数の長さ－つまり関数の 2 乗の積分－を 1 に正規化する．そのときの係数は $a_0 = a_1 = 1/\sqrt{2}$ であ

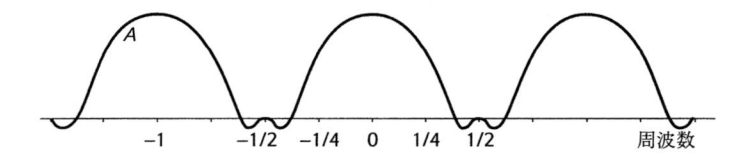

図 3.9 関数 A

る．ここで用いる 1/2 という数値は後の計算を簡単にするためである．）

次に，係数 a_n を使ってフーリエ級数 $A(\xi)$ を作る．

$$A(\xi) = \sum_{n=-\infty}^{\infty} a_n e^{2\pi i n \xi} \tag{13}$$

ここで A は次の条件を満たす．

$$A(0) = 1$$
$$|A(\xi)|^2 + \left|A\left(\xi + \frac{1}{2}\right)\right|^2 = 1 \tag{14}$$

さらに正則性の条件を付け加える．すなわち a_n は，n を大きくすると，適当な速さでゼロに収斂する．この関数 A の周期は 1 である．（マラーは周期 2π の関数を使っているが，それを除けば，彼の式 (11) と同じである．）

幾何学的にみれば，条件 (14) は，複素座標が $A(\xi)$ と $A(\xi + 1/2)$ の点の描く曲線は，半径 1 の 3 次元球面上に「住んでいる」ことを示している．

画像処理の分野では，条件 (14) は，一対の相補的なフィルタのうちのローパス・フィルタを決定する．この条件を満たすフィルタはクワドラチュアミラー・フィルタという取っ付きにくい名前で呼ばれている．このような流れに沿って，1977 年，D. エステバンと C. ガラント[12] は関数 A を研究したが，それはウェーブレットの研究の中でマラーが発見するよりも前のことであった．関数 A は，数列 $\cdots, a_{-1}, a_0, a_1, \cdots$ が与える数値的ローパス・フィルタ（a と書くことにする）のフーリエ変換である．（数列のフーリエ変換がわかりにくかったら，付録 E「周期関数のフーリエ変換」を参照のこと）

$A(0)$ と $A(1/2)$ の値を考えてみよう．$A(0) = 1$ だから，条件 (14) は $A(1/2) = 0$ を与える．グラフはローパス・フィルタの伝達関数に（少なくとも中心部分は）非常によく似ている（図 3.9）[13]．

● ハールの多重解像度

これをハールの関数に適用しよう．係数 $a_0 = a_1 = 1/2$ から，フーリエ級数 A_H を作る．

3.1 マザーかアメーバか?

$$A_H(\xi) = \frac{1}{2}e^{0(2\pi i \xi)} + \frac{1}{2}e^{1(2\pi i \xi)} = \frac{1}{2}(1 + e^{2(2\pi i \xi)})$$

$\cos\theta = 1/2(e^{i\theta} + e^{-i\theta})$ であるから,次式が得られる.

$$A_H(\xi) = e^{\pi i \xi} \cos \pi \xi$$
$$A_H(\xi + 1/2) = e^{\pi i (\xi + 1/2)} \cos \pi (\xi + 1/2) = e^{\pi i \xi}(-i \sin \pi \xi)$$

(最後の等式は式 $\cos(\theta + \pi/2) = -\sin\theta$ と $e^{\pi i/2} = i$ を使う.) これらの式から条件 (14) が満たされていることがわかる.すなわち,

$$(\underbrace{|e^{\pi i \xi}|}_{=1}|\cos\pi\xi|)^2 + (\underbrace{|e^{\pi i \xi}|}_{=1}|-\sin\pi\xi|)^2 = 1$$

●スケーリング関数を作る

実際に起こったことは,ここで述べるのとは逆の順序をたどった.要求された条件を満たす関数 A を作るのは難しくはない.(マラーがウェーブレットとフィルタの関係に気づいたときには,すでにこれらのフィルタや数値的構成方法についての論文が多数あった.) その代わり,A のフーリエ係数が,スケーリング関数自身を2倍細かい解像度をもつスケーリング関数を平行移動したものの和として表すときの係数でもあると知っていても,どんな関数がこのスケーリング関数としてふさわしいのか,我々は知らない.

そこで,マラーは次式によって,関数 A をスケーリング関数 ϕ のフーリエ変換 $\hat\phi$ に結びつけた.

$$\hat\phi(\xi) = \prod_{j=1}^{\infty} A\left(\frac{\xi}{2^j}\right) \tag{15}$$

この式[14)] は無限積を表す.つまり,各 ξ での $\hat\phi$ の値は,j が 1 から無限大を動くときの点 $(\xi/2^j)$ で見積もった A のすべての値の積に等しい.この掛け算は,物理空間では,ローパス・フィルタとそれ自身 (ただしスケールを変えたもの) の畳み込みを,次々と行なうことに相当する.

無限積という概念は,慣れていない読者には,恐ろしげなものに見えるかもしれないが,ここでは,無限という言葉をあまり厳密に考える必要はない.実際には,この積はあっという間に収束し,スケーリング関数のフーリエ変換を作るには,6 項の積でも十分なことが多い.最終的にスケーリング関数を得るには,無限積で得られたフーリエ変換を逆変換すれば十分である.ゼロでない係数 a_n が有限個しかないときは,コンパクト・サポートのスケーリング関数が得られる.ハールのスケーリング関数やドブシーのウェーブレットに対応するスケーリング関数の場合がその例である.

●ウェーブレット

さてウェーブレットはどうやって作るのだろうか．幾何学的にみると，これは3次元球面上に第2の曲線を描くことに相当する．第1の曲線，すなわち関数 A による曲線の各点における接線ベクトルを考えよう．この接線ベクトルに直交するベクトルから，ウェーブレットに対応する曲線を作ることになる．第1の曲線から A を作ったのと同じやり方で，D と名付けられる関数 (differences（差）の D，ウェーブレットは差を記述するのだから）を作るために，この新しい曲線を用いる．この曲線の第1座標は複素数 $D(\xi)$ で，第2座標は $D(\xi+1/2)$ である．

次式によって，D と A からウェーブレット ψ（プサイ）を作ろう．

$$\hat{\psi}(\xi) = D\left(\frac{\xi}{2}\right) \prod_{j=2}^{\infty} A\left(\frac{\xi}{2^j}\right) \tag{16}$$

第1の曲線に直交する曲線は複数存在する．したがって，一つの関数 A から複数のウェーブレットを生成することができる．しかし，そのうちの一つは，他のものより望ましい．というのは次のような規則を考えるのである．もしスケーリング関数が実数（複素数でない）なら，第2の曲線（第1の曲線に直交する）によって生成されたウェーブレットもまた実数であること．さらに，もしスケーリング関数がコンパクト・サポートを持つなら，「望ましい」曲線はコンパクト・サポートなウェーブレットを生成すること．直交する他の曲線の場合は必ずしもこれらの条件を満たさない．（なお，この規則は1次元でしかうまくいかない．）

もし幾何学が苦手なら，フィルタを使ってこの問題を調べてみよう．D による曲線が半径1の3次元球面上に描かれているという条件 $|D(\xi)|^2 + |D(\xi+1/2)|^2 = 1$ は，関数 $A(\xi)$ に課された条件 (14) と同類のものである．したがって D は A と同じ形をしている．さらに，この二つの曲線は直交している．つまり，もし $A(\xi) = 1$ なら，$D(\xi) = 0$ であり，また逆も成り立つ．これらの条件の下で，$D(\xi)$ のグラフは図3.10のような形になる．

このタイプの曲線は，ハイパス・フィルタのフーリエ変換と考えることができる．
A と D は周期的だから，「ローパス」と「ハイパス」のフィルタのフーリエ変換は，図3.11のように交互になっていることに注意しよう．

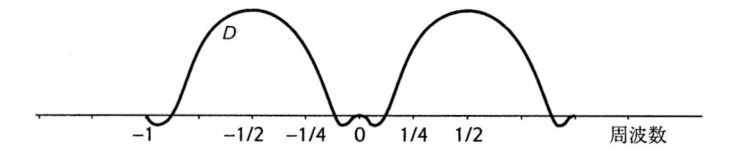

図 3.10　関数 D

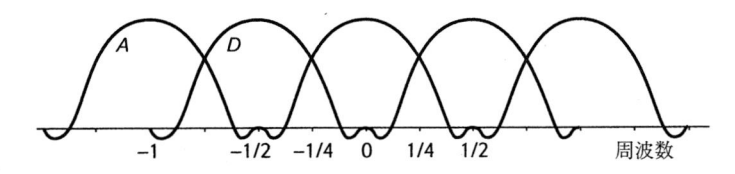

図 3.11

　これらの関数は「高い」周波数とか「低い」周波数とかを気にしているようにはみえない！しかし惑わされてはいけない．数値的フィルタの周波数（またはサンプリングした信号）は，直線上の $-\infty$ と ∞ の間には位置していない．それは本当は，円周上に巻きついているのである．サンプリングされた信号のフーリエ変換は，じつは周期的であることを示すのは簡単である．p をサンプリングの周期とすると，サンプリングされた信号のフーリエ係数は，サンプリングされた値と周波数 p の複素指数関数の積の和を p 倍したものに等しい（補足⑤「高速フーリエ変換」の式 (8) 参照）．したがって，周波数 $(\tau + 1/p)$ のフーリエ係数は周波数 τ のフーリエ係数に等しい．すなわち，

$$p \sum_{n=-\infty}^{\infty} f(np) e^{2\pi i (\tau + \frac{1}{p}) np} = p \sum_{n=-\infty}^{\infty} f(np) e^{2\pi i \tau np} e^{2\pi i n}$$

したがって，周波数 $t, (t+1/p), (t+2/p), \cdots$ の係数はすべて等しい（付録 E「周期関数のフーリエ変換」参照．そこでは周期関数 A は数 a_n の列のフーリエ変換であることを示すために，超関数を使っている）．

　有限の周波数領域で定義され，シャノンの基準を満たす頻度でサンプリングされた信号の場合には，「高い」周波数とか「低い」周波数という言葉は本来の意味を保っている．10,000 ヘルツ以下の同波数だけをもち，20,000 回/秒サンプリングされた信号の場合は，目盛 1 が 20,000 ヘルツに相当するように時間の単位を選び，$-1/2$ と $1/2$ の間の周波数領域を考えればよい．

●スケーリング関数「ファーザー」

スケーリング関数から直接ウェーブレットを導き出すこともできる．ウェーブレットによる空間 W は 2 倍細かい解像度の空間 V に含まれる．すなわち，$V_0 \oplus W_0 = V_1$. そうなると次の関係が成り立つ．

$$\psi(t) = 2 \sum_{n=-\infty}^{\infty} d_n \phi(2t - n) \tag{17}$$

ハールの関数の場合は，

$$\psi(t) = \phi(2t) - \phi(2t-1)$$

であることがわかっている．つまり，

$$\psi(t) = 1 \quad (0 \le t < 1/2)$$
$$\psi(t) = -1 \quad (1/2 \le t < 1)$$
$$\Psi(t) = 0 \quad (その他)$$

したがって，係数 d_n は，$d_0 = 1/2$，$d_1 = -1/2$ で，他は 0 である．つまり，$d_0 = a_0$，そして $d_1 = -a_1$ である．

A の係数 a_n と D の係数 d_n の間に，このようなシンプルで密接な関係があるため，スケーリング関数から簡単にウェーブレットを作り出すことができる．

シュトラングは書いている．「これは注目に値する．係数 d_n は a_n と同じなのである．ただ，d_n は a_n の逆の順序で現れ，符号は反対になっている．」[15] A と D のグラフの類似性を思い起こせば，この関係の単純さは少しは納得できるだろう．

●ウェーブレットなしにウェーブレット変換を計算する

多重解像度〔解析〕の，奇妙だが重要な結果は，ウェーブレットもスケーリング関数もなしに，信号をウェーブレットに変換することができることである．これは，ウェーブレット変換を計算するには，フィルタしか必要としない，という意味である．スケーリング関数またはウェーブレットと信号とのスカラー積を求める代わりに，信号とこれらフィルタとの畳み込み積を計算するのである（補足⓬「高速ウェーブレット変換」（p.109）参照）．

「形もわからない関数を使って計算できる，というのは非常に驚くべきことであるが，じつはこれを実施するのに必要なのは係数だけなのである．単純な規則から複雑な関数が生み出されるときには，どう対処すべきかを我々は知った．単純な規則に止まっているべきなのだ．」とシュトラングは書いている[16]．ここで少し注意が必要なのだが，じつは，すべての文献が同じ記号表記を使っているわけではない．関数 A をマラーは H と書いているが，ルマリエ[6] は m_0 と書いている．ここで a_n と書いた係数は，シュトラング[15] では c_n である．さらに，正規化の方法も同じではない．ハールのローパス・フィルタの係数は，我々は $a_0 = a_1 = 1/2$ としたが，ドブシー[17] は $a_0 = a_1 = 1/\sqrt{2}$ を使い，シュトラング[15] は $a_0 = a_1 = 1$ を使っている．「買い手よ，注意せよ…」

3.2 速く計算する

マラーがスケーリング関数に与えた二つ目の役割（計算の迅速性）は，1981年と1983年に，次の二人のアメリカの画像処理の専門家が提案したピラミッド・アルゴリズムから着想を得ている．現在はプリンストンのダヴィド・サルノフ研究センターで研究しているピーター・バート（Peter Burt）と，マサチューセッツ工科大学の研究者，エドワード・アデルソン（Edward Adelson）である．

計算時間を気にしなければ，信号をスケールごとにそれぞれの大きさのウェーブレットと比較しながら，ウェーブレットに分解することができるだろう．また元の信号へ戻す逆変換は，各段階で非常に時間がかかる．それはまるで，コース地方の参謀本部地図であれ，ブルターニュ地方の観光地図であれ，あるいは主要な街と道路しか載っていない全フランス地図であれ，地図を作る前に土地を調べているようなものである．既に終わっている仕事を利用するのが巧いやり方というもので，詳細な地図を基に簡単な地図が作ればよい．速く計算するためには，これと同様，信号の分析を最も細かい解像度から始めるのである．つまり，「細かなものから大まかなものへ」である．

この高速アルゴリズムの最初の段階は，信号を二つの成分，すなわち滑らかな概形（信号の全体的振舞い）と小さな細部（ゆらぎ）に分離することである．滑らかな概形とは，最も細かい解像度の半分〔の解像度〕で，つまり半分のサンプル数で，みられるような信号である．この滑らかな概形は，スケーリング関数に相当するローパス・フィルタを用いて得られる．このため，スケーリング関数は平滑化関数と呼ばれることがある．

細部とは，元の信号を再構成するため，この滑らかな概形に施さなければならない修正である．これは，もっと小さいウェーブレットに相当するハイパス・フィルタを用いて得られる．

スケーリング関数と使用されたウェーブレットの間には明確な数学的関係があるはずだ，ということは直観的に想像できる．なにか勝手なウェーブレット族のファーザー関数（スケーリング関数）からフィルタを作り，このファーザー関数による滑らかな信号を，我々のウェーブレットで記述される細部に合わせても，信号の情報全体になるわけではない．マザーウェーブレット，ファーザー関数，

そしてベビー・ウェーブレット（マザーウェーブレットを伸縮して作るウェーブレット）には，確かにこういう用語が思い起こさせる家族（今の時代やや揺らいでいるものの）の雰囲気がある．

　最初のウェーブレット係数（これは小さな細部を記述する）を記録した後，第2段階は，1/2 の解像度の信号についてこの過程を繰り返す．すなわち，この滑らかな信号を二つの部分に分離する．さらにもっと滑らかな信号（最初の信号の解像度の 1/4）と新しい細部（第一段階の細部の 2 倍のスケール）である．

　この作業のためには，スケーリング関数とウェーブレットを因子 2 で伸張する．この作業は第 1 段階より 2 倍速い．つまり，計算の難しさは同じであるが，決定する係数の数は半分である．新しい細部と新しい平均値は，2 倍の間隔で，もとの間隔で既にわかっている平均値から計算する．

　第 3 段階はさらに 2 倍速くなる．すなわち，最初の解像度の 1/8 の解像度の信号を作るために，さらに半分の係数を計算する…．この過程を続けるとしまいには，滑らかな信号は非常に滑らかになって変化が見えなくなる．つまり，情報全体はウェーブレット係数の中に吸収されてしまう．これらの係数は解像度で分類され，各解像度はあるスケール，したがってある周波数に対応する…．滑らかな変化が消え失せる前ににこの作業を止めることもできる．そのときは，残っている情報はスケーリング関数によって記述されている（補足⑫「高速ウェーブレット変換」(p.109) 参照）．

　今ざっと述べた高速アルゴリズム－FWT，すなわち「高速ウェーブレット変換（F̲ast W̲avelet T̲ransform）」－は，フィルタバンクを使うバートとアデルソンのピラミッド・アルゴリズムによく似ている．「後から読み直してみると，彼らは論文の中ですべてを述べていたことがわかります」とメイエは言う．「時間がたってから見ると，バートとアデルソンの素晴らしい仕事に ε〔イプシロン〕をつけ加えたにすぎない，とも言えるでしょう．しかしこのイプシロンは無視できないものでした．彼らのテクニックには，彼らが直観的に行った選択を説明できる理論的説明は何もなかったのです．」

補足⑩　バートとアデルソンのピラミッド・アルゴリズム

ピーター・バートとエドワード・アデルソンは博士号取得後，アデルソンが仕事をしていたニューヨークで共同研究を始めた．バートはニューヨークとメリーランド大学の間を行き来していた．「我々は二人とも，マサチューセッツ工科大学のダヴィド・マールのような，マルチ・スケール解析に関する流行のアイデアに興味を持った．我々は別々に，反復マルチ・スケール分解の考えを発展させた．もともと我々の仕事には，少々の直観と初歩的な代数学以上の基礎は何もなかった．」とアデルソンは言っている．バートはコンピュータによる画像認識のためにピラミッド・アルゴリズムを導入していた．アデルソンと彼が書いた論文[18]には「ガウス・ピラミッド」と「ラプラス・ピラミッド」という言葉が導入されており，それらを画像圧縮でどう使うかが示されている．

彼らの最も有名なピラミッド・アルゴリズムに関する論文[19]は1983年に発表された．「このアルゴリズムは誰も使わないだろうと思う．」とある紹介者は書いていた．1986年，RCAの研究所でアデルソンは一人の学生，イーロ・シモンセッリ（Eero Simoncelli）と共に直交ピラミッドを作った[20]．彼によれば，「後になって，我々はクワドラチュアミラー・フィルタを再発明したのだということを知った．」1989年に，アデルソンとシモンセッリ（現在はマサチューセッツ工科大学）は画像圧縮におけるこの変換の特許をとった．

「特許は現在はRCAを買収したゼネラル・エレクトリック（GE）のものになっている．これはウェーブレットによるイメージの符号化の大部分に適用できるだろう．だがGEがそれをわかっているかどうか，私は知らない．」とアデルソンは言う．（1977年にD. エステバンとC. ギャラントが導入したクワドラチュアミラー・フィルタはかなり前から知られているのだから，この特許は多分この符号化には適用されないだろう，と言う人もいる．）

「二つの概念が欠けていた．ウェーブレットの概念と消失モーメントの概念である．直交という見地もなかった．バートとアデルソンは係数を計算したが，それを直交基底として解釈していなかった．しかし彼らはなみはずれた直観を持っていた．彼らはモーメントが0である例を与えた…．彼らの行った選択については，後から多くの証明が発見された．」

FFTと同じように，FWTは計算速度を上げるのに必要不可欠である．これによって他では実行不可能な計算を行うことができる．

「大部分の1次元信号では，計算速度は本質的なものではありません．今日では専用のプロセッサで非常に速く計算できます．しかし2次元の画像となると，それ以上の次元は言うまでもなく，そうはいきません．高速アルゴリズムなしには実行不可能な計算があります」とグロスマンは言う．

マラーに言わせると，1次元においても高速計算は必要不可欠かもしれない．「例えば，リアルタイムで音声信号のウェーブレット変換を計算しようとすれば，毎秒16000サンプルのウェーブレット変換が計算できなければならない…高速アルゴリズムが絶対に必要です．」

3.3　見出された時：ドブシーのウェーブレット

マラーは，最初，ギィ・バトルとピエール–ジル・ルマリエ–リュッセが作った無限に広いウェーブレットを一部切りとったものを使って，自分の高速アルゴリズムを示した．「コンパクト・サポート」をもつ新しい種類の直交ウェーブレットは，この切除が引き起こすエラーを回避してくれる．このウェーブレットはドブシーが作ったもので，無限に広がらず，限られた「サポート」以外，例えば，-2と2の間以外ではいたるところゼロである．

これはまた，モルレやメイエのウェーブレットとは違い，真に情報科学時代の産物である．つまり，ドブシーのウェーブレットは解析的な式で表示することはできない．イテレーションを使って作られるのである[10]．

イテレーション（反復）とは，一つの操作を施して得られた結果に，また同じ操作を施し，これを次々に繰り返し行うことである．操作 $(x \longrightarrow x^2 - 1)$ を $x = 2$ から繰り返し行なうと，3，次いで8，それから63が得られる…．高速ウェーブレット変換は，毎回滑らかな信号の最新版を新しい出発点として使うのであるから，一つのイテレーションである．繰り返しはコンピュータが最も得意とするところだ．「たった一つの命令を与え，それからループする．そうすると，すごい速さで進みます」と，メイエは言う．

こういうイテレーションは，見かけは簡単だが，理解することはそれほど容易ではない．$x^2 - 1$ のような非線形イテレーションは離散的な時間を使っていると考えることができるが，その難しさは，容易に解析できない非線形の微分方程式と同等である．長い間，数学者は用心してこのようなものに関わらないように

3.3 見出された時：ドブシーのウェーブレット

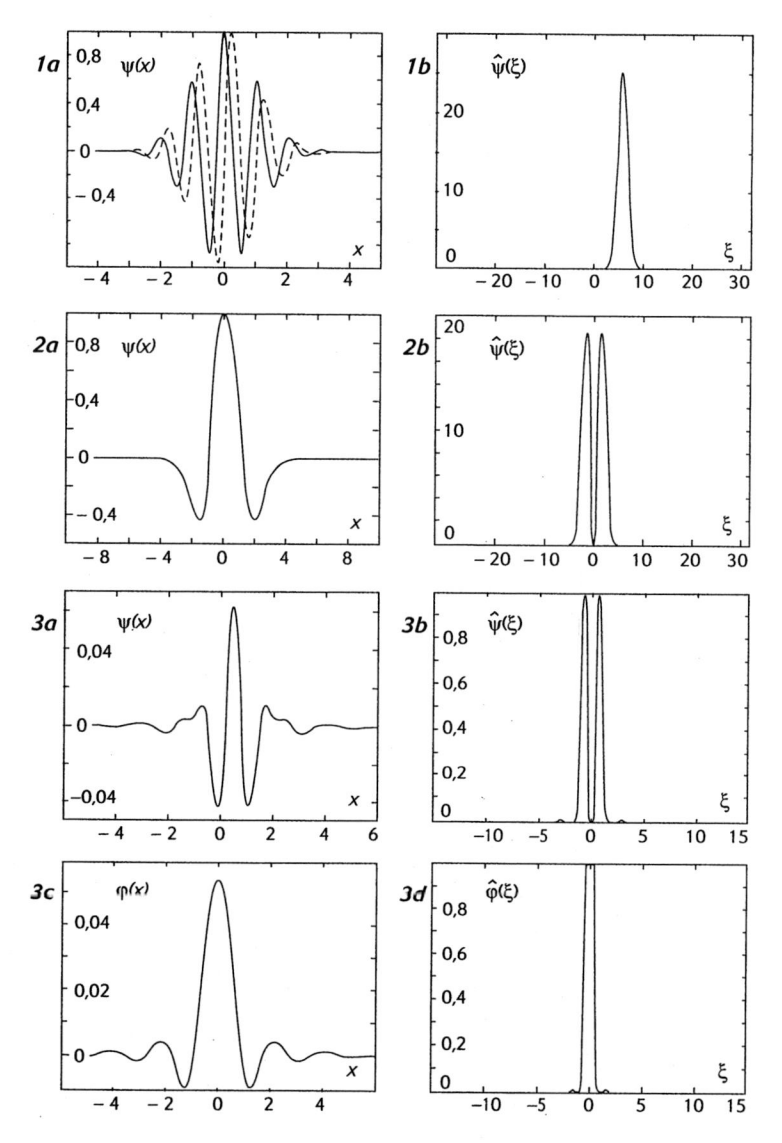

図 3.12 ウェーブレット，スケーリング関数およびそれらのフーリエ変換
ウェーブレット 1 と 2 は連続変換で用いられ，スケーリング関数は何も必要ない：
(1a) モルレのウェーブレット，複素関数（点線は虚数部分）；　(1b) そのフーリエ変換；
(2a)「メキシカン・ハット」；　(2b) そのフーリエ変換．
以下のウェーブレットは直交性を持ち，スケーリング関数と結びついている：
(3a) 4 次のメイエ–ルマリエのウェーブレット；　(3b) そのフーリエ変換；
(3c) (3a) のスケーリング関数；　(3d) そのフーリエ変換；

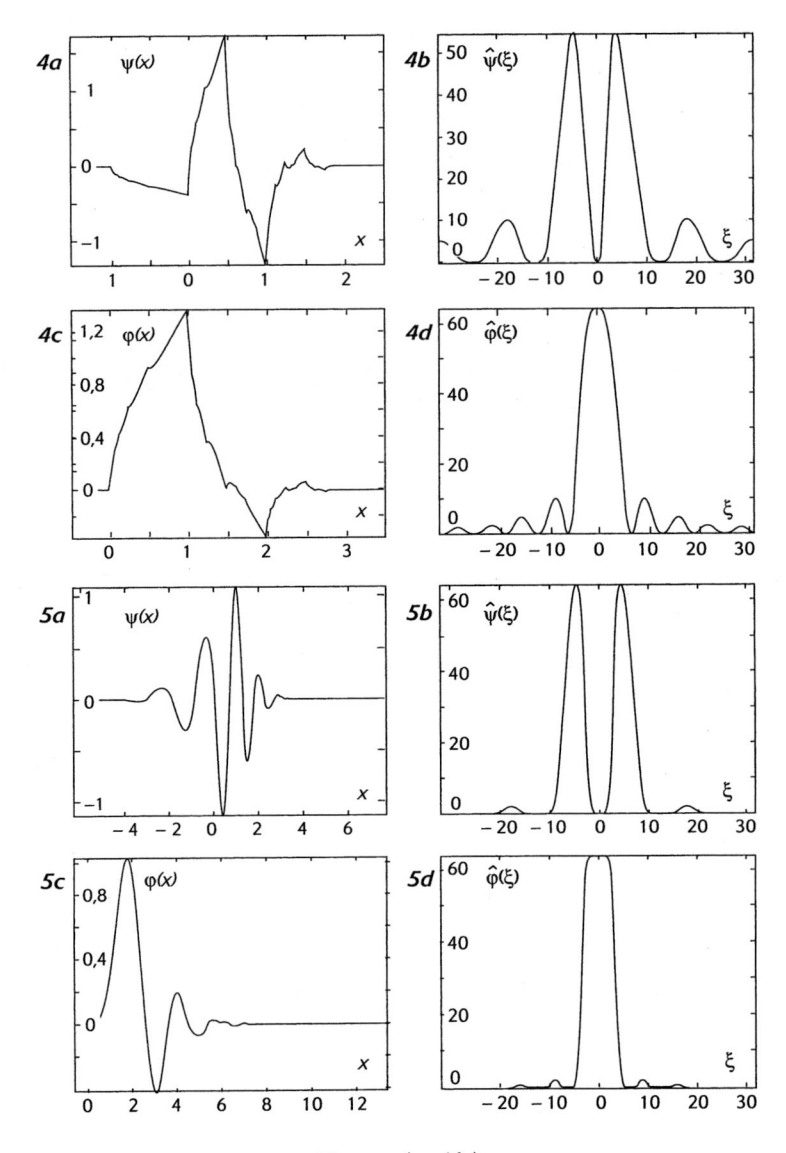

図 3.12 （つづき）

(4a) 2 次のドブシーのウェーブレット； (4b) そのフーリエ変換；
(4c) (4a) のスケーリング関数； (4d) そのフーリエ変換；
(5a) 7 次のドブシーのウェーブレット； (5b) そのフーリエ変換；
(5c) (5a) のスケーリング関数； (5d) そのフーリエ変換．
次数は曲線の滑らかさを表す．つまり，7 次のウェーブレットは 2 次のウェーブレットより滑らかである．(M. ファルジュ および E. グワラン両氏の提供による)

していた．それほどイテレーションは難しい．20年ほど前からは，彼らはコンピュータを使って，簡単なソフトウエアからジュリア（Julia）とかマンデルブロート（Mandelbrot）のような驚くほど複雑な集合を創ることを学び，「カオス」や力学系の美しい絵を作りだしている（p.151図4.6参照）．

しかしそれでも，多くの数学者はイテレーションには気楽には関われない．イヴ・メイエによると，これを使って関数を作るという考えは，彼らには馴染みがない．「逆に，コンピュータで仕事をしている人や信号処理をやっている人にとっては，反復法はきわめて自然なことなんです．」

ステファン・マラーは人工視覚を研究していたので，コンピュータの使用はまったく自然なことで，反復法によってウェーブレットを作ろうと思いついた．彼は多重解像度に関する論文の中でこのアプローチ（バートとアデルソンのピラミッド・アルゴリズムからも着想を得た）を示唆している．しかし，彼はこのアイデアを最後までやり抜かなかった．「マラーは，何百人もの人を働かせる素晴らしいアイデアを発表しておいて，自分はさっさと他のことに移ってしまうんです．これをやり遂げたのは，粘り強さと研究能力を発揮したイングリッド・ドブシーです．」とメイエは指摘する．

イングリッド・ドブシー（Ingrid Daubechies）はベルギー国籍，フランスでグロスマンと一緒に数理物理を研究し，その後ニューヨークのクーラン研究所で量子力学を研究した．

「彼女の果たした役割は本質的なものでした」とグロスマンは語る．「彼女の貢献は非常に大きいものですが，それらはまた，取っつきやすくいろいろな分野で使えるものでもあるんです．彼女は，技術者を相手にするときも数学者を相手にするときも，話し方を心得ていますし，量子力学の教育を受けたことの良い影響もありますね．」

ドブシーはメイエとマラーの多重解像度を知っていた．「ある会議でイヴ・メイエが話してくれたんです．私はすでにそういう問題をいくつか考えていたので，彼らの仕事に興味をそそられました」と彼女は言う．メイエの無限に広いウェーブレットだと，たった一つのウェーブレット係数を計算するのにも大きな手間がかかる．ドブシーはもっと使いやすいウェーブレットを作りたかった．彼女はたくさんの要求を満たしたかった．直交性とコンパクト・サポート性－両立させるのは無理だと思うようなまったく逆の二つの制約－に加えて，モーメントがゼロ

になるような滑らかなウェーブレットを得ようとした．

「どうしてこういう性質を持つものがないのだろう，と私は思いました」と，ドブシーは語る．「私はこの問題に夢中になり，集中して研究を行ないました．当時はイヴ・メイエをあまりよく知らなかったのですが，私が最初の結果を得たとき，彼はとても熱狂しました．彼はセミナーの間中その話をしていた，と人から聞きました．私は彼がすばらしい数学者であることを知っていました．だから，ああなんと，彼が私よりもずっと早く解決しそうだ，と思ったのです…．今では，彼が発見の功績を狙っていたのではないことがわかっています．でも，当時は，急がなければ，と感じていました．私は必死になって研究し，1987年3月の末，すべての結果を得たのです．」

補足⑪　マルチ・ウェーブレット

　イングリッド・ドブシーは，イテレーションを使って最初のコンパクト・サポートの直交ウェーブレットを作った．このドブシーのウェーブレットは反復の極限として得られ，解析的な式で書くことはできない．それ以後，研究者達は，いくつものスケーリング関数を用いることで，式で表わせる関数からもコンパクト・サポートの直交ウェーブレットができることを発見した．

　複数のスケーリング関数と複数のウェーブレットによる多重解像度解析では，ドブシーのウェーブレットと同じ制約を受ける必要はない．例えば，直交性を持ち対称なウェーブレットで，コンパクト・サポートなものを作ることができる．(対称性は画像処理ではしばしば切り札と考えられている．ドブシーの唯一の対称ウェーブレットはハールのウェーブレットだが，これは不連続である．)

　「マルチ・ウェーブレットによって，コンパクト・サポートで直交性を持ち，さまざまな程度の正則性を持つウェーブレットを作ることができるはずである…」と，ジョージア工科大学のジョージ・ドノヴァン（George Donovan）とジェフリー・ジェロニモ，ヴァンダービルト大学のドゥーグラ・P．ハーディン（Douglas P. Hardin）は書いている[21]．

　ジェロニモは説明する．「例えば，二つのスケーリング関数を使うと，対称性が得られる．三つのスケーリング関数を用いると，区分的に線形な，つまり初等的な数式で表されるウェーブレットを作ることができる．また，区分的に線形で対称あるいは反対称のウェーブレットを作ることもできるが，そのためには，四つのスケーリング関数が必要である．」

3.3 見出された時：ドブシーのウェーブレット

　ジェロニモと共同研究者達（その中にサム・ヒューストン州立大学の P.S. マッソピュスト（P.R.Massopust）がいる）はマルチ・ウェーブレットを作る方法を二つ発見した．第1の方法では，彼らは「フラクタル」ウェーブレットを作っている．これはまず，$-1 \leq x \leq 1$ で $1-|x|$，それ以外では 0 になる「ハット」関数のような，非直交性の多重解像度解析を生成するウェーブレットから始める．そしてそこに，$[-1,0]$ の部分が $[0,1]$ の部分に直交するような新しい関数，フラクタル補間関数を順次付け加える．

　彼らはこうして，一方は対称，もう一方は反対称の1組のコンパクト・サポートな直交ウェーブレットを作ることに成功した．マラーとメイエの多重解像度解析では，伸縮し平行移動したものが互いに直交するような「マザー」ウェーブレットがただ一つであるのに対し，ここでは，拡縮し平行移動したものが互いに直交する「マザー」ウェーブレットは二つである[22]．

　マルチ・ウェーブレットの第2の方法は，フラクタルの代わりに区分的多項式であるウェーブレットを作る[23]．（区分的多項式とは，区間ごとの多項式をつなぎ合わせたものから成る関数である．次数1の区分的多項式は直線から作られるが，次数2の区分的多項式は放物線の弧から作られる．区分的多項式のウェーブレットは初期の直交ウェーブレットの一つだが，それら——バトル–ルマリエの「スプライン」関数——はコンパクト・サポートではなかった．）この方法で作ったウェーブレットは少なくとも連続であり，ある種のものは連続微分可能でもある．

　マルチ・ウェーブレットは導入する値打ちがあるだろうか？「一見したところスケーリング関数がいくつもあるのだから，計算は面倒と思われるだろう」と，ジェロニモは言う．しかしマルチ・ウェーブレットは単独のウェーブレットと同様，分解と再構成のアルゴリズムを満足するし，スケーリング関数の狭いサポートが計算を簡単にするだろう．「この分野はまだ非常に若いし，私が知るかぎり，多くの結果が得られているわけではない．マルチ・ウェーブレットと単独ウェーブレットで計算時間を比較するのは時期尚早だろう．」

補足⑫　高速ウェーブレット変換

　多重解像度理論は，信号を異なるスケールの成分に分解するための，単純で速いアルゴリズムを提供する．このアルゴリズムの中で，信号の情報は徐々に減っていく．つまり，各段階ごとに解像度が 1/2 になり，細部はウェーブレット係数の形で符号化される．

　ウェーブレット理論の言葉で言えば，スケーリング関数を引き延ばして解像度を半

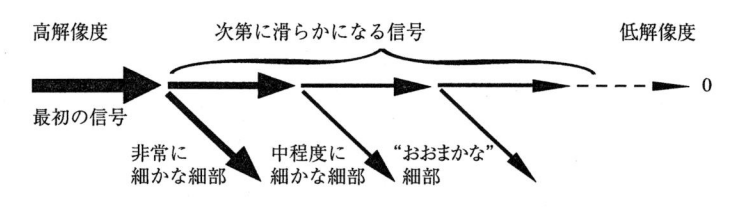

```
高解像度          次第に滑らかになる信号              低解像度
  ━━▶   ┌─━━▶━━━▶━━━▶ - - ▶ 0
 最初の信号  ╲      ╲      ╲
           ╲      ╲      ╲
         非常に   中程度に  "おおまかな"
        細かな細部 細かな細部  細部
```

図 3.13
多重解像度の各段階で，信号は滑らかになり，分離された細部はウェーブレット係数として符号化される．

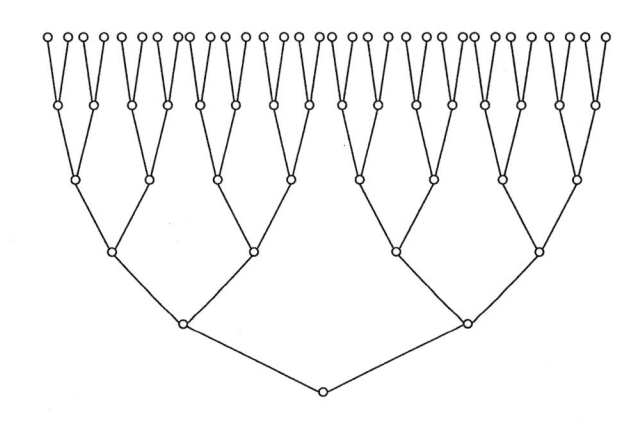

図 3.14
32 のサンプルは，二つずつ組み合わせてその平均と差を計算する．得られた平均は新たに二つずつ組み合わせ，同様に続けていく．

分に減らす．信号処理の言葉で言えば，信号を低域フィルタで濾過し，結果をダウンサンプリングする．(信号処理では，一つおきに信号をサンプリングすることを，語源のことを気にせず，信号を間引く「decimer (10 人につき 1 人処刑する)」と言っている．)

　各段階ごとに信号を二つに分けていくと，信号は急速に減ってゆく．この利点は，何も失わないということである．つまり，ウェーブレットに含まれる情報は，信号を「間引く」とき信号から抜き取った情報と同じである．だからいつでも，引き返して最初の信号を組み立て直すことができる．つまり，与えられた解像度の信号に，この解像度のウェーブレットで記述される細部の情報を付け加えると，2 倍細かい解像度の信号が得られる．

　この過程は，加法と減法の数列と同じことである．図 3.14 は，信号のサンプル数が 32 の場合である．

　これらのサンプルを，まず，二つづつ 1 組にまとめる．各組について，その二つの

サンプルの平均値と差を計算する．第一の段階で，16個の平均（スケーリング関数の係数）と16個の差（ウェーブレット係数）が得られる．次いでこの16個の平均を二つずつ組み合わせて，各組の平均値と差を計算すると，八つのウェーブレット係数と八つの平均値が得られる…

「変換はとても速いんです．というのは，それぞれの計算ではわずかの点しか扱わないからです．」とイングリッド・ドブシーは説明する．ピラミッドの3番目のレベルでは，4つの平均値の各々は八つのサンプルに対応している．変換は線形的である．つまり，我々の信号は $n = 32$ のサンプルを持っていて，操作の総数（加算と減算）は $62 \sim 2n$ である．古典的なフーリエ変換では n^2 回の計算を必要とし，FFTでは $n \log n$ 回の計算を必要としたことを思い出そう．後でわかるが，FWT（fast wavelet transform 高速ウェーブレット変換）の速さは用いるウェーブレットのタイプで変わるけれども，計算数は信号の大きさに比例して増大する．つまり，n 個の点から成る信号のウェーブレット変換には約 $2cn$ 回の計算を必要とする．ここで c は用いるウェーブレットに依存する定数である．(しかしいずれにせよ，ここでは，ウェーブレットはコンパクト・サポートを持っている必要がある．)

変換は簡潔である．32個のサンプルから成る信号は，変換の結果，32個の係数を与える．つまり，31個のウェーブレット係数，およびスケーリング関数の最後の係数でこれはその信号の平均値である．(バートとアデルソンのピラミッドは画像データの大きさを2倍にする．)しかしこの変換は信号を圧縮しない．圧縮のためには，大部分の信号でサンプル値はしばしば隣のサンプル値に等しいかあるいはこれに近いためウェーブレット係数はゼロかまたは非常に小さい値になる，という事実を利用する．

● ハールのウェーブレット変換

ハールのスケーリング関数とハールのウェーブレットに基づくハールのウェーブレット変換は，実質的には一連の加算と減算に帰着する．

ハールのスケーリング関数とそれを平行移動したもの（図 3.16 の点線）による信号の近似を考えよう．スケーリング関数は，四つの区間 $[0,1], [1,2], [2,3], [3,4]$ の各々について信号の平均値を与える．

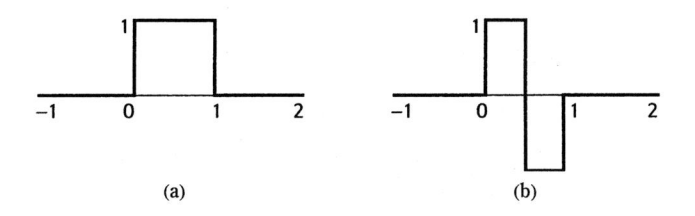

図 3.15 (a) ハールのスケーリング関数，および (b) ハールのウェーブレット（再掲）

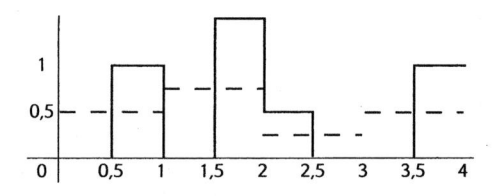

図 3.16 信号（実線）とハールのスケーリング関数によるその近似（点線）

スケーリング関数の各係数は，信号とスケーリング関数の積の積分に等しい．（不連続のところでは，左側の値をとる．したがって，横軸 0.5 では信号は 0 である．）区間 $[0,1]$ では，スケーリング関数は 1 だから，積は信号に等しい．したがって，第 1 の区間についての積分は 0.5 となる．第 2 の区間での積分は，スケーリング関数を整数だけ平行移動して 0.75，以下同様に行う．スケーリング関数の各係数は与えられた区間での信号の平均値を与える．

ウェーブレットは，信号の隣り合う二つのサンプル値の差を符号化する．より正確に言うと，信号の値とスケーリング関数の係数によって与えられる平均値との差の半分 $(1/2)$ を符号化する．ウェーブレットは，0 と 0.5 の間では 1, 0.5 と 1 の間では -1 である．ウェーブレットと信号の積は，区間 $[0,1]$ の前半ではゼロ，後半では -1 になる．したがって，区間 $[0,1]$ での積分（ウェーブレット係数）は -0.5 となる．これは，横軸 0.5 のサンプル値と横軸 1 のサンプル値の差の半分である．

●畳み込み

幾何学的に言うと，スケーリング関数は信号を「滑らかにし」，ウェーブレットは差を「読み取る」．実際には，ウェーブレット変換は簡単な算術を使えば計算できる．すなわち，二つの数値フィルタによって数値信号の畳込み積を計算すればよい．

ここでは畳み込みを算術的な言葉で述べよう．なぜなら，コンピュータは，ウェーブレット変換を計算する際に，畳み込みをそのように扱っているからである．この観点からすると，畳み込みとは，小学校で習う二つの数を掛けるアルゴリズムにほかならない．ただし表現が異なっている．426 という数に 32 という数を掛けると 13632 という数になる，と言う代わりに，数列 $\{4,2,6\}$ と数列 $\{3,2\}$ の畳み込みは数列 $\{1,3,6,3,2\}$ を与える，と言うのである．

数列 a と b の畳み込みは $(a*b)$ と書かれる．数列 $(a*b)$ の k 番目の項は次のようになる．

$$(a*b)_k = \sum_{-\infty}^{\infty} a_j b_{k-j} \tag{19}$$

数列 a が $a_0, a_1, a_2, \cdots, a_N$ で構成され，数列 b が $b_0, b_1, b_2, \cdots, b_M$ で構成され

るなら，

$$(a*b)_k = \sum_{j=\max\{0,k-M\}}^{j=\min\{k,M\}} a_j b_{k-j} \qquad (k=0,\cdots\cdots,M+N)$$

そうすると $(a*b)$ の第 2 項は次のように書かれる．

$$(a*b)_2 = a_0 b_2 + a_1 b_1 + a_2 b_0$$

数字を書くように（アラブの遺産，読むのも右から左へ）数列を逆に書くと，これが掛け算に似ていることがはっきりする．

$$a_N \cdots a_2 a_1 a_0 = \cdots + 100 a_2 + 10 a_1 + a_0$$
$$b_M \cdots b_2 b_1 b_0 = \cdots + 100 b_2 + 10 b_1 + b_0$$

このとき $(a*b)_2$ の計算は，二つの数の積 $(a_N \cdots a_2 a_1 a_0)(b_M \cdots b_2 b_1 b_0)$ における 100 の位の計算と同じになる．$a_0 b_2$ の項は b の 100 の位と a の 1 の位の掛け算に相当し，$a_1 b_1$ の項は b の 10 の位と a の 10 の位の掛け算に相当し，以下同様に続く．唯一の違いは，畳み込みのやり方では，繰り上げは最後にすべての項を加え合わせるときにだけ行うことである．

●畳み込みとウェーブレット変換

信号をウェーブレットに変換するには，各解像度で，サンプリングした信号と数列 $a_0, a_1, a_2, \cdots$（スケーリング関数に伴う低域フィルタ），およびサンプルした信号と数列 $d_0, d_1, d_2, \cdots$（ウェーブレットに伴う高域フィルタ）を，それぞれ畳み込む．これらの数，a_n と d_n はフィルタの「係数」と呼ばれているが，それはあまり正確ではなくて，むしろ，これらの数がフィルタを「構成している」のである．（これらはまた，補足⑨「多重解像度」で述べた関数 A と D のフーリエ係数でもある．）

さて，今度は畳み込みによって，ハールのウェーブレット変換をしてみよう．ハールのスケーリング関数に伴う低域フィルタは，二つの数，$a_{-1} = a_0 = 0.5$ に帰着する．（「多重解像度」ではこれらを a_0 および a_1 と書いたが，ここでこの添字を使うと混乱を起こすだろう．）

フィルタを a，我々の信号（8 個の値から成る）を b，とそれぞれ書き表して式 (19) を適用すると，全部で四つのスケーリング関数の係数が得られる．

$$(a*b)_0 = a_{-1} b_1 + a_0 b_0 = 0.5(1+0) = 0.5$$
$$(a*b)_2 = a_{-1} b_3 + a_0 b_2 = 0.5(1.5+0) = 0.75$$
$$(a*b)_4 = a_{-1} b_5 + a_0 b_4 = 0.5(0+0.5) = 0.25$$
$$(a*b)_6 = a_{-1} b_7 + a_0 b_6 = 0.5(0+1) = 0.5$$

a) 横座標　　　　　　　　　　0　　　1　　　2　　　3　　　4
b) 図3.16のサンプリングした信号　0　1　0　1.5　0.5　0　0　1
c) スケーリング関数の係数　　　0.5　　0.75　　0.25　　0.5
d) ウェーブレットの係数　　　−0.5　−0.75　0.25　−0.5

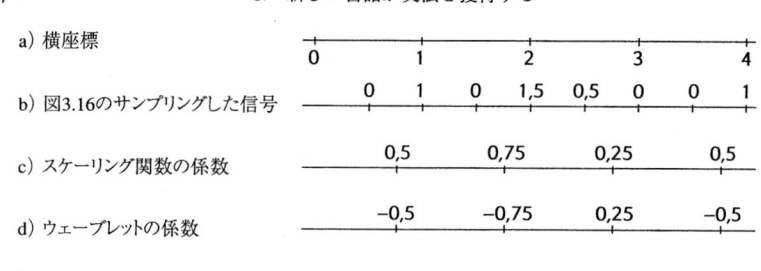

図 **3.17**

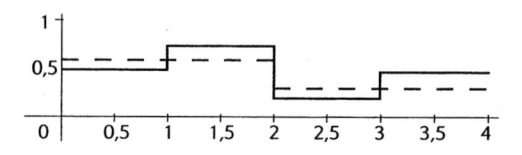

図 **3.18** 滑らかになった信号を伸長したスケーリング関数で近似する．

これらの結果は，隣り合う二つのサンプル値の平均値に等しい．我々の信号の最初の八つの値は，滑らかな信号に対応するスケーリング関数の四つの係数を与える．

ハールのウェーブレットに伴う高域フィルタは，二つの数 $d_{-1} = -0.5$ および $d_0 = 0.5$ から成っている．ウェーブレット係数の最初の二つは次のように書かれる．

$$(d*b)_0 = d_{-1}b_1 + d_0b_0 = 0.5(1) + 0.5(0) = -0.5$$
$$(d*b)_2 = d_{-1}b_3 + d_0b_2 = 0.5(1.5) + 0.5(0) = -0.75$$

信号のサンプル値と第1の解像度で計算した係数は図 3.17 のようになる．

したがって，ウェーブレット係数は，2倍細かい解像度での信号を得るために，スケーリング関数によって記述された情報に付け加えるべき情報を含んでいる．すなわち，

$$-0.5 + 0.5 = 0 \quad (3.5 での信号の値)$$
$$0.25 + 0.25 = 0.5 \quad (2.5 での信号の値)$$
$$-0.75 + 0.75 = 0 \quad \cdots$$

次の解像度では，滑らかになった信号（スケーリング関数の四つの係数）を用いてさらに滑らかに（2倍のスケールに伸張したスケーリング関数を使って）し，拡大したウェーブレットを用いて差を記述する（図 3.18）．

（イングリッド・ドブシーの著作『ウェーブレット 10 講（*Ten Lectures on Wavelets*）』[24)] では，より一般的なウェーブレット系でも，係数はやはりフィルタとの畳み込みによって与えられることが説明されている．）

3.3 見出された時:ドブシーのウェーブレット

●もっと複雑なウェーブレット

計算の複雑さは,フィルタを構成する0でない値の数に比例して増大する.フィルタが二つの0でない値,a_0 と a_1 しか持っていないなら,畳み込みは2桁の数の掛け算と同じである.$(a*b)_k$ も二つの項しか含まない.$k=3$ では $a_0b_3 + a_1b_2$,$k=4$ では $a_0b_4 + a_1b_3$.

ハールのウェーブレット変換の場合がこの場合に当たる.n 点の信号をウェーブレット変換するには $4n-4$ 回の計算で十分である:求める $2n-2$ 個の係数の各々について2回計算すればよい[†].

フィルタが三つの0でない値,a_0, a_1, a_3 を持つなら,各 $(a*b)_k$ は0でない三つの項を含む(例えば $k=4$ では $a_0b_4 + a_1b_3 + a_2b_2$).この場合は,ウェーブレット変換には $6n-6$ 回の計算が必要である:すなわち各係数について3回の計算.

コンパクト・サポートなウェーブレットは,すべて,有限個の0でない値から構成されるフィルタを伴っている.しかし,ウェーブレットが複雑になればなるほど(例えば,消失するモーメントの数が増えるにつれ),フィルタの0でない値は多くなってウェーブレットのサポートが大きくなり,ウェーブレットの各係数を求めるための計算量は大きくなる.

しかしその代わりに,「ウェーブレットの消失モーメントが増えるにつれ,各解像度で,滑らかな関数は局所的な平均により一致するようになり,その結果,ウェーブレット係数はより小さくなります.言い換えれば,係数を最も大きい方から半分だけ保持するとするなら,このようなウェーブレットを使えば信号の再構成の質は非常に良いものになるでしょう」とドブシーは説明する.再構成の質と計算速度の損失のどちらを重視するか,の選択は,どのような仕事をするのかによって決めなければならない.

●速さ:フーリエ対ウェーブレット

一見するとFWTはFFTより速いようにみえる.つまり n 点の信号に対しては,ウェーブレット変換は約 cn 回の計算(c は,前述のように,用いるウェーブレットに依存する定数)を必要とし,フーリエ変換では $n \log n$ 回の計算を必要とする.n が大きいときには,$n \log n$ は cn より大きい.しかし「符号化の見地からすると,ウェーブレット変換を画像や信号の大域的な FFT と比較するのは馬鹿げています」と,国立高等通信学校のオリヴィエ・リウールは指摘する.「例えば,画像の符号化では,そのイメージを 8×8 ピクセルの小さなブロックに切りわけ,そのブロックの

[†] 訳注:$n=8$ のとき,高域フィルタとの畳み込み回数は $4+2+1=7$ 回.低域フィルタとの畳み込み回数も $4+2+1=7$ 回.これら14回の各々について,二つの項の計算が必要だから $(7 \times 7) \times 2 = 28$ 回の計算が必要である.

各々について，FFTを（あるいはむしろもっと良い特性を持ったDCTを）適用するんです．だからFWTとの比較はもっと微妙です．ウェーブレット変換が回路への実装においてより複雑になると思われるときは，特にそうなんです．」

3.4　ハイゼンベルクの障害

多重解像度とコンパクト・サポートなウェーブレットは，計算の速さのほかにも重要な結果をもたらした．信号の時間と周波数の同時解析が，簡単かつ前例のない精確さで可能になったのである．以来，周波数に関する情報をそれほど失うことなく短い区間を調べることができるようになった．

しかし以前は，あるウェーブレットの会議のとき，異議が述べられたことがあった．ウェーブレットは，ハイゼンベルクの不確定性原理を回避しているようにみえる，というのである．この異議は正しくない．素粒子が，同時には，正確な位置と正確な運動量を持たないように，信号も，正確な時刻と正確な周波数に同時に「局在」することはない．（これは数学的には同じことである．補足⑬「ハイゼンベルクの不確定性原理と時間-周波数分解」参照．）

時間的によく局在した短い信号は，必然的に，広がったフーリエ変換，つまり広い周波数領域を持つ．一つのピークから成る信号，つまり狭い区間以外はいたるところゼロという短い信号を考えてみよう．これをサインカーブの重ね合わせとして表すには，大量のサインとコサインを重ね合わせなければならない．逆に，狭い範囲の周波数だけから成る信号は，必然的に，時間の中では広がっている．一握りのサインとコサインだけでは，短い時間区間の外側で，互いに相殺し信号が消えるようにすることはできない．

ハイゼンベルクが示したように，二つの不確定性，時間幅と周波数範囲，の積 $\Delta t \Delta f$（デルタ t デルタ f）は常にある一定の数より大きい．（周波数は時間の逆数であるから，この量は単位のとり方にはよらない．周波数は多くの場合サイクルまたはラジアンで測定され，その数値はどちらの単位を使うかに依存する．どちらを選ぶかは純粋に慣習の問題である．物理学者は位置の不確定性に運動量の不確定性を掛けるが，この場合は，運動量は位置の逆数ではないので式の中に単位が交じり，単位を変えると異なる値になる．）

ガボールは，通信理論と音響学において不確定性原理の重要性を最初に強調し

3.4 ハイゼンベルクの障害

た一人だった．彼は，1946 年の論文で，ハイゼンベルクの原理は十分知られてはいるが，積 $\Delta t \Delta f$ の下限を定める数学的命題は「それに相応しい注目を引かなかった」[25]と述べ，通信理論では，その重要性は「気づかれずにいるようだ」と書いている．

信号の成分に適応した「窓」－低周波数には広く，高周波数には狭い－を持つウェーブレットもこの制限には従わなければならない．「低周波数では，ウェーブレットは非常にはば広くなる．そのため周波数の局在化はとても良いのですが，時間については非常に悪いのです」とドブシーは説明する．低い周波数を満足に扱うために必要な広いウェーブレットは，時間についてはあいまいになり広い時間範囲についてただ一つの係数を与えるだけである．

高周波数では，問題は逆になる．「ウェーブレットは細く，したがって時間の局在化は良いのですが，周波数については悪くなります」とドブシーは言う．小さい区間を扱うためにウェーブレットを狭くすると，周波数はこの締めつけに反発する．2 倍細かいスケールに移るたびに，周波数はオクターブから上のオクターブに移り，周波数の範囲は 2 倍になる．

高周波数におけるこのぼやけは精度を制限することになるが，これはまた，技術者にとって好機でもある．例えば，電信会社は，音声を高周波数へずらして，いくつもの音声をただ 1 本の電話回線にまとめるようにしている．つまり，高い方が多くの場所があるのである．高周波数の光線を伝達する光ファイバーの利点も，同じように説明できる．

ハイゼンベルクの原埋はこのように妥協を要求する．時間の知識を得るには周波数の知識の犠牲を必要とするし，またその逆も真である．「時間–周波数分解」という表現は誤解を招くおそれがある．つまり，正確な一瞬の時刻における正確な周波数を知ることは不可能である．信号は，振動するための時間幅を持つときしか，周波数を決められない．

信号を時間–周波数分解する方法には唯一決定的なものはない．調べようとする人の観点に依存するのである．例えば，窓つきフーリエ解析を用いて信号に質問すると，信号は答えてくれるだろう－もちろん，ハイゼンベルクの原理が強いるあいまいさの範囲内で．ウェーブレットで質問すると別の答を与えてくれるだろう．その答も同じように妥当であり，より役立つかもしれないし，役立たないかもしれない…．はじめは，このような多様性に驚くかもしれないが，これは 24

という数の因数分解の多様性に似ており，神秘的というわけではない．

量子力学が重要となるような小さなスケールの現象では，ハイゼンベルクの原理の数学的命題はびっくりするような結果を生み出している（補足⑭「量子力学」参照）．この分野でも，答は質問の仕方に依存する．物理学者が光に，お前は何でできているの，と尋ねると，光は，往々にして，あるときは粒子でできていると答え，またあるときは波でできていると答える．しかし，信号処理と量子力学の間には重大な違いがある．信号の時間–周波数分解は，信号自身を変化させることはない．しかし，量子的実在の姿は，その実在を変化させることなし観察することはできない．系を測定するたびに，その系を変化させているのである．

だから，光が粒子で，あるいは波で，構成されていると断言するのは意味がない．我々の常識とはまったく矛盾するが，光は同時にこの両者なのである．実在を包括するのは波動関数だけである．決定論的な世界に慣らされた頭で理解しようとしても，失敗するのがおちのようである．

補足⑬　ハイゼンベルクの不確定性原理と時間–周波数分解

人々は往々にして，信号を時間と周波数で同時に「局在化させる」のは不可能だ，と断言する．この言い方は間違っているかもしれない．信号を時間と周波数で局在化できないのは我々ではなく，時間と周波数に同時に集中できないのが 信号 なのである．ハイゼンベルクの原理は我々の実在認識の限界を記述しているのではなく，実在を記述しているのである．関数が狭い時間範囲に集中すればするほどそのフーリエ変換によって与えられる周波数範囲は広くなるし，フーリエ変換の周波数範囲が限定されればされるほどその関数は時間軸で広がることになる．

ハイゼンベルクの原理を正確に述べると次のようになる（巻末付録 H（p.208）にこの原理の証明を示した）．

$$\int_{-\infty}^{\infty} |f(t)|^2 \, dt = 1 \tag{20}$$

であるような任意の関数 $f(t)$（t は実数）に対して，t の分散と τ（タウ，$\hat{f}$ の変数）の分散の積は $1/16\pi^2$ 以上である．すなわち，

$$\left(\int_{-\infty}^{\infty} (t-t_m)^2 |f(t)|^2 \, dt\right)\left(\int_{-\infty}^{\infty} (\tau-\tau_m)^2 |\hat{f}(\tau)|^2 \, d\tau\right) \geq \frac{1}{16\pi^2}, \tag{21}$$

この不等式の右辺の定数の値はフーリエ変換の定義に依存する．(20) の正規化は

必要である．量子力学では，この積分は確率を表し，確実に起こる事象は確率 1 となるからである．

これらの「分散」は，t と τ がそれらの平均値 t_m と τ_m からどれほど離れた値をとり得るかを見積もる．f が短い時間範囲に集中すると t の分散は小さくなる．信号が時間軸で広がっていると分散は大きくなる．実際，$|f(t)|^2$ に $|(t-t_m)|^2$ を掛けることは，大きな $|t-t_m|$，つまり，平均から遠くにある t については $|f(t)|^2$ の値を強調し，小さな $|t-t_m|$ については小さく評価することになる．

この関係の例を図示しよう．次頁図 3.19 の (a), (c) は二つの関数とその積分，(b), (d) は同じ関数を t^2 倍したもの（つまり，$|(t-t_m)|^2$ 倍で，$t_m = 0$）．

式 (21) の二つ目の積分は f のフーリエ変換の周波数範囲を表す．τ の分散が小さくなるほど $\hat{f}$ の周波数範囲は小さくなる．

今度は，グラフが $t = 0$ の近傍に集中している関数 $|f(t)|^2$ を考えよう．関数の積分を 1 に正規化する．この関数は尖ったピークを持つ．ピークのフーリエ変換は，必然的に，非常に広がっている（次頁図 3.20）．

● **時間–周波数表示**

どのような方法を用いるにせよ，信号の時間–周波数分解では必ずこの問題にぶつかる．時間についての精度を望むなら，周波数についてはある程度ぼやけることで満足しなければならないし，周波数に関して精度を望むなら，時間についてぼやけることを我慢しなければならない．

この妥協は，横軸に時間を，縦軸に周波数をとった平面で図示することができる．この平面を，$\Delta t \times \Delta \tau$（デルタ t × デルタ タウ）の大きさの長方形のタイルで敷きつめよう．Δt は時間の標準偏差－式 (21) の中の t の分散の平方根－を，$\Delta \tau$ は周波数の標準偏差－式 (21) の中の τ の分散の平方根－を表す．これらの長方形は「ハイゼンベルクの箱」と呼ばれる[26]．

ハイゼンベルクの原理は，どのような基底であっても，各箱の面積は最小のときに $1/4\pi$ に等しい，ということを述べているが，箱の形と位置は用いる基底によって異なり得る．「例えば，『標準基底』ではこの平面はサンプリング区間が許す最も高くて最も細い長方形で敷きつめられる」とロナルド・コアフマンとヴィクター・ヴィッケンハウザーは書いている[27]．「フーリエ基底」の場合は反対になる．つまり，周波数については精確である（ハイゼンベルクの箱は低い）が，時間についてはあいまいである（箱は非常に幅広い；p.121 の図 3.21）[28]．

窓つきフーリエ解析では，ハイゼンベルクの箱の形は窓の大きさに依存する．小さな窓だと，細い時間範囲が見られるが，周波数についてはあいまいである．大きい窓だと，時間については精度が悪いが，周波数については精度が良くなる．いずれの

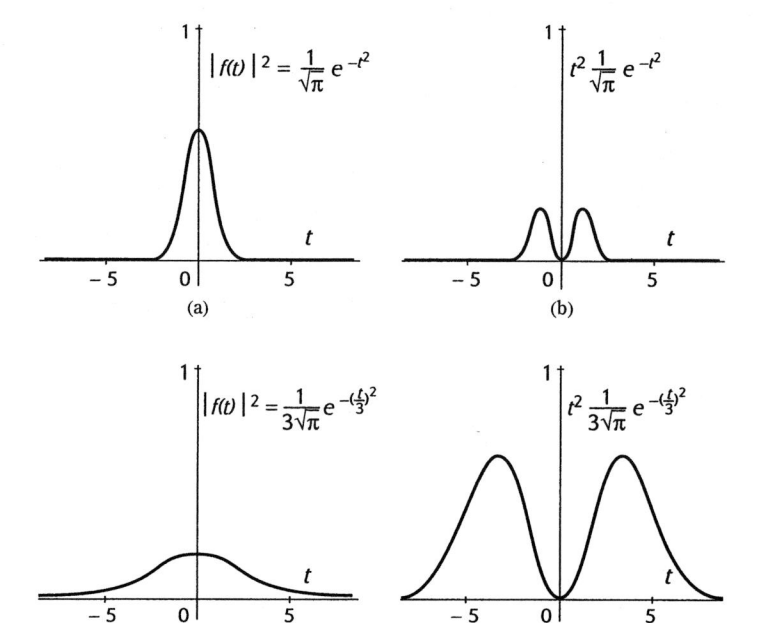

図 3.19
(a) $|f(t)|^2 = \dfrac{1}{\sqrt{\pi}} e^{-t^2}$. この関数の積分は 1.
(b) $t^2 \dfrac{1}{\sqrt{\pi}} e^{-t^2}$. この関数の積分は 1/2.
(c) $|f(t)|^2 = \dfrac{1}{3\sqrt{\pi}} e^{-(t/3)^2}$. この関数の積分は 1.
(d) $t^2 \dfrac{1}{3\sqrt{\pi}} e^{-(t/3)^2}$. この関数の積分は 9/2.

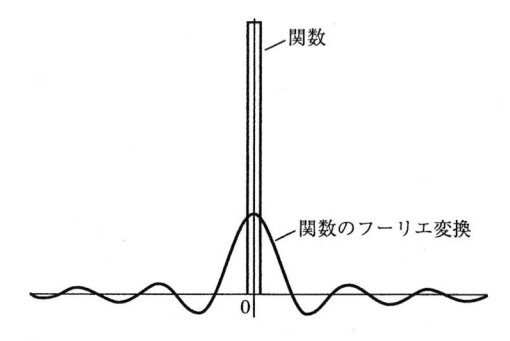

図 3.20
関数とそのフーリエ変換は，両者ともに強く集中することはできない．

3.4 ハイゼンベルクの障害

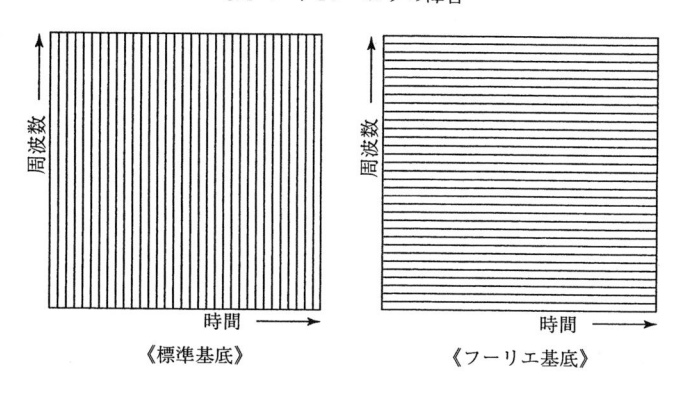

図 3.21 時間–周波数平面
横座標は時間を，縦座標は周波数を表す．

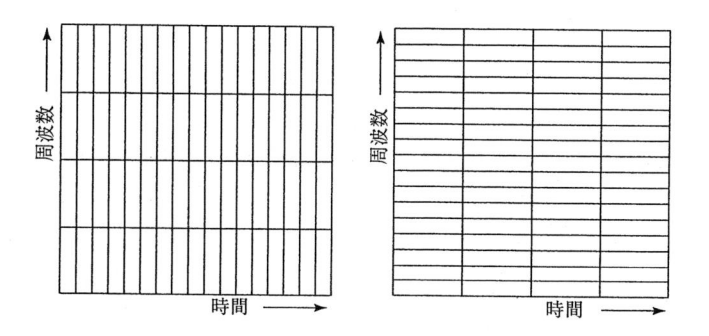

図 3.22 窓つきフーリエ変換の場合に切りわけられる時間–周波数平面
左は窓が狭く，右は窓が広い．

窓の場合も，窓の大きさ——箱のはば——は一定で，高周波数でも低周波数でも同じである（図 3.22）．

ウェーブレットだと，低周波数に対しては大きな窓を使い，高周波数になるにつれ窓をだんだん小さくする．しかし，ハイゼンベルクの原理が要求するように，細いウェーブレットのハイゼンベルクの箱は背が高い．つまり，周波数を犠牲にして時間を優先することになる（図 3.23）．

「もちろん，短い時間だけ続く高周波数成分と，長い時間続く低周波数成分を持っている信号のときは，この種の解析が最も有効です」と国立高等通信学校のオリヴィエ・リウールとカルフォルニア大学バークレイ校のマーティン・ヴェッテルリは書いている[29]．

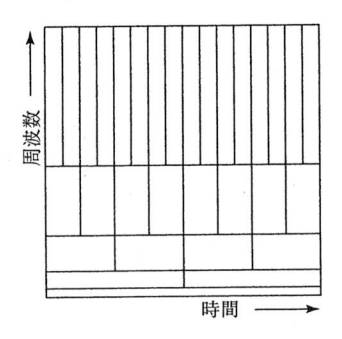

図 3.23　ウェーブレット変換の場合に切りわけられる時間–周波数平面

補足⑭　量子力学

「—あり得ないものなんて信じられない.
—そりゃねぇ, あんた, あんたはあんまり訓練しなかったのよ,
女王が言った
あんたの年頃には, 私は毎日 30 分は訓練していたわ.
お昼ご飯までに, あり得ないものを六つも
信じるようになったこともあるのよ.」
ルイス・キャロル,『鏡の国のアリス』

　信号の時間と周波数を同時に局在化することはできない, ということは容易に納得される. 周波数は瞬間的なものだけからはわからない. 一つの周波数を定義するには, 関数が振動する時間範囲を持っている必要がある. 素粒子の位置と運動量を同時に求められないことについてはどう考えるべきだろう？　ハイゼンベルクの原理が表しているのは, 我々に巧妙さと道具が欠けていて, それが我々の認識を制限しているということだろうか？　いや, 違う. 信号処理の場合のように, ハイゼンベルクの原理は現実を記述しているのである. つまり, 素粒子は正確な位置と正確な運動量を同時に持つことはない.
　素粒子の位置という概念は意味がない. 粒子が与えられた範囲にある確率はどれだけか, というのが適切な質問である. 粒子の運動量というのも意味がない. 重要なのは, 運動量の値が与えられた二つの値の間にある確率である.
　したがって, 量子力学とハイゼンベルクの原理は確率を扱う. 確率の理論がれっきとした数学の中に受け入れられたのは, やっと 1930 年代になってから, ロシアの数学者アンドレイ・コルモゴロフの研究以後である. コルモゴロフは確率論と測度論が一致することを示し, いろいろな概念が明確になったのである.

●確率の言語

「確率空間 X」とは，X の諸部分の確率を見積もる関数を備えた集合である（一つの試行の可能な結果全体を考えなければならない）．2個のサイコロを投げてみよう．サイコロはそれぞれ6面あって，1から6までの数字が書いてある．試行結果には $6 \times 6 = 36$ 個の根源事象（確率論の言葉）があり，集合 X は36の要素（集合論の言葉）を持っている．サイコロがいかさまでなければ，各根源事象−集合 X の各要素−の確率は $1/36$ である．「二つのサイコロの和が5」という「事象」の確率は $4/36 = 1/9$ である．（一つの事象は様々な結果（根源事象）から成る．）集合 $\{(1,4),(2,3),(3,2),(4,1)\}$ の「測度」は $1/9$ である，とも言う．

「確率変数」は集合 X の各要素に実数を対応させる関数で，この数は試行のたびに得られる量である．例えば，二つのサイコロを投げて得られる値の和は確率変数である．「確率変数」という用語は，確率論がまだ形式的体系を持っていなかった時代のもので，心理的困難を引き起こしがちである．我々はこれを「確率関数」と呼ぶことにする．量子力学では，我々に関係がある確率関数は，素粒子の位置と運動量を記述する関数である．

確率では，まず，確率関数の「平均値」，$M(f)$，を問題にする．これは「期待値」とも呼ばれる．これは，可能な結果にそれらの出現確率を掛けたものの和である．2個のサイコロの場合は，「数字の和」という変数の期待値は，

$$2 \cdot 1/36 + 3 \cdot 2/36 + 4 \cdot 3/36 + 5 \cdot 4/36 + 6 \cdot 5/36 + 7 \cdot 6/36$$

$$+ 8 \cdot 5/36 + 9 \cdot 4/36 + 10 \cdot 3/36 + 11 \cdot 2/36 + 12 \cdot 1/36 = 7$$

最初の項は，36種類の確率のうちで2個のサイコロの和が2になる唯一の場合を表し，第2項は3という和を得るための2通りの場合に相当する，等々．

確率変数の「標準偏差」は f の値の平均値のまわりのばらつきを表す．このようなばらつきを見積もる最も明確な方法は，f の平均からの偏差の平均である平均絶対偏差，$M(|f - M(f)|)$，を計算することである．しかしこの量は実用的ではない．f の標準偏差，$\sigma(f)$（シグマエフ）はあまり自然でないように見えるがずっと使いやすい．ここで，

$$\sigma(f) = \sqrt{M((f - M(f))^2)}$$

である．

どうしてこういう式を使うのだろうか．偏差の平均値，$f - M(f)$，はゼロである．つまり偏差は正負が同じだけある．ばらつきをみるためには，正の量についての平均でなければならない．平均絶対偏差では $f - M(f)$ の絶対値をとるが，標準偏差では2乗をとる．ところで，偏差の2乗の平均，

$$\mathrm{Var}(f) = M((f - M(f))^2)$$

は f の「分散」と呼ばれるが，これは適切な単位を持っていないので，このままではばらつきを見積もりに使えない．ある年齢の子供の身長の集計では，確率変数は長さであるが，分散は長さの 2 乗である．そこで標準偏差－分散の平方根－にすると適切な単位になる．

前の例で，2 個のサイコロを投げたときに得られる和の平均は 7 であるから，分散は下のようになる．

$$(2-7)2 \cdot 1/36 + (3-7)2 \cdot 2/36 + \cdots + (7-7)2 \cdot 6/36$$
$$+(11-7)2 \cdot 2/36 + (12-7)2 \cdot 1/36 = 5.833\cdots$$

標準偏差は $\sigma(f) = \sqrt{5.833\cdots} = 2.415\cdots$ であるが，平均絶対偏差は $1.944\cdots$ となる．標準偏差は平均に近い値よりも遠くの値に重みをかけているが，平均絶対偏差はすべてのばらつきを同じように扱っている．

●積分で表す確率

確率空間が離散的であるなら，今導入した言語で十分である．つまり，あらゆる問題は，個々の結果の確率を通して理解できる．このとき，試行の結果はせいぜい可算個で，サイコロのような場合は有限ですらある．これに対し，量子力学のような本格的な確率の問題では，事象は可算的ではないため，確率空間は無限であるばかりでなく連続的となり，測度論の言語が必要不可欠となる．

典型的な状況の例をあげよう．関数 μ（ミュー）を考える．その値は決して負にならず，$-\infty$ と ∞ の間で，面積 1 のグラフを描くとしよう（図 3.24）．

この関数 μ は確率密度である．実数（$-\infty$ と ∞ の間の）は一つの試行の結果を表す．図の影の部分の面積に相当する次の積分は，a と b の間の結果を得る確率を表す．

$$P[a,b] = \int_a^b \mu(x)\,dx$$

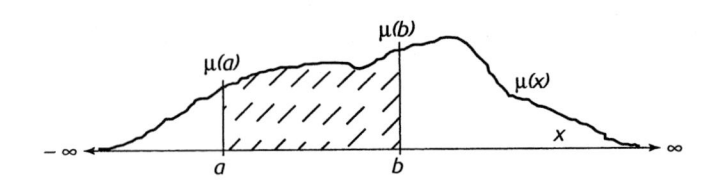

図 3.24
関数 μ が確率密度のとき，変数 x が a と b の間にある確率は影をつけた面積に等しい．

したがって，$-\infty$ と ∞ の間で計算した積分は，試行の結果が確実に得られる確率を表す．すなわち

$$P[-\infty, \infty] = \int_{-\infty}^{\infty} \mu(x), dx = 1 \tag{22}$$

一方，正確に a という値を得る確率はゼロである．つまり，点には幅がなく，したがって，点 a における関数 μ の下の面積はゼロである．（無限個のゼロを加えることにより 1 が得られる．このことは奇妙に思えるだろうか？ これは，長さのある 1 本の線でも，その線を構成する点の長さはゼロであることに似ている．）この場合，個々の結果の確率は何も意味しないので，和（有限和または無限和）は積分で置き換えねばならない．

確率空間が連続的なときは，確率関数の平均は次式で与えられる．

$$M(f) = \int_{-\infty}^{\infty} f(x)\mu(x)\, dx \tag{23}$$

$f(x) = x$ という単純な場合には，この平均は密度 $\mu(x)$ の棒の「重心」を与える，と考えることもできる．このイメージは量子力学で役に立つだろう．これを説明するために，離散的確率空間にちょっと立ち戻ろう．

十人の生徒が試験を受けた．その内の一人は 18 点，二人は 16 点，別の二人は 13 点，四人は 12 点，そして一人が 7 点だった（図 3.25）．各点数 x に重み $\mu(x)$ をつける．例えば，十人のうち一人が 18 点を得ているのだから，18 点の重みは 1/10 であり，12 点の重みは 4/10，等々．

平均点を計算するには，点数を表す関数 x に重み $\mu(x)$ を掛け，可能な点数全部についての和を求める．すなわち，

$$M(x) = 18 \cdot 1/10 + 16 \cdot 2/10 + 13 \cdot 2/10 + 12 \cdot 4/10 + 7 \cdot 1/10 = 13.1$$

確率空間が連続的なときも，やり方は同じである．ただ，一連の数の和が連続的な和，つまり積分になる．

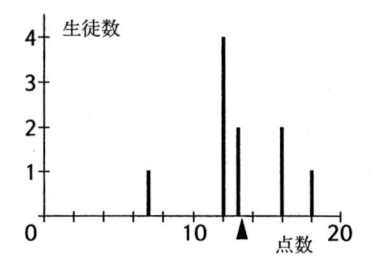

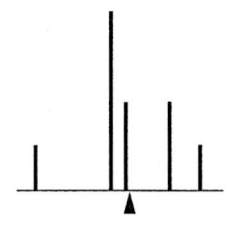

図 **3.25**
この試験の平均点は 13.1．これは重心に等しい（右図）．

$$M(f) = \int_{-\infty}^{\infty} x\mu(x)\,dx \tag{24}$$

$\mu(x)$ の全積分は 1，という (22) 式の重要性がよくわかるだろう．実際，すべての可能な結果の確率 $\mu(x)$ の和は 1 に等しい．この試験の場合は，

$$1/10 + 2/10 + 2/10 + 4/10 + 1/10 = 1$$

である．

●量子力学

量子力学は，実在について，日常経験に反するイメージを与える．古典力学では位置と運動量で系の状態を記述する．部屋の中でテニスボールを投げてみよう．このボールと部屋が一つの系を構成し，その状態はボールの位置と運動量で決まる．よく知られた法則によって，これらの量を測ることができるし，それらの変化を予測することもできる．

量子力学では，系の状態は波動関数，$\psi(x)$，で表される．これはシュレーディンガー（Schrodinger）の方程式に従って時間的に変化する（この ψ をウェーブレットを表す ψ と混同しないように）．この方程式は完全に決定論的である．これはラプラスが夢見た，「宇宙最大の物体の運動も最も軽い原子の運動も記述するような…」，そして「過去と同じように未来も」明らかにするような方程式だろうか？　正確に言えば，そうではない．

この関数は素粒子を完全に記述するものと考えられているが，じつは，この関数からは素粒子がどこにあるかもわからないのだ！　この関数からは，素粒子がいる点の厳密な位置を予測することはできない，この関数はあらゆる点において確率ゼロを与えるのだから．さらに，ハイゼンベルクの不確定性原理は，確率の言葉を用いて，素粒子が正確な位置と正確な運動量を同時に持つことはできないことを，明確に示している．

以上述べたことの意味をはっきりさせよう．簡単のため，1 個の粒子が直線上を動く，という 1 次元の物理を考えよう．この粒子の位置は座標 x で記述される（x は実数）．

この系の状態－ある瞬間の完全な記述－は波動関数，$\psi(x)$，で与えられる．この関数は位相を持っているが，これは解釈が難しい．これに比べて関数 $|\psi(x)|^2$ の方は理解しやすい．これは「存在確率密度」を表しているのである．(これは式 (22)，(23)，および (24) の $\mu(x)$ に代わるものである．すなわち $\mu_\psi(x) = |\psi(x)|^2$.)

我々の粒子の位置を表す確率関数は x である．この粒子が座標直線上のどこかにある確率は次の積分によって与えられる．

3.4 ハイゼンベルクの障害

$$P[-\infty, \infty] = \int_{-\infty}^{\infty} |\psi(x)|^2 \, dx = 1$$

（関数 $\psi(x)$ は 2 乗可積分，つまり，その絶対値の 2 乗の積分が有限である．これは補足⑧「関数空間から関数空間への旅」で述べた関数空間 L^2 に属している．この空間は異常な関数も含んでいるが，これは量子力学の数学理論を構成するときに認めなければならないものである．上の積分は 1 だから，我々の系の状態は $L^2(\mathbf{R})$ の「正規化された」要素である．）

粒子が a と b の間にいる確率は次の積分で与えられる．

$$P[a, b] = \int_a^b |\psi(x)|^2 \tag{25}$$

運動量の確率関数は $h\xi$ で与えられる．ここで h はプランク定数，6.624×10^{-27}g cm^2/s（グラム×平方センチメートル/秒）．物理的実在を記述するには h が必要であるが，そのほかに，これは正しい単位を与えてくれる，ということにも注意しよう．波数（すなわち空間振動数）ξ は長さの逆数（単位は 1/cm）であり，運動量は質量に速度を掛けたもの（単位は g cm/s）である．ξ にプランク定数 h を掛けると単位

$$\frac{\text{g cm}^2}{\text{s}} \times \frac{1}{\text{cm}} = \frac{\text{g cm}}{\text{s}}$$

すなわち運動量の単位を持つ量になる．

粒子の運動量が $h\alpha$ と $h\beta$ の間にある確率は，

$$P[\alpha, \beta] = \int_\alpha^\beta |\hat{\psi}(\xi)|^2 \, d\xi \tag{26}$$

である．

したがって物理空間では位置の確率測度は $|\psi(x)|^2$ であり，一方，フーリエ空間では運動量に対する確率測度は $|\hat{\psi}(\xi)|^2$ である．

関数 x の平均（粒子の「平均位置」）を x_m とおくと，これは x と確率密度 $|\psi(x)|^2$ の積を積分して得られる．すなわち，

$$x_m = \int_{-\infty}^{\infty} x|\psi(x)|^2 \, dx$$

この式は上の (24) 式に相当する．我々の粒子の平均位置の計算は，十人の生徒の平均点の離散的な計算を連続的にしたものと同じである．x の分散は次のようになる．

$$\text{Var}(x, \mu_\psi) = \int_{-\infty}^{\infty} (x - x_m)^2 |\psi(x)|^2 \, dx$$

運動量の平均値は $h\xi_m$ と書き，これも同じように，

$$h\xi_m = \int_{-\infty}^{\infty} h\xi |\hat{\psi}(\xi)|^2 \, d\xi$$

で与えられ，分散は

$$\mathrm{Var}(h\xi, \mu_\psi) = \int_{-\infty}^{\infty} (h\xi - h\xi_m)^2 |\hat{\psi}(\xi)|^2 \, d\xi$$

で与えられる．

●不確定性原理

準備ができたのでハイゼンベルクの不確定性原理に戻ろう．補足⑬「ハイゼンベルクの不確定性原理と時間–周波数分解」では，この原理を次の形に表した．

$$\left(\int_{-\infty}^{\infty} (t - t_m)^2 |f(t)|^2 \, dt \right) \left(\int_{-\infty}^{\infty} (\tau - \tau_m)^2 |\hat{f}(\tau)|^2 \, d\tau \right) \geq \left(\frac{1}{4\pi} \right)^2$$

今度はこれを量子力学の言葉に書き直そう．

$$\left(\int_{-\infty}^{\infty} (t - t_m)^2 |\psi(x)|^2 \, dx \right) \left(\int_{-\infty}^{\infty} (h\xi - h\xi_m)^2 |\hat{\psi}(\xi)|^2 \, d\xi \right) \geq \left(\frac{h}{4\pi} \right)^2$$

関数とそのフーリエ変換の関係，すなわち，関数を圧縮するとそのフーリエ変換はより広がり，逆も成り立つ，ということを思いだそう．この関係をはっきりおぼえていれば，どんなに奇妙にみえても不確定性原理は物理的実体を記述しているのであって，（そう考えたくなるかもしれないが）実在についての知識の重大な欠陥を記述しているのではない，ということを認めざるを得ないだろう．

●物理空間での量子力学

物理学者は，しばしば，関数の表示を変えることなく，位置や運動量（あるいはその他の量）を扱いたいと思う．運動量について考えたいときにフーリエ空間に移らずにすますことはできるだろうか？

量子力学は次のような答えを用意している．すなわち，位置と運動量の「観測可能量（オブザーバブル）」は $L^2(\mathbf{R})$ 空間における「演算子（opérateur，英語 operator）」である．

この言葉はどういう意味だろうか？　古典力学では，ボールの位置と運動量を観測することができ，確信をもって予測することもできる．

量子力学では，「オブザーバブル（観測可能量）」という言葉は少し変わった意味で使われる．粒子の位置または運動量を観測することはできるが（位置を測定するという行為は系の状態を変える），その粒子のある瞬間の正確な位置を求められたら，理論は完全に立ち往生する．「位置のオブザーバブル」（理由ははっきりしないが Q で表

される) と「運動量のオブザーバブル」(P と表されるがこれはさらに悪い，なぜなら「位置 (position)」と混同されやすい) は，正確に言うと，系の状態の関数ではなく，粒子が与えられた区間にある確率，および，運動量が与えられた二つの値の間にある確率，を計算するための規則にすぎない．これらの規則が「演算子」である．

関数とは一つの数に別の数を対応させる規則であるように，演算子は一つの関数に別の関数を対応させる規則である．「位置」演算子の物理空間における表示は比較的簡単である．理論と物理実験の一致から，この演算子 (ここでは，標準的記法 Q ではなく，O_{pos} と書くことにする) は，波動関数に関数 x を掛けるものであることがわかる．すなわち，

$$(O_{pos}(\psi))(x) = x\psi(x)$$

位置の平均値はスカラー積で与えられる．

$$<\psi, O_{pos}\psi> = <\psi(x), x\psi(x)> = \int_{-\infty}^{\infty} x|\psi(x)|^2 dx$$

「運動量」演算子の物理空間における表示は，(標準的記法 P ではなく) O_{qmv} と書くことにするが，これはもっと複雑で，

$$(O_{qmv}(\psi))(x) = -i\hbar \frac{d\psi}{dx}$$

ここで，$\hbar$ (h バー) は $h/2\pi$ を意味する (量子力学では，素粒子のスピンは $\hbar$ で測られ $\hbar/2, \hbar, 3\hbar/2\cdots$ の値をとることができる．量子力学によれば，角運動量は量子化されること，すなわち $\hbar/2$ の整数倍の値になる (それゆえ「量子」という言葉が使われる) ことを示すことができる．

運動量の平均値もスカラー積で与えられる．

$$<\psi, O_{qmv}\psi> = <\psi, -i\hbar\frac{d\psi}{dx}>$$

「位置」や「運動量」を求める規則が演算子であって確率関数ではない，ということを強調するのはなぜだろうか？ たくさんの単語を使いすぎているようにみえるかもしれない．しかし，もし O_{pos} や O_{qmv} が確率関数だとしたら，粒子には不確定性原理は適用されず，いくらでも小さい区間に属する位置といくらでも小さい範囲にある運動量を同時に持つような系の状態 (これらの状態は確率の言葉で表現しなければならないとしても) が存在することになるだろう．

量子力学を古典力学から区別する本質的な違いは，演算子は関数を扱うようには扱えない，ということである．つまり，演算子の乗法は可換ではない．(このためにハイゼンベルクは行列を使った．行列の乗法は可換ではない．) この非可換性は不確定性原理を表現するもう一つの方法 (数学的には同等であるが) であり，非可換性から

フーリエ空間を用いることなく不確定性関係を証明することができる．

　乗法が可換的であることを望むなら，演算子を放棄し，確率関数の形で確率を表さなければならない．さきにみたようにそうすることはできる．しかし，そのときは，位置のことを考えるためには物理空間にとどまらなければならないし，運動量のことを考えるときはフーリエ空間に移らなければならない．「スペクトル分解定理」によれば，量子力学のあらゆる演算子は，いかに複雑であっても簡単な表示が可能であり，その表示では，演算子の作用は波動関数に実関数を掛けることである．これは，量子力学のあらゆる演算子は一つの表示を持ち，そこでは演算子は確率関数となることを意味している．「位置」演算子についてはこの表示は物理空間で行なわれるが，「運動量」演算子についてはフーリエ空間で行なわれる．

　こうして物理空間では，粒子が望むだけ小さい区間にある確率がきわめて高い－さらには1に等しい－ような状態が存在する．フーリエ空間では，粒子の運動量の値が望むだけ小さい範囲にある確率がきわめて高い－さらには1に等しい－ような状態が存在する．しかしハイゼンベルクの不確定性原理は，これらの状態は同じ状態ではないことを明確に示しているのである．

Notes

1) S. MALLAT, *Multiresolution approximation and wavelets*, Trans. Amer. Math. Soc., vol. 315, 1989, pp. 69-88.
2) Y. MEYER, *Principe D'incertitude, bases hilbertiennes et algèbres d'opérateurs*, Séminaire Bourbaki, 1985-86, p. 212.
3) R. STRICHARTZ, *How to make wavelets*, American Mathematical Monthly, vol.100, n° 6, juin-juillet 1993, p. 540. 多次元ウェーブレットの詳細は，次の文献に扱われている；*Wavelets: Mathematics and Applications*, édité par J. Benedetto et M. Frazier, CRS Press, Boca Raton, 1993, pp. 23-50.
4) S. MALLAT, *A Theory for Multiresolution Signal Decomposition: The Wavelet Representation*, IEEE Transactions on Pattern Analysis and Machine Intelligence, vol. 11, n° 7, juillet 1989, p. 674.
5) P.-G. LEMARIÉ et Y. MEYER, *Ondelettes et bases hilbertiennes*. Revista Matematica Iberoamericana 2, 1986, pp. 1-18.
6) P.-G. LEMARIÉ (ed.), *Les Ondelettes en 1989*, Lecture Notes in Mathematics, vol. 1438, Springer-Verlag, New York, 1990, p. 31.
7) 比較的単純だが詳しい議論が行われている文献は；R. STRICHARTZ, *Ibid*.
8) A. HAAR, *Zür theorie der orthogonalen Funktionensysteme*, Mathematische Annalen, vol. 69, pp. 331-371.
9) 詳しくは次の文献を見よ；voir R. STRICHARTZ, *Ibid.*; I. DAUBECHIES, *Ten Lectures on Wavelets*, Society for Industrial and Applied Mathematics, Philadelphia, Pa., 1992; G. STRANG, *Wavelet Transforms versus Fourier Transforms*, Bulletin of the

American Mathematical Society, vol. 28, n° 2 (April 1993), pp. 288-305 ; S. MALLAT, *A Theory for Multiresolution Signal Decomposition : The Wavelet Representation*, IEEE Transactions on Pattern Analysis and Machine Intelligence, vol. 11, n° 7, juillet 1989, pp. 674-693.

10) シュトリシャルツ（*Ibid*, p.543）が書いているように，この式（p.95）は，ϕ が，

$$S(f) = \sum_{n=-\infty}^{\infty} 2a_n f(2x-n)$$

で定義される線形変換 S の不動点の一つであり，a_n が与えられたとき，S を反復して求められることを示している．この方法は，遂次近似法に似ている．ドブシーのウェーブレットもこの方法で組み立てることができる．多重解像度解析では，無限積を用いるマラーの方法が用いられるが，ドブシーのウェーブレットはこの方法でも作ることが可能である．

11) S. MALLAT, *Ibid.*, p. 678, formule 17b.

12) D. ESTEBAN et C. GALAND, *Application of quadrature mirror filters to split-band voice coding schemes*, Proc. IEEE Int. Conf. Acoust. Signal Speech Process., Hartford, Conn., 1977, pp. 191-195.

13) 証明は述べないが，A が $-1/4$ と $1/4$ の間でゼロにならないならば，この A に伴うスケーリング関数が存在する．逆に，A があるスケーリング関数から作られるならば，区間 $[-1/4, 1/4]$ を（ここでは説明しないが）あるやり方で変形したものの上で，A はゼロにはならない．

14) Formule 18 dans S. MALLAT, *Ibid.*, p. 678. Formule 5.10 dans G. STRANG, *Ibid.*

15) G. STRANG, *Ibid*, p. 294. (Strang による a_n の番号づけはやや異っている．)

16) G. STRANG, *Ibid*, p. 295.

17) I. DAUBECHIES, *Ibid.*

18) E. H. ADELSON et P. J. BURT, *Image Data Compression with the Laplacian Pyramid*, Proceedings of the Pattern Recognition and Information Processing Conference, Dallas, Texas, 1981, pp. 218-223.

19) P. BURT et E. ADELSON, *The Laplacian Pyramid as a Compact Image Code*, IEEE Trans. Comm., vol. 31, avril 1983, pp. 482-540.

20) E. H. ADELSON, E. SIMONCELLI et R. HINGORANI, *Orthogonal Pyramid Transforms for Image Coding*, SPIE Proceedings on Visual Communiations and Image Processing vol. 2, pp. 50-58, Cambridge, MA. octobre 1987. この論文は次の本にも収録されている ; *Image Coding and Compression*, édité par M. RABBANI, SPIE Milestone Series, 1992.

21) G. C. DONOVAN, J. S. GERONIMO, et D. P. HARDIN, *Fractal functions, splines, interwining multiresolution analysis and wavelets*, Proc. de la rèunion de la SPIE (Society of Photoptical Instrumentation Engineers) à San Diego, Juillet 1994.

22) G. C. DONOVAN, J. S. GERONIMO, D. P. HARDIN et P. R. MASSOPUST, *Construction of Orthogonal Wavelets Using Fractal Interpolation Functions*. SIAM J. Math. Anal., vol. 27, n° 4, pp. 1158-1193. フラクタル補間関数については次の本を見よ ; M. BARNSLEY, *Fractals Everywhere*, Academic Press, Inc., Boston, 1988.

23) G. C. DONOVAN, J. S. GERONIMO et D. P. HARDIN, *Ibid* note 21. Voir aussi G. C. DONOVAN, J. S. GERONIMO et D. P. HARDIN, *Interwining multiresolution analyses*

and the construction of piecewise polynomial wavelets, SIAM J. Math. Anal. (出版予定)
24) I. DAUBECHIES, *Ibid.*, note p. 156.
25) D. GABOR, *Theory of Communication*, J. Inst. Electr. Engrg., London, 93(III), 1946, p. 432.
26) この用語は R. Coifman, Y. Meyer 及び V. Wickerhauser による．175 ページの「最良基底」において見るように，直交基底の要素に対応するハイゼンベルクの箱は，時間周波数平面をきっちりと覆うわけでなく，隣合った箱どうしは互いに少しずつ侵入し合っている．
27) R. COIFMAN et M. V. WICKERHAUSER, *Wavelets and Adapted Waveform Analysis*, in *Wavelets : Mathematics and Applications, Ibid.* (note 3).
28) 正確に言えば，これは基底ではない．「標準基底」の「ディラック関数」は関数ではなく，いかなる基底の元でもない（巻末付録 E を見よ）．「フーリエ基底」の概念は，フーリエ級数として正確な意味を持っている．すなわち $\sin 2\pi kt$ や $\cos 2\pi kt$ は $L^2([0,1])$ の元である．しかし，フーリエ変換の「基底関数」$e^{2\pi ikt}$ は 2 乗可積分ではないため，$L^2(\mathbf{R})$ の元ではない．
29) O. RIOUL et M. VETTERLI, *Wavelets and Signal Processing*, IEEE SP Magazine, octobre 1991, p. 18.

4
応　　用

　ウェーブレットは，純粋数学に対しては，フーリエ解析ほど革命的なインパクトを与えたわけではない．「ウェーブレットによって，いくつかの定理の証明はかなり簡単になります．しかし，いままでに証明されていなかったもので，ウェーブレットを使って初めて証明された定理というのは，あまり知りません．」とイングリッド・ドブシーは明言する．しかし，ロバート・シュトリシャルツは，それでもこの簡単化は無視できない，と言っている（補足⑧「関数空間から関数空間への旅」を見よ）．

　証明を簡単化する以外にも，ウェーブレットの応用範囲は広い．様々な解像度のウェーブレット係数を比較するといろいろなことがわかる．係数がゼロ，とは何も変化しないことだが，それ以外の場合は，信号の変化やエラーや雑音である．ゼロでない係数が細かな解像度においてしか現れないときは，一般的には，雑音に特徴的な細かくて速い変化である．ドブシーの説明によれば，「非常に小さいウェーブレットは雑音を追跡しようとする」が，大きいウェーブレットは小さな変化には反応しない．

　もし，信号のある瞬間における係数が，スケールが小さくなってもゼロに近づかないならば，信号に跳びがあると考えられる．これがゆっくりゼロに減少するなら信号の導関数は不連続であり，速く減少するなら信号は滑らかである．ぼやけた図形の細部をもっとはっきりさせることもできる．つまり，粗い解像度や中程度の解像度で計算した係数は特異性を示しているが，高周波数ではこの特異性は雑音に埋もれている場合，高周波数で欠けている係数を復元して，元のものよりも明確な図形を得るのである．

いろいろな変化を浮き彫りにするウェーブレットの能力は，様々なやり方で利用されている．パリの地球物理研究所の研究者達は，ウェーブレットを使ってペルー沿岸のエルニーニョ海流が地球の回転速度に及ぼす微細な効果を調べているし，サザンプトン大学の研究者達は，南極大陸の周りの海洋循環を調べている[1]．機械工学ではウェーブレットを利用して振動を解析することにより，歯車の欠陥を検知しようとしている．

ウェーブレット変換では，一部のエラーが変換全体を変えてしまうようなことはない．医学的画像ではこの性質が関心を引くようである．磁気共鳴の画像をフーリエ解析するときは，体の対象部位のわずかな動きが画像全体を変えてしまう．ダルトムント・カレッジ（ニュー・ハンプシャー）の数学者デニス・ハーリィ・Jrと放射線学者ジョン・ウィーヴァー（John Weaver）は，ウェーブレットを用いるとこのようなエラーが大幅に減少することを示している[2]．

また彼らは，磁気共鳴による「適応」画像の解析に多重解像度を応用することも試みている．つまり，より粗い解像度で得られた結果を考慮して選択した高周波数を使って，より精密に調べようというのである．この方法は相当な節約をもたらすことになるだろう．現在，磁気共鳴画像は15分で（米国では）約5000フランの費用がかかるのだから．

天文学では，ウェーブレットは宇宙における物質の大規模な分布を研究するのに使われている．長い間，この分布は一様だと思われていたが，今日では真空や泡のある複雑な構造を持つと考えられている．フランスの天文物理学者アルベール・ビジャウイ（Albert Bijaoui）によると，宇宙進化の様々なシナリオをテストしたい理論家は，この構造をよく知ることが必要である．まず最初になすべきことは，宇宙の銀河を詳細に調査することである[3]．

ウェーブレットは，様々なスケールで構造を調べることで，銀河の中の一つの星を識別することができる．これは必ずしも自明のことではない．ニースのコート・ダジュール天文台のビジャウイと共同研究者達は，ウェーブレットによって超銀河団 コマ〔かみのけ座超銀河団〕の中心にある一つの局部銀河団を同定することができ，次いでこの局部銀河団はX線源であることがわかった．「ウェーブレットは良い場所を示してくれる望遠鏡みたいなものだったんです」とイヴ・メイエはコメントしている．

4.1 フラクタルの作り方

ウェーブレットは，特に，フラクタルやマルチフラクタル[4]の研究に適しているようである．これらは，様々なスケールで自己相似的であるもの，として定義されることが多い．フラクタルの研究におけるウェーブレットの能力をみると，状況がどれほど急速に進展したかがわかる．

「この変換は，真の数学的顕微鏡であり，我々をフラクタルの階層的構造の中に連れてゆく」と，1990年にA.アルネオド（Arneodo），F.アルグール（Argoul），G.グラッソー（Grasseau）は書いている．彼らは読者を「フラクタルの核心への旅」に招き，「特異なフラクタルの生成規則を見出そう…」[5]とする．2年後，メイエは，フラクタルの研究には別の方法，超局所的解析，の方が「より柔軟でより正確」だと示唆した[6]が，1993年，「乱流信号」で得られた結果を知って彼の意見は変わった．「こういう冒険が行なわれて，知識は豊かになる ——そして本を書いた途端，じつに恥ずかしいことになる」と彼はコメントしている．

乱流の信号はカオス的な信号である．モダーヌ（Modane）の風洞では長年にわたってこれを測定してきた．力学系の研究者達は，非常に単純なアルゴリズムからきわめて複雑な振舞いがつくり出せることを知っている．「乱」数生成プログラムは，決定論的ではあるが，一連の疑似乱数を生成する．逆は可能なのだろうか．乱流信号に隠された構造が存在するのだろうか．それはありそうだ，乱流はナヴィエ–ストークス方程式に支配されているのだから．しかしこの構造を記述するのは，とてつもなく大変な仕事のようにも思える．

ボルドーのアルネオドのグループは，ウェーブレットに基づく計算方法を試し，モダーヌで測定された信号にマルチフラクタル構造を見つけ出した．国立土木学校のステファン・ジャファールはこの構造の数学的証明を行なった．「その途端，人々は，マルチフラクタルへの王道と言わんばかりに，ウェーブレット解析に戻ってきました」とメイエは言う．

ここで用いられたマルチフラクタルのモデルは，1985年，ニース天文台のユリエル・フリッシュとローマ大学ラ・サピエンザ校のジョルジオ・パリジ（Giorgio Parisi）が導入したものである[7]．しかしフリッシュは，モダーヌのような信号に対しては「モデルの適切さを100パーセント納得」しているわけではない，と

言っている.この信号は,乱れてはいるが,十分には乱流でない可能性がある.「1941年のコルモゴロフの理論で考えられた自己相似性からの偏差は…レイノルズ数が十分には大きくないことによるのかもしれない」と彼は言う(信号のレイノルズ数は乱れの尺度).コルモゴロフの理論はレイノルズ数が無限大という極限において正しいが,モダーヌの実験のレイノルズ数は100万程度であるため,まだ相当の偏差が含まれている,ということかもしれない.

あるいは,観測された偏差はアーティファクト(人為的原因による誤差)かもしれない.高い周波数成分を除去するため紫外遮断されたブラウン運動は,連続ではあるものの,「場所によってはほとんど不連続な現象に姿を変えているのかもしれない」.フリッシュはこのような誤差を カメレオン効果 と呼んでいる.「一つの信号から,非常に素朴なウェーブレット解析によって局所指数を引き出そうとすると,このような理由から,あらゆる種類のアーティファクトを生じることになるだろう.」マルチフラクタル仮説は, ESS (Extended Self Similarity ; 拡張された自己相似性) と呼ばれる乱流データの新しい解析方法によって強化されているが,「この場合でも疑いが少し残っている」と,彼は言っている[8].

4.2 マーガレットを生かして雑草を刈る:雑音除去

ウェーブレットは白色雑音,つまりあらゆる周波数を持つ雑音,から信号を分離する方法も与えている.この方法が医学的画像や分子分光学など多くの分野で非常に役立つことは疑いない.

信号と雑音はどうやって見分けるのだろうか.じつは,雑音を定義すること自体,容易ではない.ジャン・モルレが指摘しているように,潜水艦は海底岩盤の石油を検知するために雑音を発生させるが,一方では,軍事的追跡の対象となるような信号も発生させる.信号が滑らかで,雑音が激しくゆらいでいるときは,平均をとることによって雑音を分離できる.それはつまり,ゆらぎを除去して,ゆるやかな変化を残す,ということである.特に,低周波数から成る滑らかな信号はゆっくり変化するので,平均をとってもそれほどぼやけることはない.

しかし多くの興味ある信号(たとえば医学的解析の対象となるような信号)は滑らかではなく,ピークを持っている.このため,高周波数を切り捨てると,情報

を捨ててしまうことになる．セントルイスのワシントン大学のヴィクター・ヴィッケルハウザーの言い方によれば,「雑草と一緒にマーガレットも刈り取ってしまう」のである．

　ある統計学者のグループがこの無差別殺戮を避ける方法を見つけた．スタンフォード大学とカリフォルニア大学バークレー校のダヴィド・ドノホとスタンフォードのイアン・ジョンストン（Iain Johnstone）は次のようなことを証明したのである．もし，ある特別なタイプの直交基底が存在するなら，この基底は他のどんな方法よりも良く，白色雑音から信号を引き出す．(基底 は，与えられた空間内で，任意の信号を表すために使われる関数族である．例えば，マザー・ウェーブレットとそれを伸縮し平行移動したもの．)

　しかしドノホとジョンストンはそういう基底が存在するかどうか知らなかったので，この結果は純学問的範囲にとどまっていた．1990年の夏，ドノホがサン・フルールで確率の講義をしていたとき，パリ–ジュシュー大学のドミニク・ピカール（Dominique Picard）が統計学でのウェーブレットの使用について触れているのを聞いた．そこで彼女やアミアン大学のジェラール・ケルキャシャリアン（Gerard Kerkyacharian）と討議を重ねた末，「私は，ウェーブレットが長い間探していたものだということに気づいたんです．これはうまく使えば無敵のものになる，と思いました．」とドノホは回想する．

　やり方は簡単である．信号をウェーブレット変換し，すべての解像度において，閾値以上の係数を除去し，残った係数だけから信号を再構成する．この方法は迅速で（ウェーブレット変換は迅速だから），広い範囲の信号に対して機能する[9]．

　驚いたことに，この方法では信号についての知識がほとんど要らないのだ．伝統的なやり方では，雑音から信号を摘出するには，その信号についてかなり正確に知る必要がある．「信号についてアプリオリに何も仮定できなければ，何もせず寝る方がいいでしょう」とアレックス・グロスマンは冗談を言う．「しかし，自分の望みの出力が出てくるようアルゴリズムに細工を施したり，その結果，望みの出力が出てくるのを見て驚いたりしてはいけません．」

　特に，伝統的方法を使おうとするときは，信号の滑らかさの程度を推定しなければならなかった．いくつかの突然の跳びを除けば後は滑らかなのか，急速に減衰するような尖ったピークがあるか，（感嘆の口笛のような，わたり音の周波数を持った）「甲高い小鳥の鳴き声」のクラスに属しているのか，等々．

138   4. 応   用

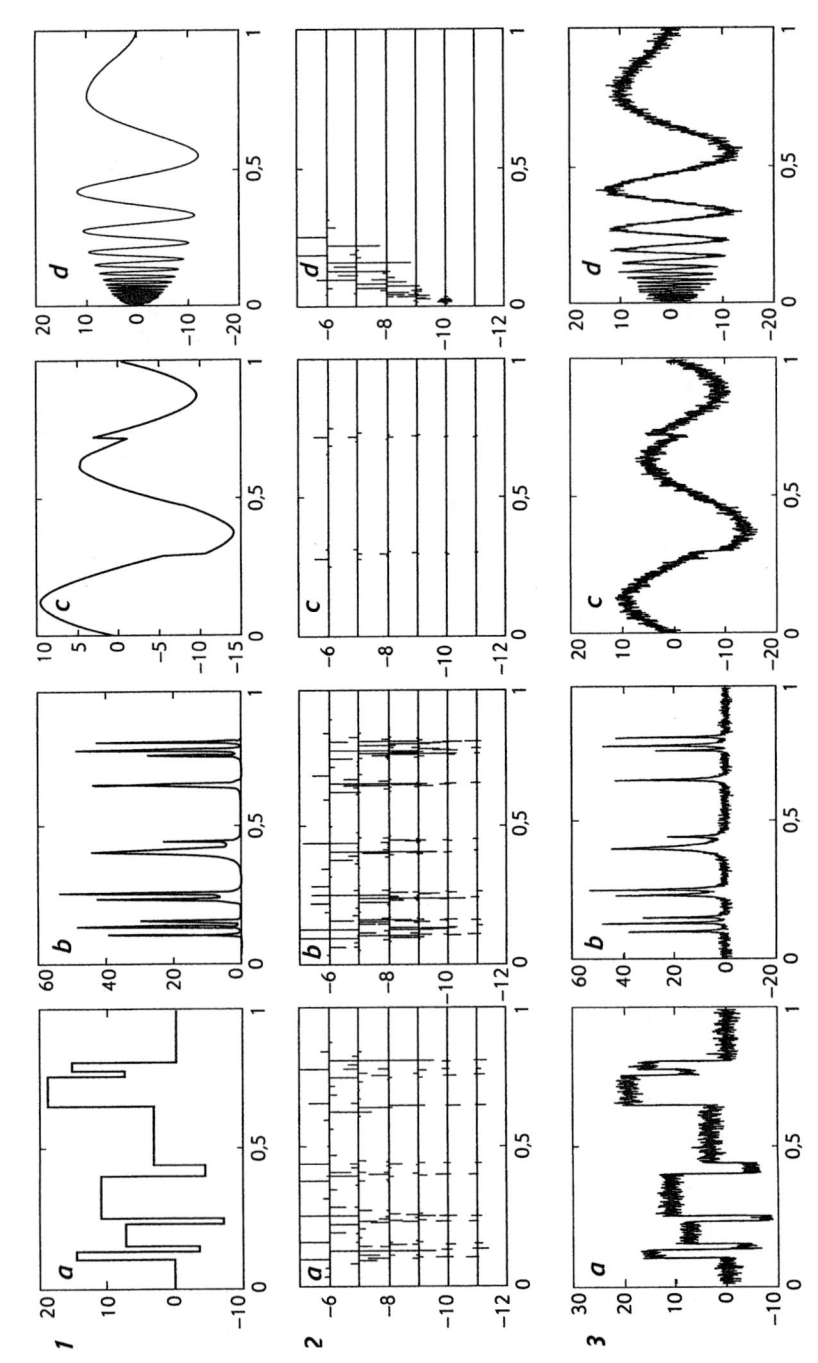

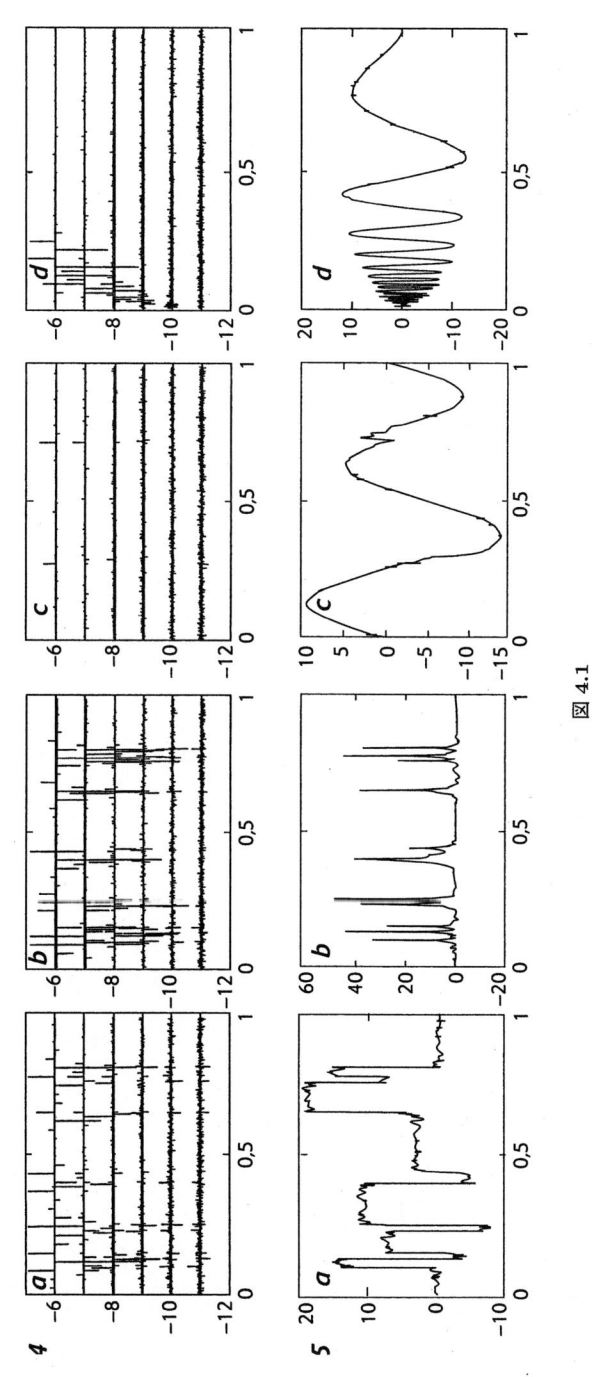

4.2 マーガレットを生かして雑草を刈る：雑音除去

図 4.1

ある閾値以下のウェーブレット係数を全部除去することにより，白色雑音から信号を取り出す．
(1) 四つの異なる関数 a, b, c, d を示す．
(2) 同じ関数をウェーブレット空間で示したもの（ウェーブレット係数）．
(3) 最初の関数に白色雑音を加えたもの．
(4) のウェーブレット空間では，関数はノイズを上回る大きな係数に対応する．大きい係数を選別することにより，もとの関数 (1) に近い，より滑らかな関数 (5) を再構成することができる．(D. ドノホおよび I. ジョンストン氏提供)

ウェーブレットだと，信号がある非常に広い信号族 ―実際には，標準的な雑音除去法が適用されるすべての信号― に属していることがわかれば十分である．「適切な推定をする人と同じくらいよくできて，間違った推定をする人よりはうんとよくできます」とドノホは言う．

この「奇跡」の説明はこうである．この広い信号族に対して，直交ウェーブレット変換は信号の「エネルギー」をかなり限られた数の大きな係数に圧縮する．信号を，いわば，いくつかの区画に「整理する」のである．しかし白色雑音を整理することはできない．1930年代以来あらゆる直交表示が白色雑音をそのままにしていることは知られている．比喩に富んだメイエの言い方をもってすれば，「白色雑音はまったく乱雑です．熱があるんです．どんな表現系でも熱を出すでしょう．」そこで白色雑音のエネルギーは変換全体に分散されて，小さな係数を与えるので，これを排除すればよい．物理空間では雑音は信号を覆い隠すが，ウェーブレット空間では，信号と雑音は切り離される（図4.1参照）．

ドノホによれば，他の研究者も独立に，ウェーブレットが白色雑音の除去に使えることを見つけている．例えば，ステファン・マラーや，南カロライナ大学のロン・デ・ヴォーア（Ron De Vore）と共同研究者のPurdue大学のブラッドレー・ルシエ[10]．「私達は数学的決定理論からこれにたどり着きましたが，他の人達は経験的試行とか近似理論といった別の道をとったんです」とドノホは言う．

マラーのアプローチはぼやけた図形の問題に関係している．じつは統計学者の中には，ドノホとジョンストンの方法はエレガントであり重要ではあるが，実用的というより理論的に素晴らしいものだ，と言う者もいる．というのは，かなりの範囲の問題に「ほぼ最適な」方法よりは，特定の問題に適した方法の方が好まれるだろうからである[11]．例えば，この方法をぼやけた図形に適用すると，いくつかの輪郭をぼやけさせてしまう．この原因は小さな係数を除去するため，やや波うった線が発生するからであるが，これは厄介なものかもしれない．

マラーと彼の学生のウェン・リアン・ワンはこの現象を避ける方法を考え出した[12]．図形のウェーブレット変換を計算した後，近傍の係数より大きい係数，すなわち，図形とウェーブレットの相関がその点の近傍の点に比べて特に大きいような図形の点に対応する係数を選び出す．ウェーブレットは変動に ―図形では輪郭に― 敏感であるから，ウェーブレット係数の最大値は原則として輪郭を構成する点に対応し，どちらかと言えば雑音によると思われる最大値は除去され

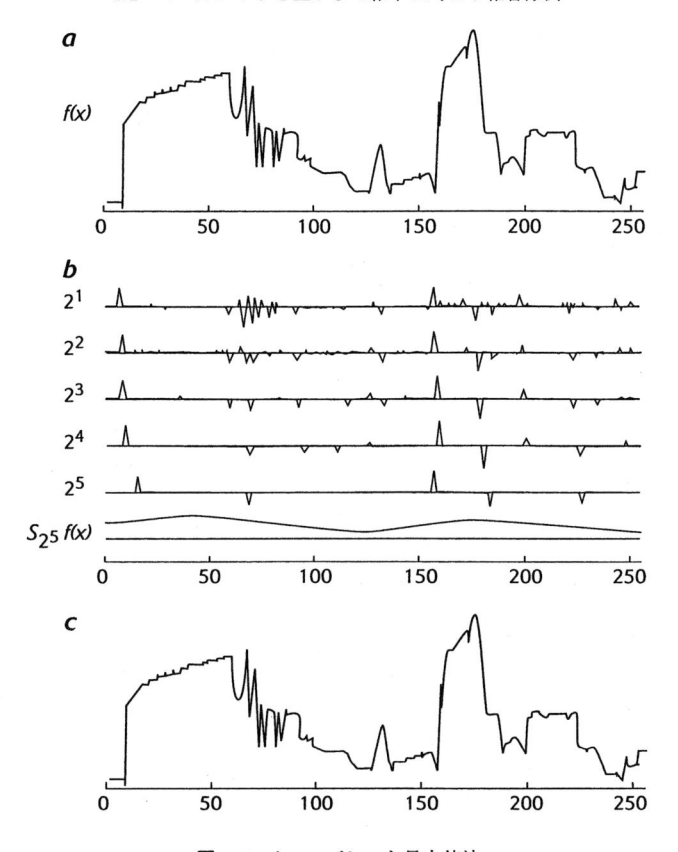

4.2 マーガレットを生かして雑草を刈る：雑音除去

図 4.2 ウェーブレット最大値法
p 64 の図 2.4 のウェーブレット変換に対応する信号 (a) は，そのウェーブレット最大値 (b)，つまり信号とウェーブレットの相関が最適の点によって表すことができる．(c) では，この表示から 20 回の反復によって，信号が再構成されている．(S. マラー氏提供)

る．様々なスケールでの最大値の存在とそれらの大きさに基づくこの識別は，自動的に行われるものの，ドノホのアルゴリズムよりも多くの計算を必要とする．

このウェーブレット最大値法は図形から雑音を取り除くことだけを目的に作り上げられたものではない．これは一般に信号の特異点 ―マラーなら「何か面白いことが起こっている」というような場所― を検出し，特徴づけるのに使われている．例えば，ボルドーのアラン・アルネオドと共同研究者達は乱流の速度場の特異構造を解析したり，あるフラクタルを研究するのに使っている．この方法が，特にパターン認識において，非常に有利であるのは，平行移動に対して不変

図 4.3　ウェーブレット最大値による雑音の除去　イメージ (a) の縁はさまざまの解像度のウェーブレットで変換された ((b) では，細かい解像度が与える縁がみられる)．ウェーブレット最大値は最も「重要なもの」を選択した．(c) では，ステファン・マラーとシフェン・ゾングが開発したアルゴリズムを使って，イメージが再構成されている．(S. マラー氏提供)

な表示を与えるからである．

4.3　ウェーブレットは存在しない…

　ウェーブレットを使っても，いつもうまくいくわけではない．直交ウェーブレットの計算には出発点の選択が必要である．出発点をずらせば，係数は変化し，パターンの識別が不確実になるのである．連続ウェーブレット変換にはこの危険はないが，裏切られることもある．つまり，係数間に相関関係（これらの係数が信号の同じ部分を「見ている」ときなど）があったりすると，アーティファクトになることがある．「この種のことは簡単に避けることができるんです」とグロスマンは言う．

　イヴ・メイエは，ウェーブレット係数はフーリエ係数よりも解釈が難しいと考えている．「フーリエ変換の場合何が得られるのかはわかりますが，ウェーブレット変換の場合は，何が得られるかを理解するにはしっかりした訓練が必要です．

私はフランス電力公社のウェーブレットに関する報告を持ってますが，技術者達は解釈が難しいことを認めています．」この難しさの一部は新しいものに対する恐れから来るのかもしれない．ボールダーのコロラド大学のグレゴリー・ベイルキンは，フーリエ解析を学ぶ前にウェーブレットで仕事をしていた学生が一人いるが，彼はまったく困難を味わっていない，と語っている．マリー・ファルジュも同様な経験をしている．しかし，メイエによると，この問題は現実にある．

フーリエ解析はずいぶん前からあるもので，大部分の物理学者や技術者は長年にわたってフーリエ変換を行う訓練をしてきた．彼らはほとんど直観的にフーリエ係数の意味を理解できる．さらに，これもやはりメイエによると，「フーリエ係数は概念であるだけではない．1台のテーブルと同じように物理的なもので，現実のものだ．これに対し，ウェーブレットは物理的存在ではない．」

ファクター2で伸縮した —1オクターブ離れた— ウェーブレットしか使わない直交ウェーブレット表示は，特に恣意的である．一つの信号（例えば一つのソナタ）をミだけとかラだけしか使わずに表すことができるというのは常軌を逸したことのようにみえる—フーリエの同時代人が，不連続な関数をサインとコサインの重ね合わせとして表すという考えを常軌を逸していると思ったように．

しかし，信号を異なるスケールの構成要素に —大まかな構造を表す線とだんだん細かくなる細部に— 分解するという考え方には何か非常に自然なものがある．我々の目や耳は情報処理の最初の段階で，ウェーブレット解析のようなことを行っているようなのだ．

我々がものを見るときは，一次視皮質のニューロンが光のパターンに対して反応する（受容野 と呼ばれる）．この受容野はウェーブレットと同じような振舞いをする．狭いウェーブレットは高周波数をエンコードし，広いウェーブレットは低周波数をエンコードするが，同じように，「高周波数に反応する受容野は小さく，低周波数に反応する受容野は大きいんです」と，コーネル大学のダヴィド・フィールドは言う．同じような現象が聴覚にも存在する．音の周波数が高いほど，耳による音の時間局在化はよくなる．

しかし，こういう共通点から結論を引き出すのは，たぶん早すぎるだろう．グロスマンは語る．「耳の専門家である友人に，耳はどういうふうに機能しているのか，尋ねました．彼は，『3年前にそういう質問をされていたら，すっかり説明したことだろう．しかし知れば知るほど，実際には複雑だということがますます

わかってくる…』と答えました.」もし,そう考えられているように,我々の耳が音の処理の最初で「多重解像度」解析を行っているとしても,その後は別の種類の非常に複雑な処理を用いている.

エドワード・アデルソンは「ウェーブレットという革命が視覚の研究にそれほどインパクトを与えなかった」ことを残念がる.「ガボール関数のような関数,そしてピラミッドのようなマルチ・スケール表示はもちろん重要であるが,それはずっと以前から知っているものだ.私は,新しい数学的道具が,人間の視覚に対してはよりよいモデルを,コンピューターによる視覚に対してはよりよいアルゴリズムを開発する助けとなる,と期待していた.しかし,情熱的に傾けて努力したにもかかわらず,そうなっていない.あれほど我々の注意を引いた新しい数学も,古い数学ですでにできていたこと以上には何もできない…」

しかし,ウェーブレット,聴覚および視覚に共通する特徴が,ウェーブレットの情報圧縮能力を改善するだろう,と考えられている.「我々の耳と同じ数学的テクニックを使って信号を分析するときは,我々の耳を手本にするでしょう.多くのことを逃してしまうかもしれないけれど,我々が逃してしまうものは,我々の耳も聞き逃してしまうものでしょう.」とイングリッド・ドブシーは明言する.

フィールドによると,この見方はウェーブレット研究者の間に拡がっている.彼は,彼女は間違っている,と思っている.彼が言うには,我々の視覚系は圧縮のためではなく識別のためにウェーブレットを使っている.つまり,我々の視覚系は,ウェーブレットによって百人もの中から一人の顔を見分けることができる.「これは最適アルゴリズムだけれど,圧縮のためではありません.図形の圧縮のためにウェーブレットを使う場合,得られる結果は,ウェーブレットそのものに因るのではなく,ウェーブレットとデータの統計性質との関係に因るのだ,と私は思います.」

補足⑮　ウェーブレットと視覚:もう一つの観点

「ウェーブレットの研究者にとってモデルはあまり重要ではないけれど,モデルは問題に取り組むときの最良のやり方だと我々は思っています.脳がそういうコードを使うにはそれなりの理由がある.そのコードがわかったら,それがどういう役に立つ

のかがきっとわかるでしょう.」とコーネル大学の心理学者, ディヴィッド・フィールドは言う.

ジャン・モルレと同じように, 視覚の研究者達はデニス・ガボールの仕事から着想を得, そして別の方向をとった. フィールドは言う.「他の研究者達は, 乱流を表現するというような解くべき問題を持っています. 我々の方は視覚系という一つの解を持っていたけれど, 問題がどういうものかがわかってませんでした. 視覚系がしようとしていることは何なのか.」

1960年代の中頃から, この問題は, 視覚系の細胞が空間周波数に反応すると考える人々と, そうではなくむしろ空間に ——例えば, 縁を認識するために—— 反応すると考える人々の間に, 議論を引き起こした.

1981年, オーストラリアの数学者, S. マルセリヤ (S.Marcelja) は視覚系の細胞は両方を同時に行うことを示唆した.「彼は, ガボールの論文を読むよう勧めてくれました. この論文は, 空間と周波数でよく局在化された関数を記述しているんです」とフィールドは語る. 何年か前に, スウェーデンの, ゲスタ・グランルント (Goesta Granlund) は, おそらくガボールの仕事を知らずに, 視覚におけるこのような関数の重要性を指摘していた. しかし, グランルントの1978年の論文[13]は「時代に先んじていて, あまり知られないままだった」とマサチューセッツ工科大学のエドワード・アデルソンは語っている.

1982年, ジャヌス・クリコフスキー (Janus Kulikowski), マルセリヤおよびピーター・ビショップ (Peter Bishop) は, 振動の数を固定したまま窓の大きさを変えることでこういう関数の周波数を変えることを提案した.「人々は, 窓の大きさが変わらない場合や変わる場合について, ガボールの変換とかサインカーブで調整されたガウス関数を云々してきました」とフィールドは語る. モルレが定形のウェーブレットに言及しているのと同じように, ガボールの自己相似変換関数が云々されることもあった. こういう変換は「完全ではなかった. それは, ガボールの自己相似変換関数に基づく可逆的な変換をどう計算すればよいのか, 誰も知らなかったからだ.」とアデルソンは指摘している.

次いで, 1983年, ジョン・ドグマン (John Daugman) とアンドリュー・ワトソン (Andrew Watson) は, 視覚系をまねるため, この関数を2次元に一般化したものを用いる変換を作り出した. それは「数学的にみごとだからではなく, 視覚系が行っているのがこういう変換だからなんです」とフィールドは言う.

● 「ウェーブレット」で見る

ウェーブレットを使う視覚のモデルでは, 信号は我々の目の前にある「画像」である. ウェーブレットの役割は受容野が演ずる. 光のパターンは, 後頭部にある1次視

覚領のニューロンの反応を引き起こす．この受容野は大きさが様々で，いろんな方位を向いており，様々なニューロンが様々な受容野で反応する．信号が様々な大きさのウェーブレットに変換されるのと同じように，我々が見るものは様々な受容野に分解される．

ニューロンの反応は「ウェーブレット係数」に相当する．ニューロンが反応しなければ，係数はゼロである．ニューロンが機関銃のように非常に速く大量に放電するなら，係数は大きい．反応がもっと緩慢なら，係数は小さい．

ウェーブレット変換のように，小さい受容野は高周波数（細かい解像度，細かい詳細，良好な空間局在性…）を，もっと大きな受容野は低周波数（もっと粗い解像度だが周波数局在性は良好）を，それぞれ「エンコード」する．

「多くの人にとって，それが答のように思えました．つまり視覚系は空間と周波数に局在化しているはずです」とフィールドは言う．「しかしなぜ視覚系は空間と周波数において局在化しようとするのでしょうか．なぜウェーブレット変換を使うのでしょうか．」

フィールドによれば，視覚系の目的は，ある限られた数の細胞があらゆる視覚的刺激に反応するように（三つの錐体細胞だけで色の範囲全体を見るように）情報を圧縮することではない．「視覚系の主要な目的は圧縮ではありません．普通は，二つのパターンが与えられた場合，たとえそれが複雑なものであっても，これらを見分けることはできます．視覚系はどんな情報も排除しないのです．」と彼は言う．

視覚系の目的は対象を認識しやすくすることである，とフィールドは提唱する．そのために，利用できる多くのニューロンの中から選ばれた，できるだけ少ないニューロンを使って，効果的な変換が，各「画像」をエンコードする．例えば，もしすべてのニューロンがすべての顔をエンコードするとしたら，特徴の認識は困難なことだろう．細胞の様々な小グループが各々の顔に含まれる情報をエンコードすれば，この仕事はずっと簡単になる．「目的は単語の数が最少の言語を見つけることではなくて，各瞬間に，私が見るものをわずかな単語で記述できるようにしてくれる言語を見つけることなんです．」

ある与えられた瞬間には，大部分のニューロンは活動していない．仕事全体はいくつかのニューロンによってなされる（線形モデルによると10％のオーダー，実際には視覚系は非線形であるが）．しかし，活動しているニューロンの全体はたえず入れ替わっていて，長い時間で見れば，すべてのニューロンが同じ量の仕事をすることになる．フィールドはこのシステムを<u>希薄分布変換（英語で sparse distributed transform）</u>[14)]と呼んでいる．

このような現象は，乱流研究者の努力を虚しくさせるかもしれない，と彼は示唆している．エコール・ノルマル・シューペリウールのマリー・ファルジュは，いつ多

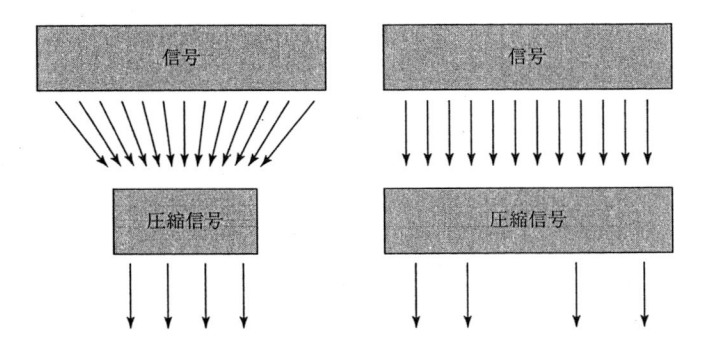

図 4.4　二つの信号圧縮方法
稠密な変換（左）ではすべての単位を最少の数の単位で置き替え，希薄分布変換ではいくつかの単位以外は捨て去ってしまう．(D. フィールド氏提供)

くの計算をすべきか，また，いつ「節約する」ことができるか，を示すものとしてウェーブレットが使えると思っている（4.8 節参照）．ある与えられた瞬間の乱流の動的構造を記述するにはわずかなウェーブレットで十分だ，というのは本当だ，とフィールドは言う．しかし問題はどのウェーブレットが重要かということで，これは一瞬ごとに変化するのだ．「重要な要素がたえず入れ替わっているときに少数の要素をうまく利用する方法が必要です」と彼は言う．

他の研究者はこういう変換を圧縮システムと呼んでいるようだ．これは本質的には圧縮アルゴリズム Best Basis（補足⑱「最良基底」(p.175) を見よ）と同じ考えである．「ディヴィッド・フィールドの『希薄分布』と我々の『圧縮』は実質的に同じことだ」と Best Basis の創始者の一人であるヴィクター・ヴィッカーハウザーは言う．「我々はいくつかの大きい係数だけを考慮に入れようとしており，彼はいくつかのニューロンだけを考えようとしているんです．」

しかしフィールドは，「圧縮」という用語はわずかの単語を持つ言葉ですべての信号をエンコードする変換に対して使うべきで，非常に広い語彙から引き出したわずかな単語で各メッセージをエンコードする変換は「希薄分布」と呼ぶべきだ，と考えている（図 4.4）．

● なぜウェーブレットなのか？

希薄分布変換が目に見えるものの識別に適しているとしても，なぜ視覚はウェーブレットを使うのだろうか．フィールドによると，答えは信号にある．これまでの視覚系に関する理論は，非常に多くの場合，ランダムな直線とか点に対する視覚ニューロンの反応を調べることで作り上げられている，と彼は言う．自然の画像に視覚系がどのように反応するかを調べる方が妥当だ，と彼は考える．「もしあなたに 10 の白色

雑音のパターンを見せ，それからまた別のパターンを一つ示して既に見たものかどうか尋ねたとしたら，あなたは答えられないでしょう．しかし1万の自然の画像を見せて，それから改めてその中の一つを見せたとしたら，あなたは『ええ，それ，見ましたよ』と言うことでしょう．我々はこのタイプの情報をコード化することにきわめて有能なんです．」

自然の画像は変化に富むが，それらはあらゆる可能な画像全体のごくわずかな部分であって，ある統計的特徴を共有している，とフィールドは言う[15]．一般に，自然の画像のフーリエ変換を行うと，振幅はおおざっぱに言って空間周波数の逆数の平方根と同じ程度で減衰する（そしてエネルギーは $1/f$ の程度で減衰する．つまり，各「オクターブ」は同じエネルギーを持つ）ことがわかる．このことは，コントラスト（ピクセルの強度の分散）はスケールによって ——つまり対象を近くから見ようとある距離をおいて見ようと— 変化しないことを意味している．さらに，自然の画像は冗長である．つまり，次ページの図4.5に見られるように，低周波数で見られる多くの輪郭が，中および高周波数においても存在している．

こういう性質を持つ画像をウェーブレットによって変換すると，いくつかの大きな係数と多くの係数ゼロが得られるが，同じ画像をピクセルの強度でエンコードすると，もっと不明瞭なものになるだろう，とフィールドは言う．「ウェーブレットはこういうふうに自然現象を処理する．つまり，ウェーブレットは画像をいくつかの係数に『整理する』のです．しかしどんなウェーブレットでもいいというわけではありません…」

●どんなウェーブレットか？

視覚で使われる「ウェーブレット変換」は直交系ではない，とフィールドは指摘する．それに彼は直交ウェーブレットを醜いと思っているのだ．視覚系では逆変換を行う必要はない，と彼は言う．彼はすべてが同じ長さを持つ正規化ウェーブレットも好きではない．自然のイメージでは，高周波数はきわめてわずかの「エネルギー」しか含まないが，我々はこの高周波数にとても敏感なのだ，と彼は言う．それを低周波数に比べて不利にすることなくエンコードするには，もっと長いベクトルを使わなければならない．

視覚「ウェーブレット」のもう一つの特徴は，反応する周波数帯 ——約1.5オクターブ— である．これはわずかのニューロンで自然の画像をエンコードできる最適周波数帯だ，とフィールドは説明する．「我々の視覚系はこのタイプの情報を我々の世界から取り出すために進化したようです．」受容野の方位も重要であるようだ．

受容野はその周波数帯と方位によって，自然の画像に存在する冗長性を利用しているように見える．「自然の画像には，限られた範囲の周波数と方向の構造しかあり

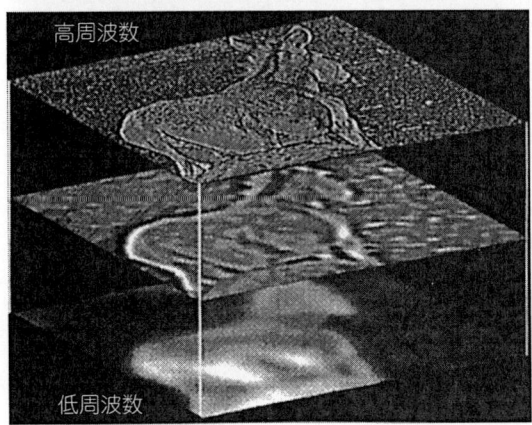

図 4.5 「自然の」画像とその 2 次元ウェーブレット変換による低, 中, 高周波数分解. 低周波数にある多くの輪郭が中および高周波数においても存在する. (D. フィールド氏提供)

ません．しかしもし世界が直線でできているとしたら，自然の画像にはあらゆる周波数の構造があることになり，非常に広い範囲に対して反応する関数が使われることでしょう．またもし周波数が予測できないとしたら，いろいろな周波数を調べるため，フーリエ変換のように周波数選択的な関数が用いられることでしょう．しかし自然の画像の周波数は1〜2オクターブの範囲に入るのです」とフィールドは言う．

● **幾何学的変換による不変性**

ウェーブレットは，自然の画像の統計的性質を利用して我々が対象を認識するのを助けている，という考えは面白いが，さらにもう一歩進むことができる，とアデルソンは指摘する．「どのようにして，きめ，動き，向き，輪郭，…が，細胞の反応によって解析できるのかを考えなければならない．コンピュータで視覚のシステムを作ろうとした人は誰でも，第1段階でなされる処理がその後の段階の可能性をほとんど決めてしまうことを知っている．」

「哺乳類の視覚系は常に2次元で方向を持つフィルタを使う．1次元フィルタを組み合わせて得られる交差対角フィルタはあまり使わない．1次元のフィルタの組み合わせは，2次元のウェーブレット変換のときにはよく使われるものではあるが．」アデルソンとウィリアム・T. フリーマン（William T. Freeman）は操縦可能フィルタ（英語で steerable filters）をどのように実現するかを示した．これを使うと，どんな方向のフィルタでも，そのフィルタを実際に適用する必要なしにフィルタの応答が求められる．いくつかの方向を受け持ついくつかのフィルタだけを使い，あとは内挿するのである[17]．視覚では，画像の性質が幾何学的変換（移動，スケール変化，回転）に対して不変であることも重要である，とアデルソンは言う．変換の結果は，位置の移動によってだけでなくスケールの変化によっても不変だろうし，あるいは移動と回転によっても不変だろう[17]．「臨界サンプリング（つまりサンプリング理論が要求するちょうどそれだけの数のサンプル数）の変換ではこういう性質は得られない．」そのためアデルソンは信号を過剰サンプリングする変換を使うことを勧めている．

4.4 情報を圧縮する

5時間の音楽を1枚のコンパクト・ディスクに録音できないのはどうしてだろうか．テレビ電話はどうして標準化されていないのだろうか．我々が情報を伝達しようとするときには，サンプリング定理に由来する基本的な制限にぶつかる．デジタル技術は，ある限られた数の情報から連続信号を再生することができるというこの定理に基づいている．しかしながらこの結果は逆にみることもできる．

つまりこの結果は，与えられた時間内で一つの周波数帯で伝達し得る情報量には限界があることも示している．信号を連続的に再生すべきだと考えるときは，信号は無限の量の情報を含んでいると考えている．しかしサンプリング定理は，こういう信号が含んでいるのは ——そして1本の電話線が 伝達する のは—— 意外にもずっと少ない情報であることを示した．

この制限は「今世紀の30年代に，通信の専門家の頭に少しずつ浸透していった」とガボールは書いている[18]．与えられた周波数帯で伝達し得る情報量を増やそうとする努力はすべて「根本的な間違い」に類するのではないか，という疑いがだんだん大きくなってきていたが，サンプリング定理はこの現実を表現し，数量化したのである[19]．

伝達される情報は有限だから，これは数量化できる．この概念が我々の情報についての見方を完全に変えた．例えば，一人の人間をエンコードする DNA のビット数が想起されるだろう．（1ビットは二つの可能性のうちの一つの選択である．コンピュータにとっては，0か1，あるいは回路が閉じているか開いているかである．これは FFT の創始者，ジョン・チューキーが「b[inary][dig]it」から作った言葉である．）

伝達情報量が制限を受ける結果，コンピュータによる計算の速さとデータ通信の遅さのコントラストが際立つことになった．1995年現在で，150万回/秒の掛け算を実現するパソコンにつながれているモデムは9600ボー（ビット/秒），つまり，1秒間に伝達する数字は200〜300なのである．コンピュータはビットの奔流を電話線に注ぎ，巨大な渋滞を作り出す．複数の会話を伝えるのに十分な周波数帯でもコンピュータの要求にはとても対応できない．

電気的な高速道路の道幅を広げるというのは一つの解決策である ——例えば，周波数を高い方に移動させればよい．もう一つの解決策は，これは同時にデータ保存や計算の費用を減らすもので，後で復元しなければならないにしても，信号を圧縮することである．

いずれにせよ，冗長さや役に立たない情報は除去することができる．これは電報代を減らすために行われてきたことだ．冗長とは思えないいくつかの信号は，情報を失うことなく圧縮することもできる．

これらの信号は表示方法によって形が（またしばしば見かけの複雑さが）変わることがある．数式とグラフは同じ量の情報を含んでいる．円については式もグ

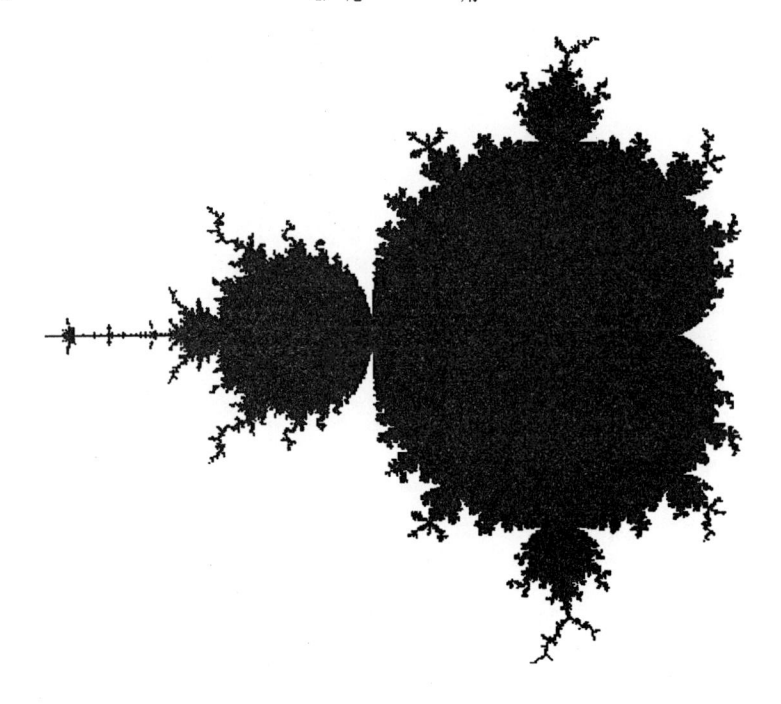

図 4.6 マンデルブロート集合（Y. フィッシャー氏提供）

ラフも単純であるが，補足⑧「関数空間から関数空間への旅」で述べたような $-\infty$ と ∞ の間を激しく行き来するような関数のときはそうでない．式を保存したり伝えたりするのは何でもないことだが，グラフを保存したり伝えたりするのは —想像するだけでも— 不可能である．他方では，非常に簡単な命令が複雑なグラフを作り出すこともある．図 4.6 に示した複雑なマンデルブロート集合は約 30 行のプログラムで作り出されたものだし，一人の人間の設計に必要な情報はある限られた量の DNA（約 10 億ビット）によってエンコードされている．

このように考えると，情報を「数量化する」という考えは，非常に多くの実りをもたらすことがわかる．情報が表現の仕方によって複雑にも簡潔にもなることを考えると，信号の「情報量」というものをどう定義すればよいのだろうか．信号の圧縮性，つまり同じメッセージをもっと簡潔に表すことのできる表現が存在するかどうか，を決めるものは何だろうか．

ロシアの数学者アンドレイ・コルモゴロフはこの問題に対し独特のアプローチを提案した．彼は一つの信号の 情報量 を，その信号を一定の言語（例えばプロ

グラム言語パスカル）で記述するときの最も短い列と定義した．それ自身より短い列で記述できない —つまり圧縮できない— 信号は，定義により，「確率的 [でたらめ]」である．

　この「確率的」という言葉の定義は，確率論による伝統的な定義とは異なるものである．確率論によれば，一つの過程は確率的かもしれないが，確率的な信号というのはない．10面サイコロを 10 回投げた場合，3,8,5,9,10,4,2,7,6,8 という列は，2,2,2,2,2,2,2,2,2,2 あるいは 1,2,3,4,5,6,7,8,9,10 という列と同じくらい起こりにくい．しかし，最初の列になったときは後二つの列が出たときよりは驚きは少ない．これはごく自然な反応である．我々は最初の列を，ユニークで起こりそうもない列とは考えず，明確な理由はないが，あらゆる結果の代表と考えているのである．一つの信号に直面したとき，最初の問題は，この信号は意味を持っているか否か，ということである．我々が考えている意味の概念は数学的なもの，つまり，その信号に順序・構造があるか，ということである．コルモゴロフの確率的という言葉の使い方は，したがって，直観的なものである．

　「情報量」という言葉はそうではない．確率的で圧縮できない信号は大きな情報量を持っているのに対し，構造があって圧縮できる信号はあまり情報を含んでいない．実際，電話線による伝達の場合，コルモゴロフの意味であまり情報を含んでいない信号は，確率的な信号よりも，場所をとらない，つまり少ない回線容量で伝えることができる．

　しかしこのような言葉の使い方は，情報は意味を持っているという我々の常識に反している．例えば，Je t'aime（私は君が好き）あるいは La ville de New York est detruite par une bombe atomique （ニューヨークの街は原子爆弾で破壊される）という文字列は，pe viemgo あるいは lp isobe lr pwi fjel diwpt slrigp swptieubl pre isb eobje otureibx よりも情報は少ない．最初の二つの列は圧縮できるが（j t'aim, N.Y…），後の二つはできない．「情報と意味を混同してはいけない」とワーレン・ウィーヴァー（Warren Weaver）は警告している．「量子理論における一組の共役変数〔位置と運動量〕のように，情報と意味には，一方を大きくするためには他方を犠牲にしなければならないという制約があるように思える．」[20]

　予想できるように，— 複雑な信号が簡潔な形で表されるという— 最も興味深い圧縮とは，最も短いエンコードが最も見つけにくい場合であることが多い．マ

ンデルブロート集合の図形からこれを描いたプログラムを導出したり，一人の人間を観察して DNA の構造を導出するなどはとてもできないだろう．

コルモゴロフが 1960 年代に示したように，大部分の信号は，確率的で，圧縮できない[21]．彼の論法はシンプルである．どんな言語でも，長い列の方が短い列よりずっと数が多い．長い列をすべてエンコードするのに十分な短い「プログラム」はない．例えば，図書館の索引カードは，各カードが一冊の本全体を表しているが，あらゆる長さの本を無限冊扱うことはできない．この場合，本を見分ける唯一の方法はその本全体をカードに印刷することだろう．（図書館の蔵書量が増えるほど，探している本を見つけるのが難しくなる．著者の名前を漠然と憶えているだけでは，もはや十分ではないのだ．）

さらに，信号が圧縮できるとしても，コルモゴロフのメッセージは我々をがっかりさせるものである．統計的テストでいくつかの圧縮できる信号の構造をつきとめられても，勝手に与えられた信号が圧縮できるかどうかを知るための系統的方法は存在しない．つまり，あらゆる可能性を試す以上に巧い方法はないのである．

4.5 圧縮とウェーブレット

情報処理にとっては幸いなことに，圧縮したいと思う信号の大部分は圧縮によく合った構造を持っている．それに，一つの信号に対して最も簡潔な形を探すよりは，一般的に適用できる方法が使われる傾向がある．一般的な圧縮の方法として，ウェーブレットは本質的な利点を持っている．多くの信号では，ある一つの点はその点の近傍の点の値に非常に近い値を持つ．つまり，青い門のある白い家の画像では，ある一つの青い点は多分青い点で取り囲まれており，ある白い点は多分白い点で取り囲まれているだろう．

ウェーブレットはこういう信号の圧縮に適している．つまり，その係数は変化しか示さないのだから，変化しないあるいはあまり変化しない区域は，ゼロまたは非常に小さい係数を与える．このため，エンコードのために保持しなければならない係数の数は少なくなるのである．

イングリッド・ドブシーによると，ウェーブレットは，きわめてわずかの情報しか失わずに，信号を 1/40 にまで圧縮する．「市販の画像圧縮ソフトを買えば，

4.5 圧縮とウェーブレット

圧縮率は 10〜12 です．ウェーブレットはこれよりずっといい」と彼女は断言する．「しかし，商業的圧縮ソフトに使われるフーリエのテクニックを改良している研究者達は，35 に近い圧縮率が得られると主張しています．ウェーブレットが標準的なテクニックを超えるとは言い切れない．私の考えでは，ウェーブレットが最もインパクトをもたらすのは，テレビのような画像の圧縮ではありません．」

それに，ウェーブレットだけではこういう圧縮率には達しない．ドブシーは巧妙な量子化のテクニックがもっと重要な役割を果たすと考えている．このような数学的テクニックは，あまり有用でない情報よりも，人間の知覚作用にとって重要な情報（イメージでは，輪郭）の方に，より多くの比重をかけている（量子化に関して詳しくは補足⑦「直交性とスカラー積」(p.68) を見よ）．

量子化の特別な形 ――ベクトル量子化―― を使って，ニース–ソフィア–アンチポリスの教授ミシェル・バーローは 50 から 100 のオーダーの圧縮比に達した．（彼は双直交ウェーブレットも使っている．つまり，信号を分解するための一組のウェーブレットと，それを再構成するためのもう一組のウェーブレット．それらは対称なウェーブレットである[22]．）他の研究者も同じような結果を得た．これらの結果のどこまでがウェーブレットに因るものか，どこまでが量子化のテクニックに因るものかは，まだわからない．

圧縮比は単純には比較できない．「どんなタイプの画像に適用するかを特定しないと，圧縮比それ自身は大して意味がない」とバーローは強調している．元の画像の質と複雑さ，および符号化の質を知る必要があるのだ．

同じ画像に適用された二つの方法の比較も容易ではない．「客観的な比較法はあるけれど，どれも良くないんです」と国立高等通信学校のオリヴィエ・リウールは明言する．圧縮された画像の質をどうやって客観的に比較すべきか．これは主観的なものであり ――「目で判断される」．複雑さも重要である．こういう方法を商品化しようとすれば，計算費用も手頃でなければならない．

しかし，ウェーブレットによる圧縮が特にうまくゆくことが明らかになった場所もある．イメージの情報を少数の係数に集中するウェーブレットの能力は，輪郭の検出を容易にするのである．これは医学的検査の改良に役立つだろう．磁気共鳴画像において，ウィーヴァーとハーリーは，限られた数のウェーブレット係数をサンプリングし，拍動中の心臓の縁を追跡した[23]．また同様に，潜水艦の探知において，ミシェル・フレージャーはデータを 1/16 に圧縮している．

4.6　計算を簡単にする

　もう一つ別の応用がある．巨大な行列（数の長方形配列）の圧縮である．これは非常に重要かもしれない．例えば非線形偏微分方程式の解法を簡単にすることが期待されるのである．この技法はボールダーのコロラド大学のグレゴリー・ベイルキンとエール大学のロナルド・コアフマンおよびウラジミール・ロクリン（Vladimir Rokhlin）によって開発された．

　行列は圧縮すべき図形と同じように扱われる．行列が5～6個のモーメント・ゼロをもつウェーブレットを用いて分解されるとき，「行列のうちで，低次数の多項式で表現できる部分はすべて非常に小さい係数を持ち，それらは多かれ少なかれ無視できる」とベイルキンは説明する．n^2 個の係数を持つ行列については，多くの場合演算（掛け算，反転，等）には，少なくとも n^2 回，たいていは n^3 回の計算を必要とする．ウェーブレットだと，あるクラスの行列に対しては n 回の計算で十分である．n が大きいと，この差はかなりなものになる．

　係数が「多かれ少なかれ」無視できる，と断言したり，小さな係数をゼロであるかのように扱う，と言うと，ショックを与えるかもしれない．美しい数学的厳密さはどこに行ってしまったのだろうか．グロスマンは，この技法は「強力で重要」ではあるが，慎重に扱わなければならない，と注意している．この技法はあるクラスの行列 ——十分に広いが—— に対してしか機能しない．「行列の種類についてアプリオリには何もわからないとき，やみくもにこの技法を適用すると，ひどい結果を引き起こすでしょう」と，彼は警告する．

　しかし，いずれにしても，このような技法の重要性を評価するのはまだ早すぎる．1992 年に，ドブシーは，5 年か 10 年後には，「大規模な計算，シミュレーション，あるいは偏微分方程式の解法にウェーブレットを使うソフトウェア」が市場に出てくると予想している．コアフマンも楽観的だ．

　メイエはもっと慎重である．「ウェーブレットの算法による圧縮が何の成果も生み出さない，とは言いませんし，逆にこれらの技法は非常に有効だろうと思ってます．しかしまだ始まったばかりですから．」彼によると，乱流の研究では，ベイルキンのアルゴリズムが機能するような行列になるのは，行列の約 1/10 程度である．それに，行列の圧縮は問題のわずかな部分にすぎない．「実際，ロクリ

ンは，先見的で問題に依存しないようなウェーブレットを作ることを断念しました．彼は，個々の問題には，それぞれに適合した方法が必要だ，と考えている．彼の言うとおりだとしたら，イングリッド・ドブシーは間違っている．つまり，建物を建てるとき既製の扉や窓を使うようにいろいろな問題すべてに適用できるような既製品のソフトは存在しないことになります．」

4.7　ウェーブレットと乱流

ウラジミール・ロクリンは空気力学における乱流を研究している．気象学における乱流を研究しているマリー・ファルジュは，ウェーブレットが次に効果を上げるのはこの分野だと信じている．1984年，アレックス・グロスマンが彼女にウェーブレットの話をしたのは，彼女が国家博士号の論文の準備をしていた時だった．彼女は後になって，旧ソ連のペルミの乱流の研究者達が独立に1976年以来ウェーブレットに似たテクニックを使って研究していたことを知った．

彼女は語る．「私たちはずっと前から，乱流の研究のためのそういう道具を必要としていました．乱流をフーリエ空間で調べると，川の水がたくさんの滝を次々と下っていくようにエネルギーが流れていく現象〔エネルギーカスケード〕が現れるのです．そこではエネルギーはある波数（空間周波数）から他の波数へと移ってゆきます．しかし，この滝〔カスケード〕が物理空間のどこで生じているのかはわからない．私達は二つの面を同時に観る道具を持っていなかったので，はら，このカスケードはこの相互作用によるものよ，と断言することができませんでした．ウェーブレットによって物理空間と周波数での同時表示ができる，とアレックスが教えてくれたとき，そうだ，これではっきり見えるようになる，と思いました．

1984年，私は彼をエコール・ノルマル・シューペリウールのセミナーの講演者に招き，同僚の乱流の専門家達にも出席するよう誘いました．彼の講演に対する彼らの反応には驚きました．『こんなことで時間を無駄にするなよ，これがうまく行くと証明するものは何もないじゃないか．君の論文を仕上げろよ』と忠告してくれるのです．最も懐疑的だった中の何人かは，現在は，ウェーブレットに夢中になっています．しかし，極端な懐疑主義同様，過度の熱狂にも気をつけなければなりません．これもまったくばかげています．むこうみずに突進すべきで

はありません．これは新しい道具なんです．既知のアカデミックな信号できちんと検定するまでは，乱流の問題のように形のはっきりしない問題に盲目的に適用すべきではありません．多くの実験をし，方法を練り上げ，適切な方法を見つける必要があるのです．」

4.8 先史時代の動物学

　マリー・ファルジュは乱流の研究の現状を「先史時代の動物学」になぞらえる．つまり，力学的に重要な構造を持つものを見出し，それらの相互作用を調べて一つの理論を構築するまでには，多くの観察が必要だというわけだ．観察対象の候補は「コヒーレント構造」（例えば竜巻とか浴槽の水を流すときにできる渦など）と呼ばれている定義のあいまいなものである．ファルジュは，ウェーブレットを使い，いろんなスケールでその個数を数えたり，多くのスケールで同じ構造が現れるかどうかを調べようとしている．

　重要な力学的構造が確認できれば，研究者は「どこで多量の計算を投入すべきか，どこで節約できるか」がわかるだろう，と彼女は言う．というのは，乱流の研究には，最も高性能のコンピュータでも太刀打ちできないほどの計算が必要なのだ．大気のレイノルズ数（乱流の強さを表す量）は 10^{10} から 10^{12} に達するが，現在，基本方程式（ナヴィエ–ストークス方程式）に基づくシミュレーションが可能なのはレイノルズ数が 10^2 から 10^3 のオーダーの乱流にすぎない．

　メイエによると，これまでの研究の結果は期待外れだった．「乱流はじつに様々なスケールで現われます．乱流を研究している人達は，ウェーブレットはスケール間の相互作用を調べるための理想的な道具だと思っている．不思議なことに，今のところ，これはうまく行っていない．誰も真の科学的事実を提示できないでいるのです．」フーリエは多くの線形方程式のために処方箋を提供したが，ウェーブレットは非線形方程式（乱流を支配するナヴィエ–ストークスの式のような）を解くための簡単な処方箋を提供するわけではない．

　乱流のような非線形の問題にはフーリエ解析は向いていない，とメイエは言う．「ウェーブレットの構造の方がより適しています．そこで，理論的により良いものが実用的にもより良いか，という問題が起ります．」メイエは非線形的問題でのウェーブレットの「中立的」な使用について悩んでいる．つまり，「ウェーブ

レットはこの問題には適さない…，あらゆる場合に通用するような奇跡的な方法など存在しない，と科学者は考えます．特定の場合を考えないような方法から何が期待できるでしょうか．他方，科学には，特別な状況について膨大な研究を重ねることから得られる一般的方法，整合性を与え全体に通ずる視点を与えてくれる一般的方法も存在するのです．」

4.9 感覚的か謹厳か

マリー・ファルジュは，圧縮には直交ウェーブレット変換（またはウェーブレット・パケット）を使い，解析には連続変換を使っている．連続変換（しばしば複素数値の）だと，一見しただけで，あらゆるスケールで，あらゆる瞬間の信号のおおよその振舞いがわかる，美しいイメージを作りだすことができる．「私は直交基底の係数は決して読まなかった．とても読みにくいのです」と彼女は明言する．「離散ウェーブレット，それは 2 を底とする，あるいは 10 を底とする数値表現系のようなものです．一方，連続ウェーブレットは現実の映画のようなもので，そこでは何も失われない」とメイエは言う．離散ウェーブレットでは，情報は何も失われない，なぜなら信号を再構成できるのだから．「しかし，アルゴリズムの部分で，直観が失われる．これがなくなるのは取り返しがつかないことです．」

メイエの語るところによると，ジャン・ジャック・ルソーは数字による記譜法を考案した．これはおそらく伝統的な楽譜よりも書くのは楽だったことだろう．人は彼に警告した，これは決して受け入れられないだろう，音楽家は譜表の上に音楽の形と動きを視覚化したいのだから，と．こういう好みは音楽家だけのものではない．「単なる点の連続は誰しも好きじゃない．感じのいいものじゃありませんからね」とメイエは言う．「抽象の世界で考える数学者に比べ，物理学者は，現実とより深く感情的にかかわっているので数値表示が嫌いです．彼らは，連続変換から得られる，理解し感じることのできる美しい視覚化を好みます．」

数学者は彼らの「いとこ」と同じようにイメージに執着する，と断言する人もいる．数学者は式を使って定理を証明するが，彼らの多くはちょっとした 2 次元の紙の上に幾何学的図形を投影し，それによって考えようとする．謹厳な数学を弁護した人に対して，ある数学者は「数学はすべて感覚的です」と答えている．また別の数学者は，離散表示などまったく謹厳ではない…と反論した．モルレ

の冗談によれば，我々の連続世界をピクセルにばらして見ることは，コンピュータが若者に教えたらしい．

変換結果の読みやすさや美的印象の他に，操作コストも重要である．ファルジュやマルセイユの研究者達のように，連続変換で仕事をしている人達は実験物理学の素養を身につけている，とメイエは説明する．「彼らの実験は非常に費用がかかりました．そのため，結果の分析に3日どころか3週間，いや3ヵ月もかかったところで，それは大したことではないんです．複素数値のウェーブレットは，連続ウェーブレットとして使うと，ほんの少し精確な，ほんの少し細かい分析を提供してくれますが，このために計算時間は長くなります．私達，つまりコアフマンと私の二人は，逆の観点から仕事をしています．我々は簡潔を，つまり最大の節約を，追求しているんです．この二つの方向は二つの異なる観点に対応するものです．」

補足⑯　どんなウェーブレット？

「マザー」ウェーブレットになる資格のある関数は多数存在する．ウェーブレット変換の大きな二つのクラス ——連続と離散—— についてそれぞれのものがあるだけでなく，離散変換には冗長なもの，直交しているもの，さらには双直交といったものもある．これらのカテゴリーはそれぞれ多くの可能性を持っており，また，ドブシーのウェーブレットはそれだけでも非常に広いクラスを成している．

多くの場合，この豊かなもののうちのわずかな部分だけが利用されている．「皆が同じものを使っているんです．メキシカン・ハット，モルレのウェーブレット，そしてドブシーのウェーブレット」，とマリー・ファルジュは言う．だが，彼女は一つのウェーブレットを選ぶために多大のエネルギーを消費すべきではないと考えている．「信号はそれぞれの最適ウェーブレットを持たねばならない，というような逆説的状況は避けねばなりません．仮にそうであったとしても，ウェーブレットのような方法が持つ一般性を忘れてはいけないのです．ある一つの特定の用途のための最適な方法を研究する，というくらいなら，他のことを研究すべきです．」と彼女は言う．

国立高等通信学校のオリヴィエ・リウル，彼の博士論文は符号化のためのウェーブレットの選び方に関するものだが，彼はこの意見はとらない．「あまりひどいものでなければどんなウェーブレットでも役に立つだろう，と一般には言われています．それでも差はありますよ」と，彼は言う．彼は，数少ない既製のウェーブレットで我

慢せずに，望みの性質を持つ自分専用のウェーブレットを作ることすらすべきだ，と思っている．

さて，どんな特性を選ぶべきか．問題はまだ解決していない．「答えの材料はあるんです．だけど，本当のところ，どんな性質がどんな役割を果たすのかわかっていないんです」とリウールは言う．ウェーブレットの選択に際しては，一般には二つのポイントがある．表示の仕方（連続か離散か…）およびウェーブレットそのものの性質，後者にはゼロ・モーメントの数，レギュラリティ，周波数選択性などが含まれる．

●表示方法

直交性は簡潔性と迅速性をもたらすが，スケールの非連続性，丈夫さの欠如，解析におけるある種の困難さ，特にパターン認識の困難さ，などの問題があり，一方，連続表示には逆の長所と短所がある．

しかしこの選択は，常にどちらか一方，というわけではない．つまり，連続表示ほどは冗長でないが直交変換よりは冗長な，中間的な表示もある．信号の「エネルギー」の表現は直交変換の場合と同じであり，再構成の方法も直交変換の場合と同様に単純である．こういう表示は，フレーム（英語．例えば窓の枠を意味する）と呼ばれるもので，タイト（緊密）ならば分解に際してエネルギーが保存される．

双直交ウェーブレットはまた別の選択である．これによって冗長性のない完全な再構成ができるが，分解のためのもの及び再構成のためのもの，計2種類のウェーブレットを必要とする．双直交ウェーブレットでは，コンパクト・サポートを持ちかつ対称なウェーブレットをうまく作ることができる．このようなものは，直交変換の場合には，ハールウェーブレット（または，いくつものスケーリング関数を使って．補足⑪「マルチ-ウェーブレット」(p.107) を見よ）以外では実現できなかった．

数値解析におけるいくつかの応用ではこの対称性はあまり重要でないが，画像処理の専門家は，対称ウェーブレットによって量子化エラーを小さくできるだろうと考える傾向がある．ドブシーが書いているように，「我々の視覚系は，非対称的エラーよりも対称的エラーの方を容認するという特徴がある」[24]．

しかし，この対称性の効果は —本当に存在するとしても— あまりよくわかっていない．リウールの研究では，再構成されたイメージの質を示す通常のひずみ基準（PSNR, peak signal over noise ratio）に，対称性の有意の効果は現われなかった[25]．「だから，実際に対称性がある役割を果たすとしても，それは視覚的な質の主観的認識に関係しているので，評価するのは難しいですね」と彼は言う．

双直交ウェーブレットは直交ウェーブレットよりも使いにくい．直交ウェーブレットだと，イメージを再構成しなくても，各々の分解に生じたエラーから，量子化による全エラーを計算することができる．さらに，それぞれの「エラー」は互いに独立

で，したがって調整がずっと容易である．双直交ウェーブレットについてはこの計算はそう簡単ではなく，また，二つのウェーブレット系は，非常に異なる長さを持つこともあるため，取扱いが難しい．

●レギュラリティ（滑らかさ）

リウールによると，ウェーブレットの符号化の分野への主たる貢献は<u>レギュラリティ</u>である．ウェーブレットが非常に滑らかなときは，<u>レギュラーである</u>と言われる（ウェーブレットのレギュラリティの次数はその連続導関数の階数に等しい）．レギュラリティは信号の再構成の質に影響を及ぼす．滑らかな図形をハールのウェーブレットのような不連続関数でコード化すると，不連続な図形を作りだし，存在しない輪郭を出現させる．こういうアーティファクトは，滑らかな関数でコード化することで避けられる．

現在のところ，与えられた用途に対して最適なレギュラリティがどういうものかはわかっていない．リウールの研究によると，イメージをコード化する場合，1〜2以上の次数のレギュラリティを求めても，質はあまり改善されない．サポートを広げると常にレギュラリティを高めることができるが，計算は複雑になる．

「1次元では計算時間はサポートの大きさに比例し，2次元ではサポートの2乗に，3次元ではサポートの3乗に比例するんです」，とイヴ・メイエは言う．「サポートが10のウェーブレットをとり，3次元の計算をするとします（例えば，乱流で）．そうすると，各計算について1000回の操作をしなければならない．2倍大きいウェーブレットをとると，8000回の操作を行わなければならないでしょう．」

●消失モーメント

消失モーメントの数（すなわちゼロとなるモーメントの数．この数が多いほどウェーブレットは何回も振動する，モーメントの定義は2章末 "Notes" の6) を参照）は，ウェーブレットには何が「見えない」かを示す量である．ウェーブレットが消失モーメントを一つ持っているときは，1次関数は見えない．つまり，そのウェーブレットと1次関数のスカラー積はゼロでありこれらは直交する．ウェーブレットが消失モーメントを二つ持っているときは，2次関数も見えず，消失モーメントが三つだと3次関数も見えない，等々．

たくさんの消失モーメントを持っているウェーブレットは，低周波数で小さな係数を与える．これらの係数は，ウェーブレットと信号の相関，つまり類似を表しているが，速く振動するウェーブレットは低周波数の広くゆっくりした波には類似していないからである．

モーメントがゼロとなることの効果は，信号の情報をいくつかの係数に集中させ

ることである.これは圧縮,あるいは特異点や不連続点を持つ信号の解析に役立つかもしれない.つまり,信号の不測の変化は,ゼロあるいは小さい係数を背景に突出する大きな係数を与えるのである.しかし消失モーメントの最適数は用途による.

「コード化や信号処理の観点からすると,モーメント・ゼロの役割は,レギュラリティに必要な条件ということ以外,私にはよくわかりません」とリウールは言う(レギュラリティが n を越すには,少なくとも $n+1$ 個の消失モーメントが必要).この二つの性質を見分けるのは難しいが,図形のコード化では,ウェーブレットのレギュラリティが増すほど,モーメント・ゼロの数に無関係に結果が良くなることを,リウールはおおむね認めている.

同様に,アメリカの国立衛生研究所(NIH)のマイケル・アンサーは,テクスチャーの解析で,消失モーメントの数が増加しても目立っていい結果は与えないことを観察している[26].概して,「イメージについては,二つの消失モーメントで十分のようなんです.それより多くしても,質はあまり改善されず,計算速度が落ちます」とドブシーは言う.反面,と彼女はつけ加える,「グレゴリー・ベイルキンは数値解析の仕事の中で,五つか六つの消失モーメントを使っていますが,彼は本当にそれだけ必要としているんです.実際には,もちろん,モーメントはゼロである必要はなく,非常に小さければそれで十分です.」

●周波数選択性

フーリエ解析では,解析に用いる関数は一定の周波数のサインカーブで,これを信号に掛け積分して得られる係数はその周波数の成分にしか関係しない.

これに対し,ウェーブレットは,それ自身のフーリエ変換が持つ周波数の混合から構成されている.ウェーブレットの係数は必然的にこの周波数の混合に関係する.ウェーブレットは,周波数帯が狭ければ狭いほど,周波数選択的である.つまり,信号の周波数成分をはっきりと切り分ける.(実際は,高速アルゴリズムによって,そのウェーブレットに伴うフィルタで係数を計算する.これは周波数選択のフィルタである.)

最善のものとして望まれるのは,周波数と時間で同時に明確に「局在」あるいは「集中」しているウェーブレットだろう.すなわち,きわめて周波数選択的で非常にコンパクトなサポートを持ったウェーブレットである.しかし,ハイゼンベルクの不確定性原理を考慮すれば,妥協しなければならない(図4.7).

リウールの驚くべき予備的研究は,イメージのコード化においては,周波数選択性よりもレギュラリティの方が重要であることを示唆している.

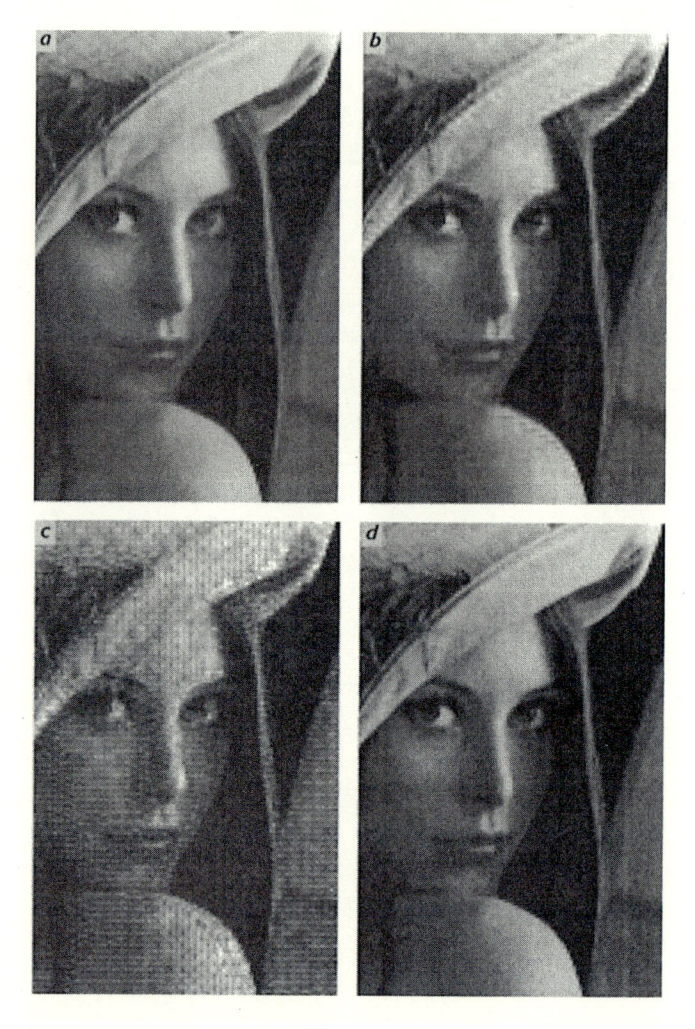

図 4.7
画像の圧縮に使われるウェーブレットのレギュラリティと周波数選択性は再構成の質に影響する．(O. リウール氏 および CNET 提供)
(a) 元のイメージ．圧縮率約 10 で長さ 8 の 3 種のフィルタによって圧縮され，それから再構成された．
(b) 最もレギュラリティが高く，(この長さのサポートで) 最も周波数選択性が悪いドブシーのウェーブレットによるもの．
(c) 非常に周波数選択性が良いがレギュラリティの低いフィルタによるもの．
(d) 中間のウェーブレットによるもの．
(これらの画像は数値化され拡大されているため，ピクセルが見えてしまっているが，ピクセルそのものは処理の欠陥と解釈されるべきでない．)

Notes

1) B. SINHA et K. J. RICHARDS, *The Wavelet Transform Applied to Flow Around Antarctica*, dans *Wavelets, Fractals, and Fourier Transforms*, édité par M. FARGE, J. C. R. HUNT et J. C. VASSILICOS, Clarendon Press, Oxford, 1993, pp. 221-228.
2) D. HEALY Jr. et J. B. WEAVER, *Two Applications for Wavelet Transforms in Magnetic Resonance Imaging*, IEEE Transactions on Information Theory, vol. 38, n°2, mars 1992, p. 849.
3) A. BIJAOUI, *Wavelets and Astronomical Image Analysis*, dans *Wavelets, Fractals, and Fourier Transforms*, Ibid., pp. 195.
4) 「フラクタル」という言葉は集合に対して用いるが,「マルチフラクタル」という言葉は,（非常に特殊な場合を除いて）測度および関数に対してのみ用いられる. ユリエル・フリッシュの説明によれば, 大ざっぱに言えば, マルチフラクタル関数は, 様々なフラクタル集合上にある様々なタイプの特異性を表している. 例えば,「二重フラクタル（bifractale）関数」は, 次元 a の集合 A 上の不連続性を表し, その導関数は, 次元 b の集合 B 上で不連続である. マルチフラクタル関数を作るためには, そのような特異性と特異性に対応する集合を考えなけらばならない.
5) A. ARNÉODO, F. ARGOUL et G. GRASSEAU, *Transformation en ondelettes et renormalisation*, dans *Les Ondelettes en 1989*, édité par P. G. LEMARIÉ, Lecture Notes in Mathematics, vol. 1438, Springer-Verlag, New York, 1990, p. 127.
6) Y. MEYER, *Les Ondelettes Algorithmes et Applications*, Armand Colin, Paris, 1992, p. 158.
7) G. PARISI et U. FRISCH, *On the singularity structure of fully developed turbulence in Turbulence and Predictability in Geophysical Fluid Dynamics*, édité par M. GHIL, R. BENZI et G. PARISI, Proceed. Intern. School of Physics 《E. Fermi》, 1983, Varenna, Italy, North-Holland, 1985, pp. 84-87.
8) 拡張された自己相似性（*Extended Self Similarity*）のテクニックは, ローマの Roberto Benzi, リヨンの高等師範学校の S. Ciliberto, および彼らの協力者達によって開発された. 次の文献を見よ；R. BENZI, S. CILIBERTO, C. BAUDET et G. RUIZ CHAVARRIA, *On the scaling of three dimensional homogeneous and isotropic turbulence*, Physica D, vol. 80, 1995, pp. 385-398.
9) D. L. DONOHO, I. M. JOHNSTONE, G. KERKYACHARIAN et D. PICARD, *Wavelet Shrinkage : Asymptopia?* J. Royal Statistical Society, série B, vol. 57, n°2, 1995, pp. 301-369. 次の文献も参照；D. L. DONOHO et I. JOHNSTONE, *Ideal Spatial Adaptation via Wavelet Shrinkage*, Technical Report n° 400, juillet 1992, Department of Statistics, Stanford University. Donoho et Johonstone の文献 (LaTex, DVI, PostScript) は playfair. stanford. edu の anonymous ftp から手に入れることができる. コマンド cd pub/reports の後, ls でファイルリストを表示し, get「ファイル名」でファイルを転送できる.
10) R. DEVORE et B. LUCIER, *Fast Wavelet Techniques for Near-Optimal Image Processing*, IEEE Communications Society, 1992, pp. 1129-1135.
11) Voir les commentaires dans D. L. DONOHO et al., *Wavelet Shrinkage : Asymptopia?*

Ibid.

12) S. MALLAT et W. L. HWANG, *Singularity Detection and Processing with Wavelets*, IEEE Transactions on Information Theory, vol. 38, n° 2, mars 1992, pp. 617-643.
13) G. GRANLUND, *In Search of a General Picture Processing Operator*, Computer Graphics and Image Processing, vol. 8, 1978, pp. 155-173.
14) D. FIELD, *What is the Goal of Sensory Coding?*, Neural Computations, vol. 6, n°4, 1994, pp. 559-601.
15) D. FIELD, *Relations between the statistics of natural images and the response properties of cortical cells*, Journal of the Optical Society of America A, vol. 4, déc. 1987, pp. 2379-2394. 次の文献を見よ；D. FIELD, *Scale-invariance and Self-similar 《Wavelet》 Transforms: an Analysis of Natural Scenes and Mammalian Visual Systems*, dans Wavelets, Fractals, and Fourier Transforms, édité par M. Farge, J. C. R. Hunt et J. C. Vassilicos, Clarendon Press, Oxford, 1993, pp. 151-193.
16) W. T. FREEMAN, et E. H. ADELSON, *The Design and Use of Steerable Filters*, IEEE Trans. on Pattern Analysis and Machine Intelligence, vol. 13, n°9, sept. 1991, pp. 891-906.
17) E. P. SIMONCELLI, W. T. FREEMAN, E. H. ADELSON, et D. J. HEEGER, *Shiftable Multiscale Transforms*, IEEE Trans. on Information Theory, vol. 38, n°2, mars 1992, pp. 587-607.
18) D. GABOR, *Theory of Communication*, J. Inst. Electr. Engrg., London, 93 (III), 1946, p. 429.
19) 理論上は，サンプルは無限の情報量を持っている．しかし，信号を測定するときには，有限桁の数字しか意味がないし，その上，たとえ理想的な装置で測定したとしても，信号は雑音の中にあるため，精度は限られる．また，原子のスケールではブラウン運動のような現象も現われる．数 π は，約 20 億桁まで計算されているが，現実への応用の大部分では $\pi = 3.14159$ で十分である．これは 2 を底として 20「ビット」である．光の速度は，最も高い精度で決定されている物理量の一つであるが，それでも 8 桁までしか知られていない．
20) C. E. SHANNON et W. WEAVER, *The Mathematical Theory of Communication*, The University of Illinois Press, Urbana, 1964 (10e publication), p. 28.
21) M. LI et P. M. B. VITANYI, *Applications of Kolmogorov Complexity in the Theory of Computation*, Complexity Theory Retrospective, édité par Alan Selman, Springer-Verlag, New York, 1990, pp. 147-203.
22) M. ANTONINI, M. BARLAUD, P. MATHIEU et I. DAUBECHIES, *Image Coding Using Wavelet Transform*, IEEE Trans. Acoust. Signal Speech Process., vol. 1, n°2, avril 1992, pp. 205-220. 次の文献を見よ；M. BARLAUD, P. SOLE, T. GAIDON, M. ANTONINI et P. MATHIEU, *Pyramidal Lattice Vector Quantization for Multiscale Image Coding*, IEEE Trans. on Image Processing, vol. 3, n°4, 1994, pp. 367-381.
23) J. B. WEAVER et D. HEALY, Jr. *Adaptive Wavelet Encoding in Cardiac Imaging*, Proceeding of the Society for Magnetic Resonance in Medicine, Berlin, Germany, Aug. 1992.
24) I. DAUBECHIES, *Ten Lectures on Wavelets*, Society for Industrial and Applied Mathematics, Philadelphia, Pa., 1992, p. 254.
25) O. RIOUL, *Ondelettes régulières: application à la compression d'images fixes*, Thèse

de Doctorat, École nationale supérieure des télécommunications, mars. 1993, p. 109.
26) M. UNSER, *Texture classification and segmentation using wavelet frames*, IEEE Trans. Image Processing, vol. 4, n°11, pp. 1549-1560, novembre 1995.

5
ウェーブレットを超えて

　信号解析へのウェーブレットの寄与は，技術的なものである一方，概念的なものでもある．マリー・ファルジュによると，「ウェーブレットによって我々はフーリエ変換の意味について反省せざるを得なくなり，そして，どんなタイプの解析も信号と解析する関数の両方から成っていると考えざるを得なくなりました．同じ技法が何世代にもわたって使われると，人はしばしば判断力を失くします．ウェーブレットのような新しい道具が現われると，問題を子細に再検討せざるを得ません．」

　解析の結果は，部分的には，使用した表示系に依存する，とダヴィッド・マールは断言している[1]．「どんな表示も他の情報を犠牲にして，ある何らかの情報を明らかにする．犠牲にされた情報は，背景に追いやられ，見つけるのがかなり難しいこともある．」マールは位取りの底の例をあげている．数を10進法で表したときは，5または10で割れる数はすぐにわかる．誰も間違わない．7の倍数を見つけるのはそれより難しくて，計算をしなければならないし，計算するときに間違う恐れもある．

　ウェーブレット理論が進歩するにつれて，フーリエ解析に限界があるとすればウェーブレットによる解析にも限界がある，ということが明確になってきた．フーリエ解析は規則的な周期的信号に適しており，ウェーブレットによる解析はピークとか不連続性を伴う非定常的な信号に都合がいい．準定常的信号で，その振舞いがある時間区間にわたって予測できるものについては，何か中間的な方法があるといいだろう．信号が長い時間にわたって穏やかに振動するだけならば，これを，1回ではいくつかの振動しかとらえない小さいウェーブレットで解析す

るのは適切ではない．さらに，ウェーブレットによる周波数の決定は高周波数では不正確である．そういう理由から，ウェーブレットは音楽や音声にはそれほど適切とは思えない．しかし，標準的な窓つきフーリエ解析は直交性とは両立せず，ウェーブレットによる解析ほどの柔軟性はない（窓の大きさが一定だから）．

こう見きわめて，イヴ・メイエとロナルド・コアフマンは一歩戻ることにした．彼らはフーリエ解析をウェーブレットに影響された新しい眼で見直して，速いアルゴリズムを持ち，良い周波数選択性と大きな柔軟性を提供する表示系を探した．そしてそういうものを二つ創りあげた．

5.1　ウェーブレット・パケット

最初のハイブリッド・システム —ウェーブレット・パケット— は，1989年の夏の間に，エールからスイスのグシュタートに来ていたコアフマンと，そこに合流したメイエによって創られた．ウェーブレット・パケットは，おおざっぱに言うと，ウェーブレットと振動関数の積である[2]．ウェーブレット自身は突然の変化を見つけ出し，振動の方は規則的な変動を明らかにする．

「これは新たな柔軟さを導入しようというアイデアでした」とメイエは言う．ウェーブレットの場合，すべての「高い音符」は短く（高周波数の狭いウェーブレット）すべての「低い音符」は長く（低周波数の広いウェーブレット）なるが，ここでは,「窓」の大きさ，周波数，そして位置を —音符のように— 独立に変えることができるのである．また無数の振動が存在するのだから，解析する関数として非常に豊かで非常に柔軟な族が使える，とメイエは言う.「これは窓付きフーリエ解析よりずっと複雑でずっと巧妙です.」その上，このタイプの解析では速いアルゴリズムを使用することができる．

マリー・ファルジュは乱流の研究にウェーブレット・パケットを使っている．ダヴィッド・ハーリーとジョン・ウィーヴァーはこれを医学の分野に適用しており，他の研究者は画像を圧縮するのに使っている[3]．これらの応用は理論に先行しており，その係数の解釈は必ずしも明確ではない．パリ-ドーフィヌ大学のアルベール・コーエンのような理論家は，この問題に関する研究を続けている．「ウェーブレット係数を解釈するときには，膨大な量の数学の文献が使えます．ウェーブレット変換は数学のある一分野を引き継いでいる，ということがわかった今では，

ウェーブレットの後ろには一つの科学があるのです．しかし，ウェーブレット・パケットはとても新しいため，係数の意味がまだ解釈できていません」とメイエは言う．

5.2 マルヴァール・ウェーブレット

翌年の夏，コアフマンとメイエは，京都での国際数学者会議の期間中に，二つ目のハイブリッド族を創った．ガウス型窓つきフーリエ解析は直交性を持ち得ないが，コアフマンとメイエは窓の形を修正し，三角関数をそれを満たすように適合させた．何日か討議した後のある午後，会議参加者たちがエクスカーションに出掛けたとき，彼らは御所の庭に座り込んだ．そこで彼らは，メイエがマルヴァール・ウェーブレットと名づけた特別な形を持つ関数を創りあげたのである．これはアタックで始まり，定常な部分を経た後，デクレッシェンドで終わる．この関数はサインかコサインのどちらかで満たされるが，両方同時には満たさない[4]．

「平行移動または伸縮の意味でのウェーブレットは物理的意味を持たない．しかし，マルヴァール・ウェーブレットには一つの意味があります．これは実際に音符のように，アタック，定常期間，そして減衰があるので，ある時間発せられた音を連想させます．ウェーブレット・パケットは自然とは相当かけ離れていて，アルゴリズムの面ではシンプルだけれど，物理的面では自然ではないんです」とメイエは言う．

ウェーブレット解析の場合と同じように，マルヴァール・ウェーブレットの「窓」の大きさも変えることができる．しかしこの変更には標準的ウェーブレットによるよりも柔軟性があって，時間適応分割を行うことができる．窓の大きさが窓中の振動の数に依存しないだけでなく，三つの要素，つまり，アタック期間，定常期の期間，減衰期間が独立に変化し得る（図 5.1）．一律的ではないやり方で信号を切り分けるという手法は，音楽や音声を解析する研究者には特に助けとなるだろう，とメイエは予測する．この人達は「信号全体の周波数構造よりも，まず，信号の時間変化に興味を持ちますから．」

この分割は自動的に行われる．つまり，アルゴリズムが最も短い切りわけを探す．この切断の基準は音声の表示に適合するだろうか？　メイエは答える．「そう

5.2 マルヴァール・ウェーブレット

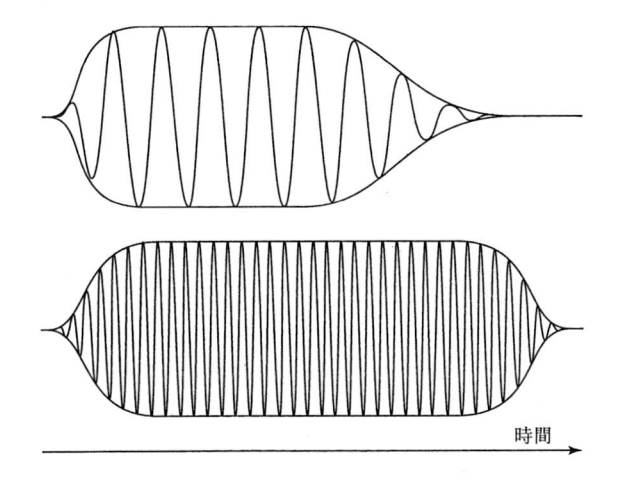

時間

図 5.1 二つのマルヴァール・ウェーブレット

信じてやらざるを得ませんが，実験的にはかなりうまく行っています．実際に音声学を研究している人達は，もっと巧緻なテクニックと比較して，このような自動的な切り分けを軽蔑するでしょう．しかしこれは音声信号処理の第1段階を与えるものです．」

ヴィクター・ヴィッケルハウザーは，エヴァ・ウェスフレド（Eva Wesfreid），クリストフ・ダレッサンドロ，グザヴィエ・ロデ（Xavier Rodet）と共に，音声信号を，声のある部分とない部分に分けるためにマルヴァール・ウェーブレットを使用した．彼は「音素のように，より小さい単位の適切な分割が得られる」ことを期待している．

独立変数が三つだと，マルヴァール・ウェーブレットもウェーブレット・パケットも冗長な系を作る．しかし，この系は無限個の直交基底を提供するので結果として大きな効果がある．というのは，これらは高速アルゴリズムに適応するのである．この高速化にはデータの離散化が必須で，データは格子点上に限らなければならない．「この点が，今利用できるアルゴリズムの少々弱いところです」とメイエは白状する．「物理的現象は連続的に調べるべきでしょう．つまり格子点を格子の間の点に比べて優先すべきではないでしょう．しかし，効果的なアルゴリズムを望むなら，問題は離散化しなければなりません．このような特徴はすべてのアルゴリズムに共通しています…」

メイエとコアフマンより以前に，ブラジルの信号処理の専門家，エンリケ・マルヴァール（Henrique Malvar）は，ブラジリアで，適応分割なしにこのような関数のある特別なケースを創っていた．メイエは彼に敬意を表してこう命名したのである．メイエはまた，通常の「時間–スケール」ウェーブレットと区別するために，これらを「時間–周波数」ウェーブレットとも呼んでいる．しかしこれに反対する人々もいて，これらの新しい関数はウェーブレットではなく「適応窓つきフーリエ解析」だと言っている．

「何をウェーブレットと呼ぶかという問題は，些末主義的になっています」とアレックス・グロスマンは指摘する．「最も面白い最近の展開のいくつかは真のウェーブレットではない—スケールが違ったやり方で導入されています—，だが，それがどうだというのでしょう？」

しかしそれでも，慣れない人はこの用語の混乱に迷う恐れがある．暗礁には事欠かない．日常語では，「スケールの大きい」地図とは，細かい部分を拡大した地図のことで，村や小さな道路も載せている．しかしウェーブレットの研究者の言葉使いは逆である．つまり，大スケールでは信号の長期の振舞いを調べ，小スケールで詳細を見るのである．

ウェーブレットという言葉自体，様々なタイプの関数を意味している．つまり直交ウェーブレット，非直交性の離散変換を作りだす関数，そして連続変換を与える関数である．「私が知っている限り，これらは皆ウェーブレットと呼ばれている．これは同じ研究者達がその仕事をしていたためです」とある数学者は主張する．「この傾向は，かつて，分類できない虫をすべて ver(s) と呼んでいた生物学者に似ている．直交ウェーブレットは双直交ウェーブレットの特別な場合だが，これを除けば，これらの関数はすべて異なるジャンルに属している．」

補足⑰　ウェーブレット，音楽，音声

デニス・ガボールは，音響学を背景として窓つきフーリエ解析を発展させた．「音声や音響学ではこのタイプの解析がいつも使われています．これは基本的な道具なんです」と，オルセーのパリ南大学にある工学的情報科学・力学研究室で，国立科学研究センターのクリストフ・ダレッサンドロは言う．

ウェーブレットによる多重解像度は，この分野にも多くをもたらしただろうか．イ

ヴ・メイエによると，直交ウェーブレットによる音声解析の最初の試みは「完全な失敗でした．つまり，研究者達はウェーブレット係数を解釈できなかったのです」．現在では，音声および音響解析の専門家はもう少しポジティブな評価をしている．

「今のところ，ウェーブレットは音声認識の分野では注目すべき結果は何も与えていない．しかし音声の基本的周波数の解析については，興味深い結果があった」とダレッサンドロは言っている．音声や音響の分野でウェーブレットの新らしい応用がみられないことについて，彼は驚いていない．なぜなら，この分野には「『ウェーブレット』という言葉こそ使っていないものの，似たようなテクニックが既にずっと前からあったのである（例えば，古いテクニックは別にしても，音声解析におけるクオドラチュアミラー・フィルタがある）．ウェーブレットは短時間解析のテクニックの新たな出発となったものの，これらのテクニックは既に知られ活用されていた．ウェーブレットのタイプの変換は50年ほど前から基本的なものだったのだ．音声の生成，知覚，伝達に関する近代的理論が生まれたのはこれらのテクニックのおかげなのだ．」

ヴィクター・ヴィッケルハウザーのコメントによれば，最初に使われていたクオドラチュアミラー・フィルタはかなり非正則なもの（滑らかさに欠けるもの）で，圧縮率を上げるため反復回数を増やすと，厄介なアーティファクトが現れていた．イングリッド・ドブシーが作った正則な（なめらかな）ウェーブレットは分解の効果を高めた．（音声で使われるウェーブレットは他の用途で使われるものとは必ずしも同じではない．「画像処理のためのウェーブレットとは違って，きわめて周波数局在化されたウェーブレットだ」とステファン・マラーは説明している．）

音楽の研究にもウェーブレットが使われている．マルセイユのリシャール・クロンラント–マルチネとその仲間は，楽音の分析と合成にウェーブレットを使っている．ネイル・トッド（Neil Todd）（ロンドン大学，シティ・カレッジ）もこのようなやり方で音楽的リズムを研究している．

5.3 最良基底：ドライバーの選択

マルヴァール・ウェーブレットとウェーブレット・パケットは，コアフマン，メイエ，ヴィッケルハウザーが創り上げた最良基底と呼ばれる圧縮アルゴリズムで使われている．このアルゴリズムの構想はコアフマンによるもので，それぞれの信号を最適の簡潔さでエンコードする基底を選ぶ，というものである．情報の双対性を利用して，最小の個数の係数で信号を最もよく表す時間と周波数の組み合わせを決定する（補足⑱「最良基底」を見よ）．

「いくつかの係数が大きな値を持つ以外は実際上すべての係数がゼロになる」

ような表示が研究されている，とステファン・マラーは説明する．「この関数は，すべての点全体の上に薄く広がるのではなく，少数の点に強く集中する．」このとき「エントロピー」が少ない，無秩序性が少ない，と言う．(この「エントロピー」という言葉の使い方は，通信の数学的理論[5]の中のシャノンとウィーヴァーの使い方とは異なっている．)

<u>最良基底</u>で使われるすべての基底は直交性を持つから，これらはアプリオリにはどれも同じように簡潔である．直交変換にはいかなる冗長性も存在しない．つまりどの情報も一度しかエンコードされない．しかし，それでも直交変換が冗長なこともある．つまり，一つの係数が次の係数に関する情報を提供するのである．これは係数が相関しているといわれる．この相関関係は信号に由来するものである．

我々はこの相関関係を確率論的に理解しなければならない．信号を一連の記号または言葉と考えてみよう．記号の連続は，「少なくとも通信システムの観点からすると，確率に支配されている．どの記号の確率も，直前に何を取り出したかに依存している…」とウィーヴァーは説明している[6]．「英語の場合を取り上げてみよう．現れた最後の記号が the なら，次の語が冠詞である確率はきわめて低い…三つの語 in the event の後は，that という語が現れる確率は高く，次の語が elephant である確率は非常に小さい．」

したがって冗長性は，単に連続表示の場合のような明確な冗長性だけではない．これは，ウィーヴァーの言うように，「メッセージの構造のうちで，伝達者の自由意志ではなく，記号の使い方についての統計的規則によって決まる部分である．英語の冗長性は 50 ％に達する…つまり，書いたり話したりするときに用いる文字や語の約半分は自由な選択の結果であるが，残りの半分は言語の統計的構造に支配されている（我々は意識していないが）．」この自由選択の比率はクロスワード・パズルの作成には必要だ，と彼はつけ加える．もしある言語に「20 ％の自由度しかなかったら，クロスワード・パズルに人気が出るよう十分複雑な問題を十分たくさん作ることは不可能である．」[7]

<u>最良基底</u>アルゴリズムは，信号に最もよく似た基底を使って，この冗長性を最小にする．つまり，信号の基礎構造は，このとき基底に組み入れられて，信号の表示は簡潔になる．フーリエ解析は二つか三つのサインカーブで形成される曲線に適している．つまりその曲線を経済的にきちんと表現する．しかし，階段

の形を表現しようとすると，たくさんのサインとコサインが必要になる —— これは冗長で無秩序で解釈しにくい表示である．この場合は，他の基底を探すほうがいい．

これは「仕事を始める前に，最も適切な道具を選ぶという問題なんです」とイヴ・メイエは言う．「電気工事には小さなドライバーを使うけれど，大規模な建具工事のときには大きなドライバーを使う．つまり，仕事に応じて道具を選びます．以前はこの選択はなかった．さらに，このアルゴリズムが魅力的なのは，すべて自動的なことです．つまり，エントロピー基準があなたのために道具箱からドライバーを選んでくれるのです…」

信号はコンピュータに入り，そこで，駅に入った列車のように他の線に移される．周期的なパターンがあると，音楽に似た信号はフーリエ解析へと送られるが，その一方では，ウェーブレットが不規則な信号，フラクタル，あるいは短いが大きな変動をする信号を受け入れる．この二者の間で，フーリエ解析にもウェーブレット解析にもまったく適さない信号がハイブリッド（一つはマルヴァール・ウェーブレットに基づくアルゴリズム，もう一つはウェーブレット・パケットに基づくアルゴリズム）によってエンコードされる．すべてはきわめて速く行われ，基底の選択は「最初の段階で行われた少数の計算に基づいてなされます．得られた情報は取り出され，最終計算で使われます．計算と選択は平行して行われます」とメイエは説明する．

補足⑱　最良基底

信号を分解するために基底を選ぶということは，結局は，時間の精度と周波数の精度の間で何らかの妥協をはかるということになる．この選択は<u>ハイゼンベルクの箱</u>で表すことができる．各々の箱は直交基底の要素に対応し，それによってエンコードされる時間–周波数情報のおよその範囲を表している．箱の寸法 Δt は時間の標準偏差を表し，寸法 $\Delta \tau$ は周波数の標準偏差を表す．ハイゼンベルクの不確定性原理によってこれらの箱の大きさには最小値が存在する．つまり積 $\Delta t \Delta \tau$ は最小のときでも $1/4\pi$ でなければならない．

直交基底の要素 —— 例えばあるマザー・ウェーブレットを平行移動し伸縮したものすべて —— は，時間–周波数面の<u>被覆</u>要素と考えることができる[8]．圧縮アルゴリズ

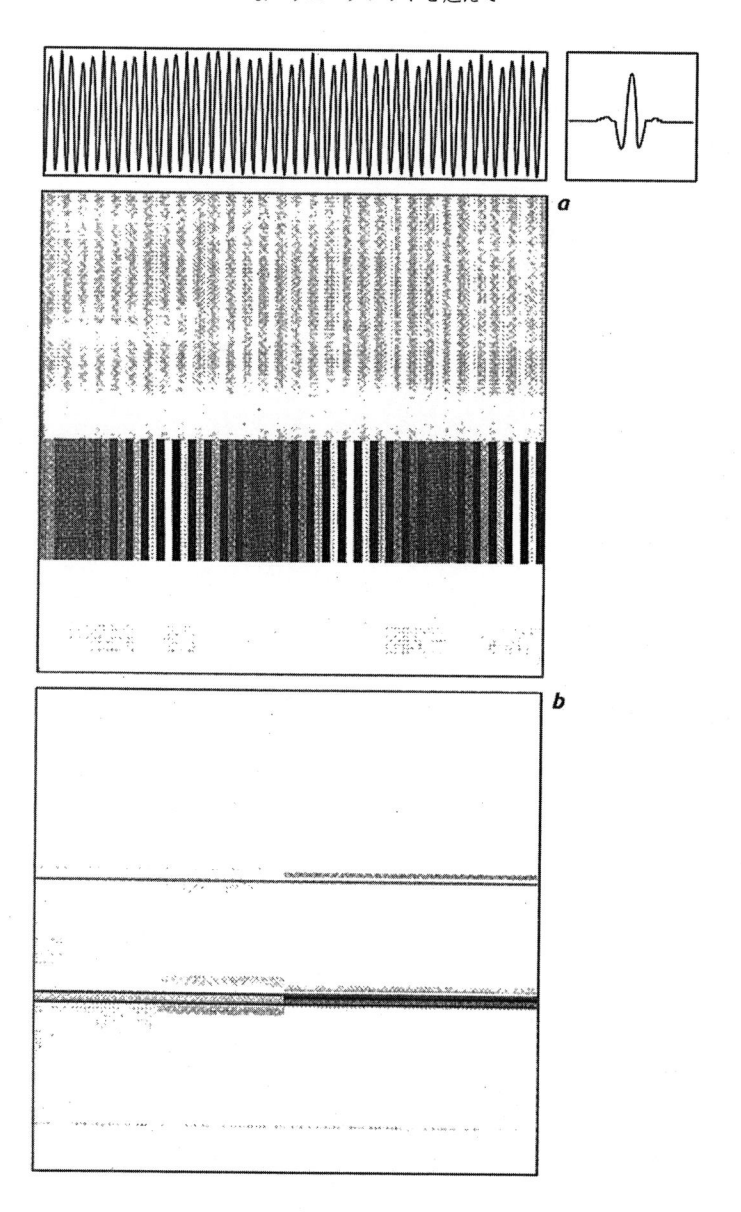

図 5.2 一つの信号（上左）の二つの時間-周波数表現（M.V. ヴィッケルハウザー氏提供）
(a) 上右のマザー・ウェーブレットを使った，ウェーブレット基底による表現．
(b) 最良基底 による表現．

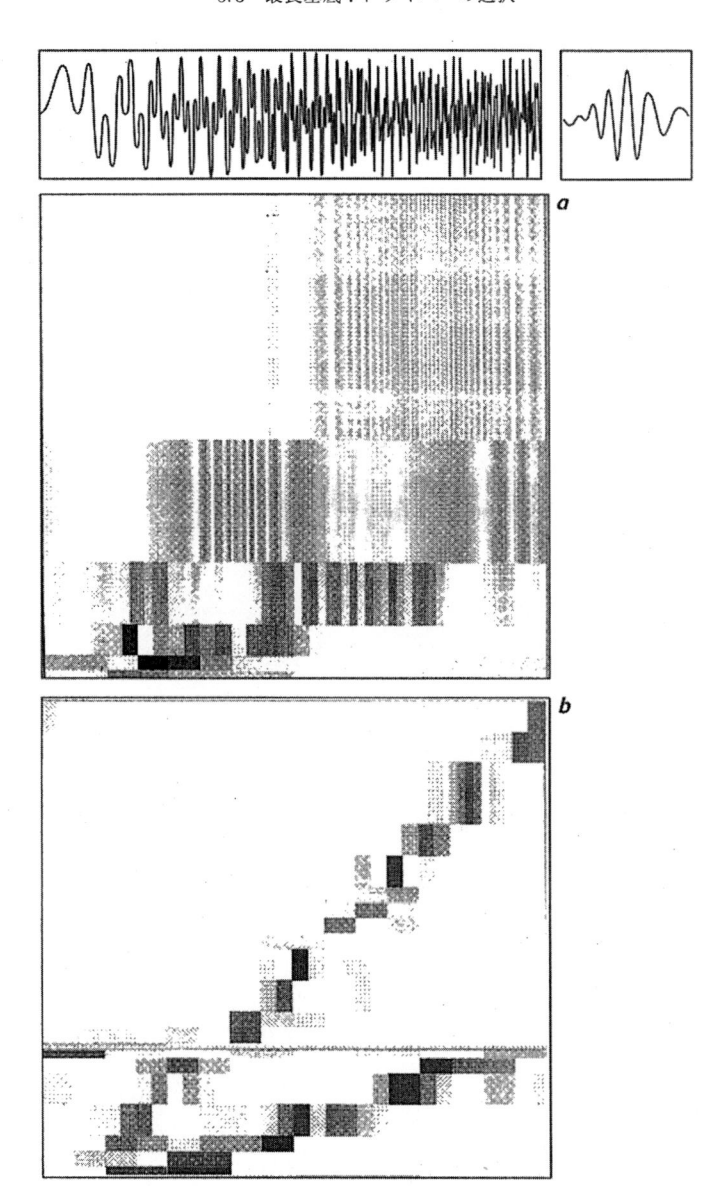

図 5.3　一つの信号（上左）の二つの時間-周波数表現（M.V. ヴィッケルハウザー氏提供）
(a) 上右のマザー・ウェーブレットを使った，ウェーブレット基底による表現．
(b) 最良基底 による表現．

ムである 最良基底 は，基底のライブラリーから，信号の表示がこの面上で占める面積を最小にするような基底を選ぶ．計算は自動的に行われて，ソフトウェアが信号を読み，ハイゼンベルクの箱の形で表現する．ハイゼンベルクの箱は係数の大きさを示すために彩色もでき，有効な係数だけが考慮される（図5.2，5.3）．

「信号のいくつかの特性を推定したり，いくつかのタイプの短い信号を認識したいときには，これは役に立ちます」とヴィクター・ヴィッケルハウザーは言う．「それに，幾何学（重なり合わない被覆）と代数学（直交性）の対応が関数の分解の理解に役立ちますし，我々の高速アルゴリズムの複雑さを計算する方法を確立するのにも役立ちます．」[9]

5.4 指紋とハンガリー舞曲

アメリカのFBI（Federal Bureau of Investigation，連邦捜査局）は，1枚当たり10^7バイトの情報を含む何百万もの指紋カードに追い回されている．その保管と伝送を容易にするためには，これを圧縮しなければならない．そこで，ヴィッケルハウザーとコアフマンはウェーブレット・パケットと 最良基底 アルゴリズムを用いることにした．公式の試験で，これらの方法は他の方法より高性能であることが証明された．フーリエの方法は線条をつぶすし，標準的ウェーブレットは指紋にみられるパターンの反復にあまり敏感ではなかったのである．

FBIは自動鑑定システムを選択するためのコンクールも準備している．「速さのことだけを考えても，ウェーブレットを使うものがきっと勝つでしょう」とヴィッケルハウザーは予測する．「この解析は処理すべきデータ量を著しく減らしますから．」

軍のヘリコプターによる実験では，最良基底 アルゴリズムは標的の確認に必要な計算を簡単化した．このアルゴリズムによって，例えば，装甲車と無害の岩を見分けることができるのである．レーダー・システムが出力するデータの種類が64から16に減らされた．「結果は，通常の64のデータによるものと同じ，いや，もっと良いのです．特に雑音があるときはね」とヴィッケルハウザーは言う．

このアルゴリズムの最もユニークな応用はヨハネス・ブラームスの録音の復元である．これは1889年にブラームスによる自作演奏をトーマス・エジソンの蓄音機に録音したもので，貴重なものであるが非常に劣化していたのである．エール大学の音楽学部は通常の信号処理のテクニックを使って失敗し，その後，この

資料をコアフマンに託した.「ブラームスはまったく予想外の,音学家が大いに興味をもつような演奏の仕方をしているんですよ」とコアフマンは打ち明ける.「これは,気をつけて調べなければならない,本物の考古学的な掘り出し物だ.」

この録音は<u>ハンガリー舞曲第1番</u>の一部で,原音をちゃんと復元できさえすれば,偉大な作曲家自身による演奏が分析できる夢のようなチャンスに思えた.しかしこれは長い間期待が持てそうになかった.

1980年代に,あるチームが元の記録媒体である蝋の円筒からもっと現代的な媒体に変えようとしたが失敗し,この試みで円筒を傷つけてしまった.幸いなことに,1935年にこの円筒から直接円盤が作られていた.英国図書館はこの録音から直接録ったと称するコピーを所有している.しかし非常に質が悪く,ある音楽学者などは,この盤から聞き取れるすべての音楽的価値は「病的想像の産物」[10]だと言っている.

エールの音楽学校のジョナサン・バーガーとチャールス・ニコルス(Charles Nichols)は,ウェーブレットを使って「この定説を問いなおすに十分な音楽的データ」をこの録音からを引き出した,と書いている[10].

この二人の研究者は,コアフマンと一緒に,円盤から録音したカセットテープについて研究した.その円盤自体も英国図書館の円盤から作られたものである.雑音がひどいので,「聴いた人のほとんどが,経験豊かな人でも,ピアノの演奏だとはわからない」とバーガーは語っている.再構成の結果はまだ十分に音楽的とはいえないが,楽譜や現代の録音と突き合わせてみたバーガーとニコルスは驚くべき結論に達した[11].

ブラームスは自分自身の楽譜をかなり無視しているのである.いくつかの小節で8分音符の長さを2倍にし,他の小節では第2拍にアクセントを置いている.この演奏は「いくつもの箇所で即興演奏にすらなっている」とバーガーとニコルスは書いている(図5.4参照).

この仕事は現在も続いている.「我々の結果は多くのウェーブレット,多くの係数,多くの大きさの窓の組み合わせである.手法の自動化という目標にはまだまだ到達していない.」とバーガーは言う.

基本的な考えは,雑音を,構造を持っていないものすべてと定義することだった——「構造を持っている」というのは,<u>最良基底</u>で簡潔に表現することが容易であることを意味する.したがってやり方は,信号を<u>最良基底</u>で分解し,残っ

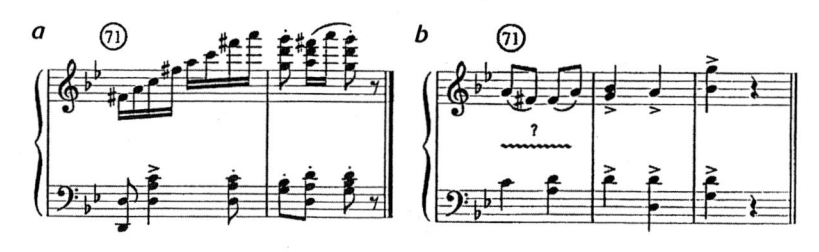

図 5.4 (a) ブラームスのハンガリア舞曲第 1 番のオリジナル楽譜からの抜粋，
(b) 同じ部分をブラームスの録音から採譜したもの
ブラームスは自由に演奏し即興演奏すら行なっている．(J. バーガー氏提供)

ているものすべてを取り除くことである．同じテクニックがイルカの言葉のような信号に適用できるのではないか，とメイエは思いを巡らしている，そこでどんな結果が得られるのかわからないが．イルカの発する音には確かに構造がある．最良基底 の解析のような解析がこの隠れた構造を解明する役に立つかもしれない．

この種の問題は伝統的な雑音除去の領域を超えたものである．「ウェーブレットは，古典的な理論的問題は本質的にはかたがついたことを示しています」とディヴィッド・ドノホは認める．「しかし，ウェーブレットはまったく新しい問題も暴いて見せているのです．我々は現在，ウェーブレット・パケットやメイエとコアフマンの基底を使って，統計学者達に彼らがこれまで考えたこともないような一連の問題が存在することを示そうとしているんです．」

5.5 適切な単語

最良基底 アルゴリズムは柔軟性を持つ一方，制限も伴っている．これは信号を全体として扱うので，雑多な要素から成る非定常的な信号には適当ではないのだ．こういう信号のために，マラーとジフェン・ツァン（Zhifeng Zhang）は追跡（Poursuite（仏語），Matching Pursuits（英語））と名づけるアルゴリズムを創り上げた[12]．このアルゴリズムは，信号の各部分について，それに最もよく似た基本波を見つける．

「信号全体に対する最適表示を探す代わりに，その信号の各特性に最適な表示を探します．最良基底 アルゴリズムが文全体の最良の対応物を与えるのに対し，

これは信号の各『語』に対して最良の相手を見つけようとしているようなものです」とマラーは説明する.

　信号が与えられたとき, 追跡 アルゴリズムは基本波を収録している辞書をめくって, その信号のある一部分に最もよく似た波を選ぶ. この「単語」は信号から取り出される. それから 追跡 は残りのある一部に対応する単語を選び, 後も同じように続けられる. 必要ならば, 辞書は, 信号をもっとよく表すよう波を修正して新しい単語を作ることもできる.

　マラーはここで, 高速ウェーブレット変換にも現れる反復減法の概念を用いている. つまり, 各段階では, 信号から抽出した情報をエンコードし, 残りの部分についてはこの過程を繰り返す. しかし, ウェーブレット変換が厳格な数学的規則に従って同じやり方ですべての信号を扱うのに対し, この新しいアルゴリズムは信号の様々な成分を考慮に入れて, 各信号について個別的な解を求める.

　追跡 アルゴリズムの基本波は, 大きさの変わるガウス関数で, 様々な周波数のサイン波によって変形されたものである. この波から, サイン波に似た関数（窓の大きさを無限大にしたとき）, ウェーブレット, ウェーブレット・パケットやマルヴァール・ウェーブレットに類似の関数…など, 無数の基底を作ることができる. この辞書は大きく, 冗長である.

　逆説的だが, この冗長な辞書は, きわめて非定常的な信号の簡潔な表示を可能にしてくれる. 直交基底は, マラーの比喩によると, 収録する単語の数が少ない辞書のようなものだ. この基底が適合するタイプの信号だけならすべてうまくいくが, 日常からはみ出したことを何か言おうとすると, たちまち, たくさんの語を使ってまわりくどい話し方で自分の考えを表現しなければならなくなる. 追跡 が持っている大きな辞書だと, 信号の各部分に対して適切な語を見つけることができる.

　追跡 にはもう一つ別の利点がある. 伝統的な考え方だと, 簡潔性か変換に対する不変性かを選ばなければならない. ところが, 追跡 は簡潔であり同時に変換に対して不変である. 一連の係数の計算においてつぎつぎと出発点を選ぶ必要はなく, 信号は局所的特性に応じてエンコードされる. したがって 追跡 アルゴリズムはパターン認識, 輪郭や肌理〔きめ〕のエンコードに適している.

　これに対して支払う代価は速度である. n 点の信号のエンコードは, 最良基底 の場合は $n\log n$ であるのに対し, ここでは n^2 の計算が必要となる. つまり,

大きな辞書から単語を選ぶのは小さな辞書よりもずっと時間がかかる．その代わり，再構成は速い．元の文を復元するには様々な「単語」を加え合わせるだけでいいのだ．

5.6　未　　　来

　情報の最も良い表示の探究は，目標からはまだはるかに遠い状況にある．新しい言語がいくつも作り出されたし，可能性も多様になっているが，これらの豊かさを活用する方法を学ばねばならない．与えられた課題 ——画像の圧縮，音声伝送，医学的診断，方程式を解くこと… —— に対しては，フーリエ解析を使うべきだろうか，それともウェーブレットを，あるいはハイブリッドを使うべきだろうか？

　ウェーブレットを選ぶなら，直交ウェーブレットか，双直交か，それとも連続表示をとるべきだろうか？　多くの消失モーメントを持つものか，それともあまり持たないものか？　どんな基準に従うべきか？　簡潔性はその一つである．次に来るのは計算速度，係数の解釈の容易さ，結果の質…研究者はただいくつかの答えを提出するだけだ．今日最適と思える方法も明日は多分効力を失うだろう．いくつかの課題にはおそらく他の表現形式が必要となるだろう．

　辞書が小さすぎると,「一つの考えを表すのに多くの単語が必要です」とマラーは言う．大きすぎると選択の多さに迷ってしまう恐れがある．余計なものはないが，必要な単語はすべてある，というのが望ましい．マラーはある実験について述べている．それは生まれたときからずっと，水平のバーだけでできている囲いの中で成長した猫の話で,「1年後，この猫に垂直のバーを見せると，猫はこれがわからない．その猫の世界には垂直のバーは存在しないのだから，それをわかる必要はないのです．逆に，異なる2本の水平バーは非常によく見分ける．猫は自分が必要とする表示を学んだのです.」

　「現在の問題はそれぞれの問題に適切な表示の選択にある，と私には思えます．フーリエ解析は一つの道具であり，ウェーブレット変換はまた別の道具ですが，音声のような複雑な信号に直面すると，ハイブリッド・システムがしばしば必要となります．この問題をどう定式化できるだろうか？　どのようにして最も良く適合する表示を見つけ，それを速く計算したらいいのでしょうか？」

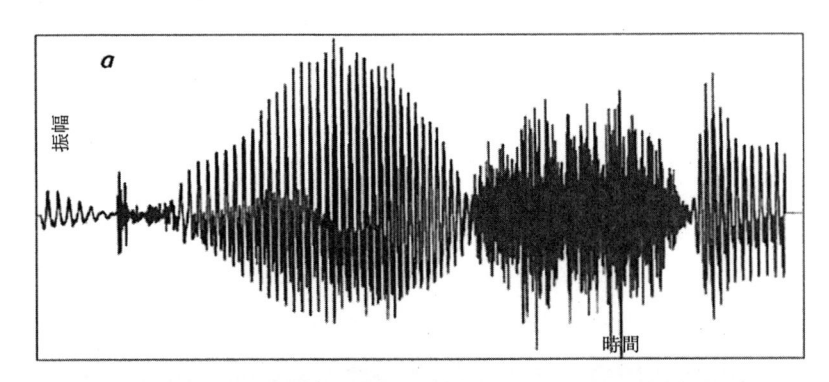

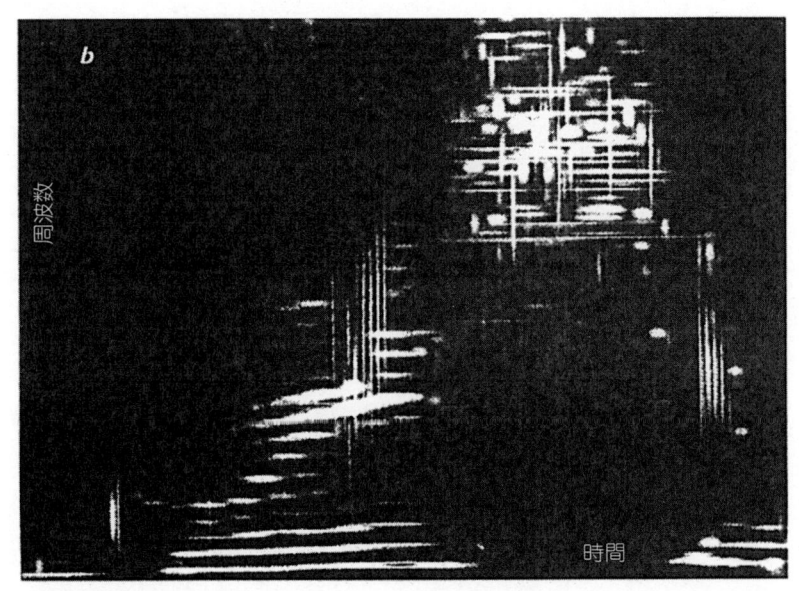

図 **5.5** (a) 16 キロヘルツでサンプリングした，英語 "greasy"（「脂肪質の」）の録音の振幅カーブ，および (b) 追跡によるこの録音の時間–周波数平面内のエネルギー分布
"g" の低周波数成分，"ea" の速くて乾いた響きのない音，そして "ea" の倍音がみられる．"s" は白色雑音に似たエネルギー分布を持つ．(S. マラー氏提供)

ある場合には，この問題は数学の範囲を超えている．圧縮の有効性の最終的な判断は眼や耳である．すべての情報は等価ではない．画像では，輪郭が優先される．子供が猫のシルエットを描いたとき，それはその動物だと理解できる．逆に，輪郭のない絵，という考えは，猫が行ってしまった後に残った微笑を見ているアリス（不思議の国の）のように，我々を困惑させる．他にもいくつもの現象がまだわからないままだ．例えば，誰でも肌理〔きめ〕の違いをやすやすと見分けられるが，「肌理〔きめ〕について20年研究しても，これが数学的には何なのか，相変わらずわからない」とマラーは指摘する．

　視覚や聴覚はウェーブレットに似たテクニックを使っているのだから，ウェーブレットはこういう問題を解明するための助けとなるかもしれない．しかし研究者は，フーリエ解析が適合しない問題もすべてウェーブレットだけで解決するというような希望は持っていない．メイエは書いている．「すべての定常的な信号に対しては唯一つのアルゴリズム（フーリエ解析）が適合するが，過渡的な信号は，種類がきわめて多くきわめて複雑な世界を形成しているため，たった一つの解析法では…対応できない．」[13]

　ウェーブレットの大きな貢献の一つは，情報の数学的表示についての明確な問題意識を引き起こしたことであろう．この問題意識とは，ほとんど反射的に利用してきたフーリエ解析（「技術者が関数を見たときに最初にする仕事はフーリエ変換を適用することだ」とある数学者は明言している）に対する批判的検討と新しい可能性への好意的な関心である．

　「一つの言語しか知らないときは，意識されることはなくても，限界があります．もう一つ別の言語を見つけると，三つ目，四つ目の言語があるかもしれないと気づく．それがもっと広い世界へ眼を開かせてくれるのです」とドノホは言っている．

補足⑲　情報の変換

> 「どんな変換でも，共通の落とし穴は
> 解析に用いる関数の存在を忘れることだ．
> そのため間違った解釈をすることになるかもしれない，
> 調べる現象の特性と解析に用いる関数を混同して．」
>
> マリー・ファルジュ，
> 『ウェーブレット変換と乱流への適用』[14]

● フーリエ変換

分解型式：　　　　　　周波数
解析に用いる関数：　　独立に振動するサインおよびコサイン
変数：　　　　　　　　周波数
情報：　　　　　　　　信号を構成する周波数
解析に適した信号：　　定常的信号（一定の法則に従うので予測可能）
備考：　　　　　　　　高速フーリエ変換（FFT）では，n 点の信号のフーリエ変換に必要な計算回数は $n \log n$ である．

● 窓付きフーリエ変換

分解型式：　　　　　　時間–周波数
解析に用いる関数：　　時間範囲が制限された窓関数に三角関数（サインとコサイン）を掛けたもの．窓の大きさは各解析について固定されるが，窓の内部の周波数は変化する．
変数：　　　　　　　　周波数；窓の位置
情報：　　　　　　　　窓が小さくなるほど時間局在性は良くなるが，低周波数についての情報は失われる；窓が大きくなると，低周波数についての情報は得られるが，時間局在性が悪くなる．
解析に適した信号：　　準定常的信号（窓のスケールでは定常的）
備考：　　　　　　　　窓を動かし，一度に一つの区間しか見ないようにするので，「短時間フーリエ解析」と呼ばれることがある．包絡線がガウス曲線のときは，変換は「ガボールの変換」と呼ばれることがあり，モルレは「ガボールのウェーブレット」という言い方をしている．高速フーリエ変換（フーリエ級数の一つの形）は直交性を持つが，標準的な窓付き

フーリエ解析は直交系になり得ない．

●**ウェーブレット変換**

分解型式： 時間–スケール（スケールの変化は周波数の変化を伴う）

解析に用いる関数： 時間的に限られた波で，ある決まった回数の振動を伴うもの．このウェーブレットを縮めたり引き延ばしたりして，「窓」の大きさ，したがって信号を見るスケールを変える．ウェーブレットの「周波数」も同時に変わる．

変数： スケール（したがって，近似的には，周波数）；ウェーブレットの位置

情報： 狭いウェーブレットでは時間局在性は良いが周波数局在性は悪い．広いウェーブレットでは周波数は良く局在化されるが時間局在性は悪い．

解析に適した信号： 非定常的信号，特に，短い信号や様々なスケールで興味ある構造を持つ信号（例えばフラクタル）．

備考： ウェーブレット変換には連続変換と離散変換がある．離散変換には直交，双直交あるいは非直交がある．n 点の信号の直交ウェーブレット変換に必要な計算回数は cn である．定数 c は用いるウェーブレットの複雑さに依存する．

●**マルヴァール・ウェーブレット（適応窓付きフーリエ変換）**

分解型式： 時間–周波数–スケール

解析に用いる関数： 特別な形の曲線にあるいくつかの三角関数（サインまたはコサインのどちらか一方）を掛けたもの．

変数： 周波数；窓の位置；窓の大きさ（この三つの変数は独立である）

解析に適した信号： 動きが直観的にわかるような信号（音楽，音声）；これらの信号を一律的でなく自由に切断できる（「時間適応分割」）

備考： マルヴァール・ウェーブレット（位置，周波数およびスケールの三つの独立パラメータを持った）は冗長な系をなすが，そこから，圧縮アルゴリズムである <u>最良基底</u> に使われる無数の直交基底を容易に引き出すことができる．このアルゴリズムは各信号に対して最もよく適合する基底を決定する．

5.6 未来

●ウェーブレット・パケット

分解型式：　　　　　時間–周波数（スケールによる解析も可能である）
解析に用いる関数：　ウェーブレットに三角関数を掛けたようなもの．
変数：　　　　　　　周波数；位置（スケールは変えられる）
解析に適した信号：　指紋のように，非定常的な部分と規則的な部分がある信号
備考：　　　　　　　ウェーブレット・パケット（位置，周波数およびスケールの三つのパラメータを独立に持った）は冗長な系をなすが，そこから，圧縮アルゴリズムである <u>最良基底</u> にも使われる，無数の直交基底を容易に引き出すことができる．ウェーブレット・パケットはウェーブレットより柔軟だが，係数の解釈はもっと難しい．

●追跡（**Matching Persuit**）

分解型式：　　　　　時間–周波数–スケール
解析に用いる関数：　大きさを変えられるガウス関数に三角関数を掛けたもの
変数：　　　　　　　周波数；窓の位置；窓の大きさ（三つの変数は独立である）
解析に適した信号：　きわめて非定常的で，非常に異なる要素を含む信号．<u>追跡</u> アルゴリズムは信号全体よりは信号の各要素に対して最良の一致を探す．
備考：　　　　　　　求による非定常的な信号のエンコードは簡潔で，変換によって不変化である．n 点の信号のエンコードに必要な計算回数は n^2 だが，信号の再構成は速い．

Notes

1) David MARR は彼の著書，*Vision*, W. H. Freeman, New York, 1982, の出版を待たずに逝去した．文献表は p. 21 にある．
2) Y. MEYER, *Les Ondelettes Algorithmes et Applications*, Armand Colin, Paris, 1992, pp. 119-133.
3) M. V. WICKERHAUSER, *High-Resolution Still Picture Compression*, Digital Signal Processing, vol. 2, n°4, oct. 1992.
4) Y. MEYER, *Ibid.*, pp. 101-118. Voir aussi Y. MEYER, *Ondelettes et algorithmes concurrents*, Hermann, Paris, 1992, pp. 19-29.
5) C. E. SHANNON et W. WEAVER, *The Mathematical Theory of Communication*, The University of Illinois Press, Urbana, 1964 (10^e impression).
6) C. E. SHANNON et W. WEAVER, *Ibid.*, pp. 10-11.
7) C. E. SHANNON et W. WEAVER, *Ibid.*, p. 14.
8) 直交基底は時間–周波数面をきちんと重複なく覆う，というのは正確ではない．「ハイゼンベルクの箱から成る平面を考えるのは，計算が非常にやさしくなるからです．しかしそれは，時間–周波数面の一つの理想化です．厳密に定義されてはいますが，それを用いるのはやさしくありません．」とヴィクター・ヴィッケルハウザーは言う．
9) 詳細は次の文献を見よ；R. R. COIFMAN et M. V. WICKERHAUSER, *Entropy Based Algorithms for Best Basis Selection*, IEEE Transactions on Information Theory, vol. 32, mars 1992, pp. 712-718. 次の文献も参照のこと；M. V. WICKERHAUSER, *Adapted Wavelet Analysis from Theory to Software*, A. K. Peters, Ltd., Wellesley, Mass., 1994.
10) J. BERGER et C. NICHOLS, *Brahms at the Piano*, Leonardo Music Journal, vol. 4, 1994, p. 26.
11) ブラームスの録音の一部は，「World Wide Web」上の，エール大学音楽学部のホームページで聞くことができる．http://www.music.yale.edu で，「research abstract」を選択すればよい．
12) S. MALLAT et Z. ZHANG, *Matching Pursuits with Time-Frequency Dictionaries*, IEEE Transactions on Signal Processing, vol. 41, n° 12, déc. 1993, p. 3397-3415. Voir aussi G. DAVIS, S. MALLAT et Z. ZHANG, *Adaptative time-frequency decompositions*, Optical Engineering Journal, vol. 33, n° 7, juillet 1994, pp. 2183-2191.
13) Y. MEYER, *Ibid.*, p. 11.
14) M. FARGE, *Wavelet Transforms and Their Applications to Turbulence*, Annual Review Fluid Mechanics, vol. 24, 1992, p. 429.

付　　　録

A. ギリシャ文字と数学記号

Δ	デルタ	しばしば区間の長さを表す.
θ	シータ	しばしば角度を表す.
ξ	グザイ	x（空間）を変数とする信号のフーリエ変換において，波数を表す変数
τ	タウ	t（時間）を変数とする信号のフーリエ変換において，周波数を表す変数
k	＊	フーリエ級数で，しばしば ξ や τ の代わりに用いられる．習慣的には，ξ や τ が連続変数を表すのに対し，k は整数変数を表すのに用いられる.
ϕ または φ	ファイ	スケーリング関数
Ψ	プサイ	ウェーブレット．量子力学では波動関数
σ	シグマ	変数の（平均値のまわりの）標準偏差
μ	ミュー	しばしば測度を表す
$\sum$		（この記号につづく項の）和
$\prod$		（この記号につづく項の）積
$\int$		（この記号につづく関数の）積分
$\cap$		（この記号につづく集合の）共通部分
$\cup$		（この記号につづく集合の）合併

＊：アルファベットのケー（ギリシャ文字ではない）．

B. 三角関数の定義

　この本で使う三角関数は，サイン（sin）とコサイン（cos）である．原点を中心とする半径 1 の円

$$x^2 + y^2 = 1$$

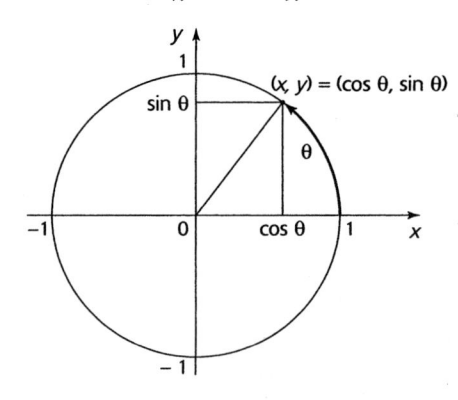

図 B.1

Oを中心とする半径1の円は，方程式 $x^2+y^2=1$ で定義されるが，これは同時に $x = \cos\theta$，$y = \sin\theta$ で定義することもできる．ここで θ は，$(1,0)$ から出発し円周に沿って反時計周りに進んだときの弧の長さである．

を考えよう．点 $(1,0)$ から出発し，円周に沿って反時計周りに距離 θ だけ進むと，点 $(x,y) = (\cos\theta, \sin\theta)$ に到着する（図 B.1）．

ここでは，円の弧を使ってサインとコサインを定義したが，これは，弧が定める角度の関数と考えることもできる．このようなとき，角度はラジアンで測ることが多い．これは，上に述べたようにして，角度を，半径1の円周上の弧の長さとして表す方法である．円を1周すると $360° = 2\pi$ ラジアン となる（なぜなら半径 r の円の円周の長さは $2\pi r$ だからである）．角度 $90°$ はしたがって $\pi/2$ ラジアンである．ラジアンという言葉はしばしば省略される．こうして，$\theta = 90° = \pi/2$ ならば，$\sin\theta = 1$，$\cos\theta = 0$ である．

この定義から

$$(\sin\theta)^2 + (\cos\theta)^2 = 1$$

であることがわかる．$(\sin\theta)^2$ と書く代わりに $\sin^2\theta$ と書くことが多い．つまり

$$\sin^2\theta + \cos^2\theta = 1$$

である．

●サインとコサインのグラフ

$\sin\theta$ と $\cos\theta$ のグラフを描くには，円弧の長さ θ を横軸にとればよい（だから円周1周分は 2π，2周分は 4π となる）．こうやって表された関数 $\sin\theta$ と

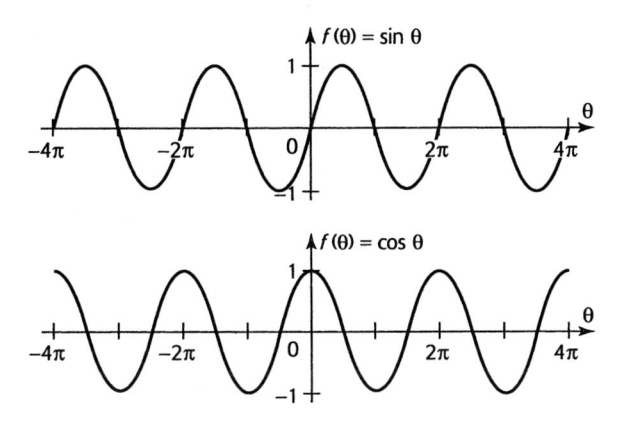

図 B.2 サイン関数とコサイン関数のグラフ

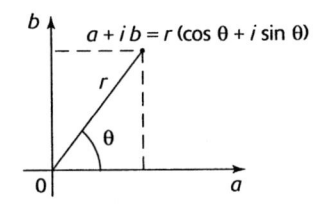

図 B.3 複素数は，複素平面上の点によって表される．

$\cos\theta$ は，2π ごとに同じ値を繰り返す周期 2π の周期関数となる（図 B.2）．

サインとコサインは，周期 1 の関数として $\sin 2\pi\theta$ と $\cos 2\pi\theta$ のように表すこともできる．また，変数 θ の代わりに x や t を用いてもよい．

●複 素 平 面

複素平面では，複素数 $a + ib\,(i = \sqrt{-1})$ は座標 (a, b) の点で表され，$r(\cos\theta, \sin\theta)$ とも書かれる．このとき，ド・モアヴル（De Moivre）の公式

$$e^{i\theta} = \cos\theta + i\sin\theta$$

は，常に，半径 1 の円周上にある複素数 $e^{i\theta}$ を表している（図 B.3）．

三角関数を複素平面に表して何かよいことがあるのだろうか？ 複素指数関数 $e^{i\theta}$ を使うと，フーリエ変換を簡単に書くことができるのである．つまり周波数ごとに一つの係数を用いるだけでよくなるのである．さらに，複素平面に三角法

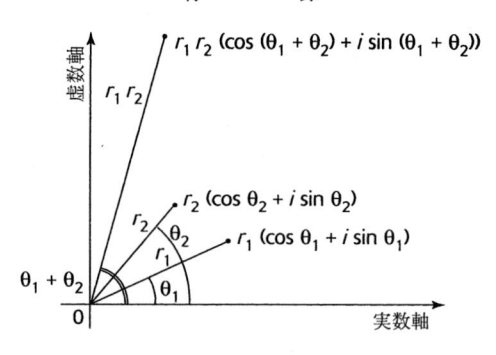

図 B.4 複素数の積の幾何学的解釈

を用いると，二つの複素数の積

$$r_1(\cos\theta_1 + i\sin\theta_1) \times r_2(\cos\theta_2 + i\sin\theta_2)$$
$$= r_1 r_2(\cos(\theta_1 + \theta_2) + i\sin(\theta_1 + \theta_2))$$

に，幾何学的な解釈を与えることができる（図 B.4）．

複素数の積をこのように定義すると，三角法の重要な結果がもたらされる．この式の左辺の積を展開すると次のようになる．

$$r_1 r_2[(\cos\theta_1\cos\theta_2 - \sin\theta_1\sin\theta_2)) + i(\sin\theta_1\cos\theta_2 + \cos\theta_1\sin\theta_2)]$$
$$= r_1 r_2(\cos(\theta_1 + \theta_2) + i\sin(\theta_1 + \theta_2))$$

この式で，左辺の実部は右辺の実部と等しくなければならないし，同様に，左辺の虚部と右辺の虚部は等しくなければならない．こうして，三角法の重要な公式

$$\cos(\theta_1 + \theta_2) = \cos\theta_1\cos\theta_2 - \sin\theta_1\sin\theta_2 \tag{B1}$$

$$\sin(\theta_1 + \theta_2) = \sin\theta_1\cos\theta_2 + \cos\theta_1\sin\theta_2 \tag{B2}$$

が得られる．

この公式はまた，ド・モアヴルの公式から出発し，二つの数の積が

$$r_1 e^{i\theta_1} r_2 e^{i\theta_2} = r_1 r_2 e^{i(\theta_1 + \theta_2)}$$

と書けることを用いても示すことができる．

C. 積 分

 ギュスタヴ・ディリクレ（Gustav Dirichlet）はフーリエ級数が収束することを証明したが，その証明を読んだ数学者たちは，積分を厳密に定義することの必要性を悟った．積分の厳密な定義を初めて与えたのは，ベルンハルト・リーマン（Bernhard Riemann）である．彼の積分のアイデアは単純である．まず関数を次の図のように縦線で「短冊（たんざく）」に分割する（図 C.1）．それぞれの短冊において，関数の最小値を縦の長さとする長方形（「小さな長方形」）と，関数の最大値を縦の長さとする長方形（「大きな長方形」）を作る（図 C.2）．

 もし，短冊を細くするにつれて，小さな長方形の面積の和が大きな長方形の面積の和に近づくならば，関数は リーマンの意味で積分可能である，といい，こ

図 C.1　リーマン積分

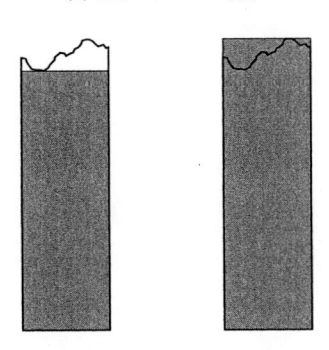

図 C.2
左図は，小さな長方形，つまり縦の辺の長さが関数の（短冊の中の）最小値に等しい長方形を示す．右の図は，大きな長方形，つまり縦の辺の長さが関数の（短冊の中の）最大値に等しい長方形を示す．短冊の横の辺の長さをゼロに近づけるとき，この小さな長方形の面積の和が，大きな長方形の面積の和に近づくならば，もとの関数は積分可能，という．積分の値は，この（小さな，あるいは，大きな）長方形の面積の和の極限値である．

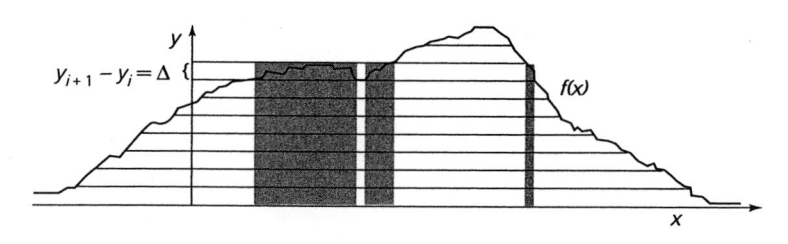

図 C.3　ルベーグ積分

の極限値を積分の値という．

　関数が積分可能であることがわかれば，積分の値はいろいろなやり方で求めることができる．例えば，小さな（あるいは大きな）長方形の面積の和をとってもよいし，また，縦の長さが，この短冊の真中における関数の値であるような長方形の面積の和を取ってもよい．

　リーマン積分は，比較的積分値が計算しやすいが，連続な（あるいはほとんど連続な）関数にしか適用できない．実際，興味ある関数で，この定義では積分値が計算できないものがある．例えば，有理数点では 1，無理数点では 0，となる関数である．これに対し，ルベーグ（Lebesgue）積分は，（普通の関数はもちろん）このような病的な関数にも適用できる積分の定義であり，そのため，とりわけ量子力学などにおいて重要な手法となっている．

　ルベーグ積分でも，リーマン積分と同様に，関数のグラフを細い短冊に分割するのだが，今度は横に長い短冊を使う（図 C.3）．

　図 C.1 と図 C.3 は似ているように見えるが，考え方はまったく新しい．リーマン積分では，まず，入力 x の値を考えて，それに対する出力 $f(x)$ の値を扱う．一方ルベーグ積分では逆の順序で考える．まず $f(x)$ の値を考えて，その値を与える x を扱うのである．すなわち，関数の定義域（つまり x の範囲）を，$f(x)$ の値によって分割する．こうすることで，有理数点で 1，無理数点で 0，となるような常識はずれの関数も扱えるようになるのである．

　この関数を例として，リーマン積分とルベーグ積分を比較してみよう．リーマンのやり方では，定義域 $[a,b]$ を小さな区間に分割し，それぞれの区間において，関数の最大値と最小値に注目する．しかし，この関数の場合，最小値は常にゼロであり，最大値は常に 1 である．したがって，大きな長方形の面積の和は $(b-a)$ に 1 を掛けた値になり，小さな長方形の面積の和はゼロである．分割を

細かくしても，これらの値は一定で近づかないため，リーマンの意味の積分値は存在しない．

ルベーグのやり方では次のようになる．まず，グラフの y 座標を小さな区間に分割し，それぞれの区間について，$f(x)$ の値がその区間内にあるような x を見つける．今考えている関数の場合，0と1がそれぞれ異なる二つの区間内にあるとき，0を含む区間には $[a,b]$ の無理数の集合が対応し，1を含む区間には $[a,b]$ の有理数の集合が対応することになる．このとき，ルベーグ積分は次のように計算する．

$$(0 \times [a,b] \text{ の無理数の集合の長さ}) + (1 \times [a,b] \text{ の有理数の集合の長さ})$$

ここで疑問が生じる．これら奇妙な集合の長さはどうやって測るのだろうか．ルベーグの意味での積分が，習慣的に<u>測度論</u>と呼ばれているのは，このことに関係している．

今の場合，$[a,b]$ の無理数の集合の長さは $(b-a)$ であり，有理数の集合の長さは0である．つまり，有理数は長さとしては問題にならないので，関数のルベーグ積分は0となる．この結論はどこか間違っているようにみえるかもしれないが，以下のように考えれば，これが正しいことを納得できる．0と1の間にあるすべての有理数のリストを考えよう．これらの有理数をリストアップする一つのやり方は次のようにすることである．

$$0, 1, \frac{1}{2}, \frac{1}{3}, \frac{2}{3}, \frac{1}{4}, \frac{3}{4}, \frac{1}{5}, \frac{2}{5}, \frac{3}{5}, \frac{4}{5}, \frac{1}{6}, \frac{5}{6}, \cdots \qquad \text{(C1)}$$

このリストはもちろん無限に続く．そこで，小さな長さ ϵ（イプシロン）を選ぼう．まず，0を真中とする長さ $\epsilon/2$ の区間を考える．次に，1を真中とする長さ $\epsilon/4$ の区間を考え，その次に，1/2を真中とする長さ $\epsilon/8$ の区間を考える．このようにしてどこまでも続けてみよう．そうすると，これらの区間全体の長さの和は，(重なりがあるかもしれないが) 長くてもせいぜい

$$\epsilon/2 + \epsilon/4 + \epsilon/8 + \epsilon/16 + \cdots = \epsilon$$

である．これらの区間はすべての有理数を含んでいる．したがって，0と1の間にあるすべての有理数は，いくらでも小さな長さの集合の中に入れてしまうことができることになる．ゆえに，有理数の集合の<u>測度</u>はゼロである．この結論は，

確率の言葉で説明することもできる．というのは，測度論と確率論は同じものだからである．いま，例えばコインを投げ，その表裏によってでたらめに数を選ぶとしよう．この数を，0 と 1 からなる 2 進数として表せば，例えば

$$0.1111101110110001111100\cdots$$

のようになるが，上の結論によれば，このとき，この数が有理数となる確率はゼロである．

この例をみると，ルベーグ積分とは，ポワンカレ（Poincaré）の言い方を借りれば，「何かの役に立つまともな関数にはできるだけ似まいと努力している」ような関数だけを相手にしている，と思ってしまうかもしれない．しかし，このような関数は，ただ興味本位の病的な場合だけに限るわけではなく，じつは，「正常な」関数の極限として現れるのである．0 と 1 の間にある有理数を (C1) のように並べ，f_n を，この並びの最初の n 個の有理数だけで 1 となり，その他の点では 0 となる関数としよう．この関数はいずれもリーマン積分可能であり，積分の値は 0 である．なぜなら，短冊の幅を小さくするとき，これらの有理数を含む長方形は次第に細くなり，その面積の和はゼロに近づくからである．

しかしながら，この関数 f_n の極限は，さきに考察した病的な関数にほかならない．「リーマン積分では，積分可能な関数列でも，その極限が積分可能でないものがあるのです．」とミシガン州立大学のミッチェル・フラジエは言う．「このため，リーマン積分を使いながら極限操作を行なうことは容易ではありません．しかし，極限操作は，解析学の中心的概念なのです．ルベーグ積分が有用である本当の理由は，極限操作に対する安定性，つまり極限操作を行なっても積分可能性が保たれることにあるのです．」

D. フーリエ変換：さまざまな定義

フーリエ変換には，2π の処置の仕方によって，3 種類の異なる定義がある．また，このいずれについても，負号を正変換の指数につけるか，逆変換の指数につけるか，によって 2 種類のやり方がある．ほかの本で異なる定義を読んで心配になった読者のために，ここで各種の定義をまとめておく．

定義 (D1) で，ξ はヘルツで測られる．ここでは指数に 2π がある．この本で

は (1a) の定義を用いる.

$$\hat{f}(\xi) = \int_{-\infty}^{\infty} f(x)e^{2\pi i\xi x}\,dx \text{ および } f(x) = \int_{-\infty}^{\infty} \hat{f}(\xi)e^{-2\pi i\xi x}\,d\xi \qquad \text{(D1a)}$$

$$\hat{f}(\xi) = \int_{-\infty}^{\infty} f(x)e^{-2\pi i\xi x}\,dx \text{ および } f(x) = \int_{-\infty}^{\infty} \hat{f}(\xi)e^{2\pi i\xi x}\,d\xi \qquad \text{(D1b)}$$

次の (D2) と (D3) では,ξ は 1 秒当たりのラジアンで測られる.定義 (D2) では 2π は逆変換についている.定義 (D3) では 2π は正変換と逆変換の両方に分かれてついている.

$$\hat{f}(\xi) = \int_{-\infty}^{\infty} f(x)e^{i\xi x}\,dx \text{ および } f(x) = \frac{1}{2\pi}\int_{-\infty}^{\infty} \hat{f}(\xi)e^{-i\xi x}\,d\xi \qquad \text{(D2a)}$$

$$\hat{f}(\xi) = \int_{-\infty}^{\infty} f(x)e^{-i\xi x}\,dx \text{ および } f(x) = \frac{1}{2\pi}\int_{-\infty}^{\infty} \hat{f}(\xi)e^{i\xi x}\,d\xi \qquad \text{(D2b)}$$

$$\hat{f}(\xi) = \frac{1}{\sqrt{2\pi}}\int_{-\infty}^{\infty} f(x)e^{i\xi x}\,dx \text{ および } f(x) = \frac{1}{\sqrt{2\pi}}\int_{-\infty}^{\infty} \hat{f}(\xi)e^{-i\xi x}\,d\xi \qquad \text{(D3a)}$$

$$\hat{f}(\xi) = \frac{1}{\sqrt{2\pi}}\int_{-\infty}^{\infty} f(x)e^{-i\xi x}\,dx \text{ および } f(x) = \frac{1}{\sqrt{2\pi}}\int_{-\infty}^{\infty} \hat{f}(\xi)e^{i\xi x}\,d\xi \qquad \text{(D3b)}$$

E. 周期的な関数のフーリエ変換

多重解像度解析(95 ページ)では,周期関数 A を考え,そのフーリエ級数を

$$A(\xi) = \sum_{n=-\infty}^{\infty} a_n e^{2\pi i n\xi}$$

とした.さらに関数 A は,数列 a_n によって表される低域通過フィルタ a のフーリエ変換であることを述べた.数列のフーリエ変換とは何だろうか.フーリエ級数の和は,その係数のフーリエ変換になるのだろうか?

「数列のフーリエ変換」という言葉は,そのままでは意味を持たない.関数ならばそのフーリエ変換を考えることができるが,数列に対しては,どのようにしてフーリエ変換を考えるのだろうか?

フーリエ級数は,フーリエ変換の特別な場合であることを示そう.言いかえれば,A のような周期関数は,そのフーリエ級数(数列 a_n)の和に等しいフーリ

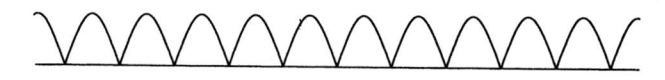

図 E.1　$f(x) = |\sin \pi x|$ のグラフ

エ変換を持つことを示そう．逆フーリエ変換はフーリエ変換に等しい（負号を除いて．付録 D 参照）ので，A は a のフーリエ変換である，ということができる．

A のような周期関数のフーリエ変換とはどのようなものだろうか？ グラフの下の面積が有限になるよう，無限遠で十分速く減少している関数については，フーリエ変換は下式のようになる．

$$\hat{f}(\xi) = \int_{-\infty}^{\infty} f(x) e^{2\pi i \xi x} \, dx \tag{E1}$$

見方をかえると，これは関数と x の複素指数関数の積の積分である．周期関数に対しては，この積分は発散する．したがって，f が周期的なときは，式 (E1) はそのままでは意味を持たない．

周期関数のフーリエ変換には，どのような意味を与えることができるだろうか？ 考え方を知るために，周期関数 $f(x) = |\sin \pi x|$ を考えよう．この関数のグラフは図 E.1 のようになる．

この関数のフーリエ変換の計算には，公式 (E1) は使えない．しかし，この関数を有限の範囲で打ち切った関数を考え，そのフーリエ変換を（コンピュータで）計算する，ということはできる．このような関数ならばフーリエ変換が存在するからである．例えば，区間 $[-m, m]$ では $|\sin \pi x|$ に等しく，それ以外ではゼロとなる関数 $g_m(x)$ を考えればよい．このときは，$x = -m$ と $x = m$ の間で積 $f(x) \cos 2\pi \xi x$ を積分すればよいので，フーリエ変換は次のようになる．

$$\hat{g}_m(\xi) = \int_{-m}^{m} |\sin \pi x| \cos 2\pi \xi x \, dx$$

ここで $\cos 2\pi \xi x$ との積だけになっているのは，$\sin 2\pi \xi x$ との積は積分には寄与しないからである．$m = 10$ のとき，$-5.5 < \xi < 5.5$ におけるグラフは図 E.2 のようになる．

フーリエ級数は，整数 n における係数 a_n のみを持つ．この $\hat{g}_m(\xi)$ は整数においてピークを持ち，整数と整数の間では激しく振動している．m を大きくすると，$g_m(x)$ はより長い間振動するようになり，いっそう，元の関数 f に近づ

付 録

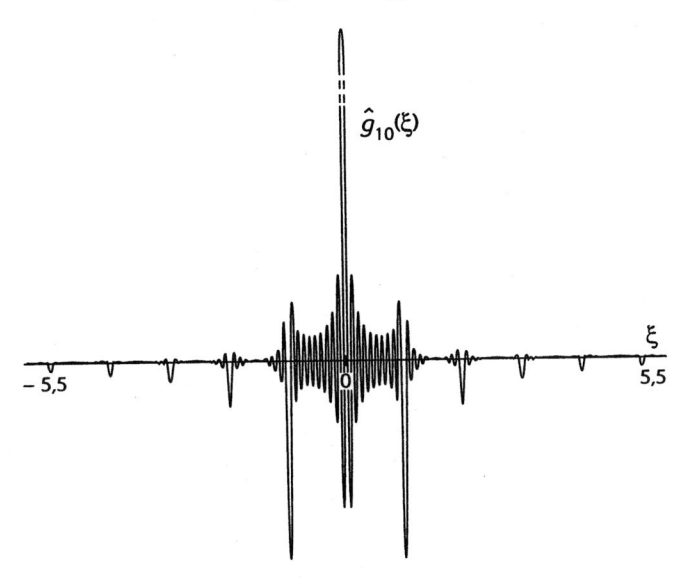

$\hat{g}_{10}(\xi)$

-5.5　　　　　　　　　O　　　　　　　　　5.5　ξ

図 **E.2**　$g_{10}(x)$ のフーリエ変換のグラフ
$g_{10}(x)$ は $-10 < x < 10$ において $|\sin \pi x|$，それ以外ではゼロとなる．

くが，このとき，整数と整数の間の $\hat{g}_m(\xi)$ の振動はどんどん激しくなり，整数におけるピークはどんどん大きくなる．数学的に言うと，この激しい振動はお互いに打ち消し合い，整数点に集中した質量とそれ以外のゼロ，からなる分布[†]

$$\hat{f}(\xi) = \sum_{k=-\infty}^{\infty} a_k \delta(\xi - k) \tag{E2}$$

に 弱収束する．ここで δ はディラック（Dirac）の δ 関数（「デルタ関数」）を表している．（関数列 f_n は，コンパクトサポートをもつ任意の滑らかな関数 g に対し，

$$\lim_{n \to \infty} \int_{-\infty}^{\infty} f_n(x) g(x) \, dx = \int_{-\infty}^{\infty} f(x) g(x) \, dx$$

となるとき，f に弱収束する，という．例えば，$f_n = \sin nx$ は，n が無限に大きくなるとき $f(x) = 0$ に弱収束する．これは，滑らかな関数では高い周波数成分のフーリエ係数がゼロになる，ということと同じであり，44 ページの補足④「積分によるフーリエ係数の計算」においてみたとおりである．）

δ 関数は，本当の関数ではなく，単位質量が一点 0 にあることを示す 分布 で

[†] 訳注：distribution．超関数と訳す場合もある．

ある．したがって，$\delta(\xi-k)$（つまりδ関数をkだけ平行移動させたもの）は，周波数kに置かれた「単位質量」を示す．各整数kにおいて，分布$\delta(\xi-k)$にはfのフーリエ級数の係数a_kが掛かっている．（質量の単位を与えるのはこのa_kである．fが音響信号の場合，信号は圧力を表し，$a_k\delta(\xi-k)$は周波数kの成分が与える圧力となる．）

$\hat{f}(\xi)$のフーリエ変換は，パーセバル（Parseval）の定理によって，$f(-x)$となる．フーリエは，周期関数はそのフーリエ級数が表す関数と等しいと主張した（これはディリクレによって証明された）が，これはパーセバルの定理の特別な場合である．このことは次のように$\hat{f}(\xi)$のフーリエ変換を計算すればわかる．

$$\hat{\hat{f}}(-x) = \int_{-\infty}^{\infty} \sum_{k=-\infty}^{\infty} a_k \delta(\xi-k) e^{-2\pi i \xi x} d\xi \tag{E3}$$

ここで，和と積分の順序を入れかえると，

$$\hat{\hat{f}}(-x) = \sum_{k=-\infty}^{\infty} a_k \int_{-\infty}^{\infty} \delta(\xi-k) e^{-2\pi i \xi x} d\xi \tag{E4}$$

この式は，見かけよりやさしい．δ関数に関する簡単な計算を行なえばよい．すなわち，関数gとkだけ平行移動したδ関数の積の積分は，関数gのkにおける値に等しい．式で書けば次のようになる．

$$\int_{-\infty}^{\infty} \delta(\xi-k) g(\xi) d\xi = g(k)$$

これを用いると，(E4)の積分は

$$\int_{-\infty}^{\infty} \delta(\xi-k) e^{-2\pi i \xi x} d\xi = e^{-2\pi i k x}$$

のように簡単になり，この結果下式を得る．

$$\hat{\hat{f}}(-x) = \sum_{k=-\infty}^{\infty} a_k e^{-2\pi i k x} = f(x)$$

このように，数列a_kの逆フーリエ変換は，a_kを係数とするフーリエ級数を考え，その級数の和をとることで行なわれる．このとき正確には，数a_kは，周波数kに置かれた質量分布$a_k\delta(\xi-k)$と考えなくてはならない．言いかえれ

ば，もしあなたが，何か数列が与えられたときそのフーリエ変換が自然に定義されるなどということはない，と主張するなら，それはそれで正しい．一連の数に対しそのフーリエ変換を考えるには，それらの数をなんらかのやり方で一つの関数とみなす必要があるからである．特に，多重解像度解析で述べた関数 A は，数 a_n で決まる低域通過フィルタのフーリエ変換（あるいは，符号を変えてその逆フーリエ変換）である．

● **無限遠で減衰する関数のフーリエ級数**

ここまでの記述は，標準的な順序とは異なっている．普通，学生はフーリエ変換の前にフーリエ級数を学ぶので，反対のことが問題となる．すなわち，フーリエ級数の概念をどうやって，無限遠で減衰し，グラフの下の面積が有限になる関数に用いればよいのだろうか？

このためには，非周期的な関数を周期関数で近似する．すなわち，大きな T をとり，$-T/2$ と $T/2$ の間の部分を繰り返しつないでゆくことで，人工的に周期 T の関数を作る．こうすれば，この関数のフーリエ級数を考えることができる．なぜなら，この関数は周期的（周期 T）なので，そのフーリエ級数は，（整数や 2π の倍数の周波数ではなく）周波数 $\cdots, -2/T, -1/T, 0, 1/T, 2/T, \cdots$ において係数を持つ．

T を大きくしてゆくと，質量を置かれた点どうしは互いに近づくことになる．T が無限大になると，この関数はもはや周期関数ではなくなり，離散的なフーリエ級数は連続的なフーリエ変換になって，すべての周波数成分を持つようになる．（もちろん実際には，補足⑤「高速フーリエ変換」でみたように，なんらかの周波数でサンプリングしフーリエ変換を行なう．）

F. 正規直交基底の例

三角関数 $e^{2\pi i n x}$（n は整数）は，周期 1 で二乗可積分な関数からなる関数空間の基底である．この基底による関数の分解は，フーリエ級数にほかならない．これらの関数が直交することを示すのは簡単である．関数 $e^{2\pi i n x}$（以下 e_n とも書く）が互いに直交するためには，スカラー積 $<e_n, e_m>$ が $n \neq m$ のときゼロになればよい．さらに，$n = m$ のときこのスカラー積の値が 1 であれば，こ

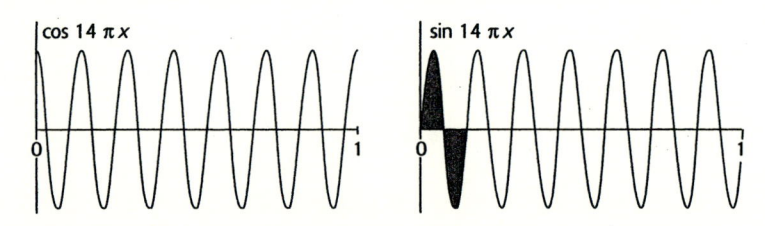

図 F.1
三角関数 $\cos 2\pi kx$ と $\sin 2\pi kx$ (ここでは $k=7$ としている) の 0 から 1 までの積分は，正の部分と面積と負の部分の面積が打ち消し合うので，ゼロとなる．

れらの関数は<u>正規直交</u>である．(ベクトルの長さは，自分自身とのスカラー積の平方根である．)

スカラー積 $<e_n, e_m>$ を積分で表すと，複素関数 e_m の複素共役 $\bar{e}_m$ を用いて，

$$<e_n, e_m> = \int_0^1 e^{2\pi inx} \overline{e^{2\pi imx}} \, dx \tag{F1}$$

となる．ここで，

$$\overline{e^{2\pi imx}} = e^{-2\pi imx}$$

を用いると積分 (F1) は次のようになる．

$$\int_0^1 e^{2\pi i(n-m)x} \, dx$$

$k = n - m$ とおいて，同じ積分

$$\int_0^1 (\cos 2\pi kx + i \sin 2\pi kx) \, dx \tag{F3}$$

を考えよう．

$n \neq m$ のとき，k はゼロでない整数となり，cos と sin は 0 と 1 の間で正確に k 回振動する．これらの振動は正確に打ち消し合うので，積分はゼロとなる (図 F.1)．すなわち e_n と e_m は直交する．

$n = m$ のときは $k = 0$ となる．このときの内積は，定数関数 $\cos 0 + i \sin 0 = 1$ の 0 から 1 までの積分となる．この積分の値は 1 であるから，関数 e_n の長さは 1 である．

まだ仕事は終わっていない．次は，この正規直交する関数が，周期 1 で二乗

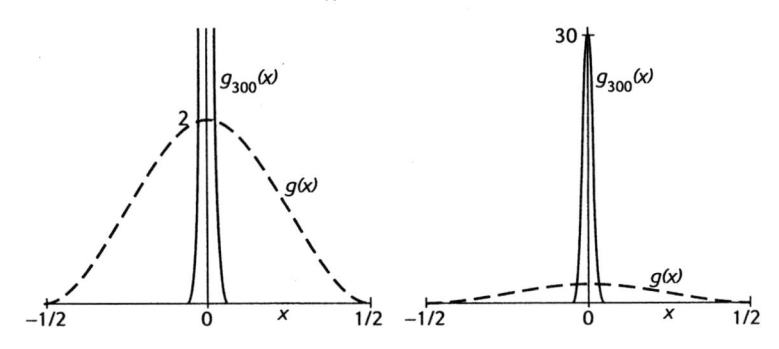

図 F.2
左図：関数 g および g の 300 乗の一部，
右図：同じ関数を縦軸のスケールを縮めて描いたもの．

可積分な関数からなる関数空間で，基底をなすことを示さなければならない．言いかえると，この関数空間の任意の関数は，これらの関数を用いて表現できることを示さなければならない．（あるいは次の同値な命題を示してもよい：この関数空間のすべての関数は，任意に与えられた精度で，関数 e_n の有限和で近似できる．）

関数 $g(x) = 1 + \cos 2\pi x$ を，$-1/2$ と $1/2$ の間で考えてみよう．このとき，この関数は常に正で，$x = 0$ で 2 となる．そこで，この関数を大きな N，例えば $N = 10000$，だけベキ乗して「モンスターのような関数」を作ってみよう．適当な定数（この場合 $2^N (N!)^2/(2N)!$）をかけて積分値が 1 となるように大きさを調整する．このようにして得られる関数 g_N は，0 において非常に高いピークをもち，その他の場所ではほとんど 0 となる（図 F.2）．これは，無限の高さで横幅ゼロかつ積分が 1 となる δ（デルタ）関数，の良い近似になっている．

このやせた巨人のような関数が，三角関数（この場合は cos）の和として書けることを示そう．またそれを用いて，すべての連続関数 f は三角関数の有限和で近似できることを示そう．後者の問題，つまり近似から始めることにしよう．$f g_N$ を積分すると，その値はほとんど $f(0)$ となる．

$$\int_{-\frac{1}{2}}^{\frac{1}{2}} f(x) g_N(x)\, dx \approx \int_{-\frac{1}{2}}^{\frac{1}{2}} f(0) g_N(x)\, dx = f(0) \underbrace{\int_{-\frac{1}{2}}^{\frac{1}{2}} g_N(x)\, dx}_{\text{定義から 1 に等しい}} = f(0)$$

はじめの積分は，二つめの積分にほとんど等しい．なぜなら，g_N は 0 の近く

を除いてほとんどゼロとなり，したがって積 fg_N も同様だからである．N が無限大になると，この近似は厳密な等式になる．

我々は，$f(0)$ だけでなく，f のすべての値に興味がある．g_N を y だけ平行移動すると $g_N(x-y)$ となり，これを用いて，ほとんど $f(y)$ に等しい関数 $f_N(y)$ を作ることができる．

$$f_N(y) = \underbrace{\int_{-\frac{1}{2}+y}^{\frac{1}{2}+y} f(x) g_N(x-y)\, dx}_{\text{三角多項式}} \approx \int_{-\frac{1}{2}+y}^{\frac{1}{2}+y} f(y) g_N(x-y)\, dx = f(y)$$

この $f_N(y)$ は三角多項式，つまり有限個の三角関数の和であることを示そう．最初の関数 $g: g(x) = 1 + \cos 2\pi x$ に戻ろう．次の（ド・モアヴルの公式から導かれる）公式

$$\cos\theta = \frac{e^{i\theta} + e^{-i\theta}}{2}$$

を用いて次の式を得る．

$$1 + \cos 2\pi x = \frac{e^{-2\pi i x}}{2} + 1 + \frac{e^{2\pi i x}}{2}$$

g_N を作るため右辺を N 乗すると，$2N+1$ 個の三角関数の和が得られる．その最初の項は

$$\left(\frac{e^{-2\pi i x}}{2}\right)^N = \frac{1}{2^N} e^{-2\pi i N x}$$

で，最後の項は

$$\left(\frac{e^{2\pi i x}}{2}\right)^N = \frac{1}{2^N} e^{2\pi i N x}$$

である．

この和は次のように書くことができる．

$$g_N(x) = \sum_{n=-N}^{N} \alpha_n e^{2\pi i n x}$$

ここで，指数の中の x を $x-y$ に置き換えたものを，式 (F4) の $g_N(x-y)$ にこの表現を代入すると，次の式が得られる．

$$f_N(y) = \int_{-\frac{1}{2}+y}^{\frac{1}{2}+y} f(x) \sum_{n=-N}^{N} \alpha_n e^{2\pi i n (x-y)}\, dx$$

積分と和の順序を交換すると

$$f(y) \approx f_N(y) = \sum_{n=-N}^{N} \alpha_N e^{-2\pi i n y} \underbrace{\int_{-\frac{1}{2}+y}^{\frac{1}{2}+y} f(x) e^{2\pi i n x} dx}_{=係数\ c_n}$$

となり

$$f(y) \approx f_N(y) = \sum_{n=-N}^{N} c_n \alpha_n e^{-2\pi i n y}$$

が得られる．

このように周期的で連続な関数は，三角関数の有限和で一様に近似することができる．近似という言葉を少し弱い意味で定義することにすると，この証明は，単純な不連続点を持つ例えば階段のような形の関数に対しても，容易に適用することができる．さらにもっと弱い意味で近似という言葉を定義すると，周期的で二乗可積分なすべての関数を，たとえそれらがとんでもない不連続点をもち，補足⑧「関数空間から関数空間への旅」で述べたようにたえず $+\infty$ と $-\infty$ の間を行ったり来たりしてるような場合ですら，近似することができる．

G. サンプリング定理の証明

サンプリング定理とは次の命題のことをいう．もし信号 $f(t)$ に含まれる周波数の上限が M ヘルツ（1秒当たり M サイクル）であるなら，1秒当たり $2M$ 回測定した結果を用いて信号を正確に再現できる．

時間の単位を選び直して，f に含まれる周波数が $[-1/2, 1/2]$ に含まれるようにしよう．言いかえれば，f のフーリエ変換 $\hat{f}(\tau)$ は，$|\tau| \leq 1/2$ でのみゼロでない値をとるとしよう．そこで，$g(\tau)$ を，周期 1 の周期関数で，$|\tau| \leq 1/2$ では $\hat{f}(\tau)$ と一致するものとする（図 G.1）．

g のフーリエ係数は，整数 $n = \cdots, -2, -1, 0, 1, 2, \cdots$ における f の値 $f(n)$ であることを示そう．このことが成り立てば，整数における $f(t)$ の知識から，g がわかりしたがって $\hat{f}$ がわかるので，逆フーリエ変換によって f がわかることになる．

g をフーリエ級数で書くと

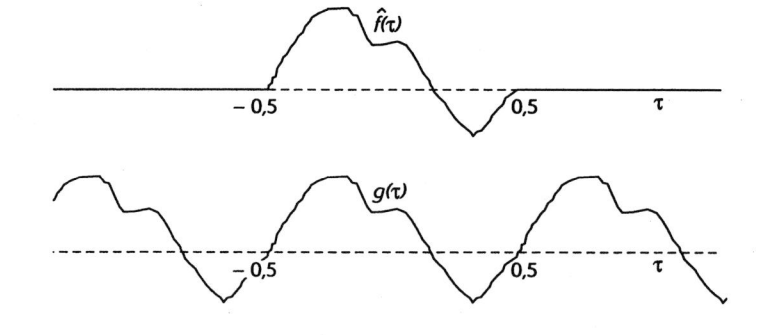

図 G.1 $[-1/2, 1/2]$ の周波数成分のみからなる関数のフーリエ変換と,それから導かれる周期 1 の周期関数

$$g(\tau) = \sum_{n=-\infty}^{\infty} c_n e^{-2\pi i n \tau} \tag{G1}$$

このときの係数は次の式で与えられる.

$$\begin{aligned} c_{-n} &= \int_{-\frac{1}{2}}^{\frac{1}{2}} g(\tau) e^{-2\pi i n \tau}\, d\tau = \int_{-\frac{1}{2}}^{\frac{1}{2}} \hat{f}(\tau) e^{-2\pi i n \tau}\, d\tau \\ &= \int_{-\infty}^{\infty} \hat{f}(\tau) e^{-2\pi i n \tau}\, d\tau \end{aligned} \tag{G2}$$

この式がわかりにくければ,g は周期的だからフーリエ<u>級数</u>で表される,ということを思い出せばよい.このフーリエ級数は,基本周波数の整数倍の周波数においてのみ係数を持っている.g は $|\tau| \leq 1/2$ において $\hat{f}$ に一致するから,上式の二番目の等式のところで,$g(\tau)$ の代わりに $\hat{f}(\tau)$ を代入できるのである.$\hat{f}$ は区間 $[-1/2, 1/2]$ の外ではゼロなので,積分区間を $-\infty$ から ∞ としても積分値は同じである.これが三番目の等式である.最後に,パーセバルの定理によって逆フーリエ変換は $f(n)$ を与える.

これで完了した.結局,整数における f の値を知っていれば,— これはすなわち 1 秒に 1 回,つまり f に含まれる周波数の上限の 2 倍の周波数で測定することである —,f を再構成することができる.しかしここまで述べてきた方法は,やや間接的である.そこで,もっと直接的な再構成公式を導こう.まず,f を $\hat{f}$ のフーリエ逆変換として書いてみよう.

$$f(t) = \int_{-\infty}^{\infty} \hat{f}(\tau) e^{-2\pi i \tau t}\, d\tau$$

$\hat{f}$ は $|\tau| \leq 1/2$ 以外ではゼロなので,

$$f(t) = \int_{-\frac{1}{2}}^{\frac{1}{2}} \hat{f}(\tau) e^{-2\pi i \tau t} \, d\tau$$

となる.

区間 $[-1/2, 1/2]$ の中では $\hat{f}$ は (G1) で与えられる関数 g に等しい. したがって, $\hat{f}$ を式 (G1) の和で置き換えることができて

$$f(t) = \int_{-\frac{1}{2}}^{\frac{1}{2}} \left(\sum_{n=-\infty}^{\infty} c_{-n} e^{2\pi i n \tau} e^{-2\pi i \tau t} \right) d\tau$$

(ここで指数と係数 c_{-n} の中の符号を反対にした. どちらにせよ, n は $-\infty$ から ∞ を動くので, こうしても問題はない.)

式 (G2) を用いて c_{-n} を $f(n)$ で置き換え, さらに, 和と積分の順序を交換する. (このような交換はいつもできるとは限らないが, 今の場合は可能である.)

$$f(t) = \sum_{n=-\infty}^{\infty} \left(f(n) \int_{-\frac{1}{2}}^{\frac{1}{2}} e^{2\pi i \tau (n-t)} \, d\tau \right)$$

ゆえに f は, 整数における関数値から再構成することができる. さらに, ここに現れた積分を計算すると,

$$\int_{-\frac{1}{2}}^{\frac{1}{2}} e^{2\pi i \tau (n-t)} d\tau = \left[\frac{1}{2\pi i (n-t)} e^{2\pi i \tau (n-t)} \right]_{-\frac{1}{2}}^{\frac{1}{2}} = \frac{\sin \pi (n-t)}{\pi (n-t)}$$

となるので, 結局, 次の再構成公式が得られる.

$$f(t) = \sum_{n=-\infty}^{\infty} f(n) \frac{\sin \pi (n-t)}{\pi (n-t)}$$

H. ハイゼンベルクの不確定性原理の証明

f を実変数 x の関数で

$$\int_{-\infty}^{\infty} |f(t)|^2 \, dx = 1$$

となるものとする.

$|f|^2$ を確率密度と考えよう．このとき $|\hat{f}|^2$ もまた確率密度である．ハイゼンベルクの不確定性原理とは，x の $|f|^2$ のもとでの分散と，ξ の $|\hat{f}|^2$ のもとでの分散の積は，$1/(16\pi^2)$ より大きいかまたはそれと等しい，すなわち

$$\underbrace{\left(\int_{-\infty}^{\infty} (x-x_m)^2 |f(x)|^2\, dx\right)}_{x\text{の分散}} \underbrace{\left(\int_{-\infty}^{\infty} (\xi-\xi_m)^2 |\hat{f}(\xi)|^2\, d\xi\right)}_{\xi\text{の分散}} \geq \frac{1}{16\pi^2} \qquad \text{(H1)}$$

が成り立つ，というものである．(不等式の右辺の値はフーリエ変換の定義によって異なる.)

$(x-x_m)$ と $(\xi-\xi_m)$ を，それぞれ x と ξ で置き換えよう．関数の平行移動は，そのフーリエ変換では絶対値 1 の位相因子を掛けることに対応する．以下の二つの式では，$|e^{2\pi i x \xi_m}| = |e^{-2\pi i x_m(\xi+\xi_m)}| = 1$ であることに注意しよう．

$$g(x) = e^{2\pi i x \xi_m} f(x+x_m)$$

とおくと，$g(x)$ も規格化されており，$\hat{g}$ は次の式で与えられる．

$$\hat{g}(\xi) = e^{-2\pi i x_m(\xi+\xi_m)} \hat{f})(\xi+\xi_m)$$

次の積の中の g と $\hat{g}$ に上の式を代入すると，若干の計算の後

$$\left(\int_{-\infty}^{\infty} x^2 |g(x)|^2\, dx\right) \left(\int_{-\infty}^{\infty} \xi^2 |\hat{g}(\xi)|^2\, d\xi\right)$$
$$= \left(\int_{-\infty}^{\infty} (x-x_m)^2 |f(x)|^2\, dx\right) \left(\int_{-\infty}^{\infty} (\xi-\xi_m)^2 |\hat{f}(\xi)|^2\, d\xi\right)$$

を得る．

結局，規格化された関数 f に対し

$$\left(\int_{-\infty}^{\infty} x^2 |f(x)|^2\, dx\right) \left(\int_{-\infty}^{\infty} \xi^2 |\hat{f}(\xi)|^2\, d\xi\right) \geq \frac{1}{16\pi^2} \qquad \text{(H2)}$$

が示せれば，特別な場合として g に対してもこの式が成り立ち，したがって，式 (H1) が得られる．

証明には，まず，次の等式を用いる．

$$\xi \hat{f}(\xi) = -\frac{1}{2\pi i} \hat{f}'(\xi)$$

ここで f' は f の導関数である.

すなわち, フーリエ空間で ξ を掛けることは, (因子 $-1/(2\pi i)$ を除いて) 物理空間における微分に対応している. (上の式の両辺にハット $\hat{}$ が付いているのは奇妙な感じを与えるかもしれない. しかしフランス語からラテン語への翻訳を考えてみると, そこでは同じような規則を使っているのである. すなわち, 名詞が複数を表すとき, フランス語では語尾に "s" をつけるが, ラテン語の男性名詞では語尾の "us" を "i" で置き換えるのである. このとき, 仏羅 (フランス語–ラテン語) 辞典は, フーリエ変換のようなものである. まずフランス語の単語に "s" をつけてから, 辞典でラテン語の単語を探す, という方法があるが, これは, まずラテン語で単数の単語を見つけた後, 語尾の "us" を "i" に変えても同じことである. まったく同様に, f を微分して f' を得てから, 辞典 ——フーリエ変換—— を用いて $\hat{f}'$ を探してもよいが, まず f のフーリエ変換 $\hat{f}$ を得た後, ξ を掛けても同じ結果が得られるのである.)

この式は, しばしば, 微分演算を避けるために使われる. とりあえずフーリエ空間に移ると計算が簡単になるからである. しかしここではその反対を行なう. 式 (H2) の左辺の二つめの因子で, $\xi^2|\hat{f}(\xi)|^2$ を $1/(4\pi^2)|\hat{f}'(\xi)|^2$ で置き換えると

$$\frac{1}{4\pi^2}\left(\int_{-\infty}^{\infty} x^2|f(x)|^2\,dx\right)\left(\int_{-\infty}^{\infty}|\hat{f}'(\xi)|^2\,d\xi\right) \geq ? \tag{H3}$$

となる.

ここで, 左辺の二つめの因子からハット $\hat{}$ を取り去るために, フーリエ変換は<u>等長的</u>であるというパーセバルの定理を使う. つまり, $\hat{f}$ の長さの二乗は f の長さの二乗に等しい, ということを利用すると, $|\hat{f}'(\xi)|^2$ を $|f'(x)|^2$ で置き換えることができ,

$$\frac{1}{4\pi^2}\left(\int_{-\infty}^{\infty} x^2|f(x)|^2\,dx\right)\left(\int_{-\infty}^{\infty}|f'(x)|^2\,dx\right) \geq ? \tag{H4}$$

となる.

証明の次の段階は, 不等式を完成させるもので, 最も重要である. ここでは, スカラー積についてのシュワルツ (Schwarz) の不等式を用いる. 二つのベクトルのスカラー積 $<\vec{v},\vec{w}>$ の値は $\cos\theta|\vec{v}||\vec{w}|$ に等しい. ここで, θ はベクトル $\vec{v},\vec{w}$ のなす角である. したがって, $\cos\theta \leq 1$ より次の不等式が得られる.

$$|\vec{v}|^2|\vec{w}|^2 \geq |<\vec{v},\vec{w}>|^2$$

我々は「直交性とスカラー積」の中で，スカラー積は積分で与えられることをみた．

$$<\vec{v},\vec{w}> = \int_{-\infty}^{\infty} \vec{v}(x)\vec{w}(x)\,dx$$

そこで $\vec{v}(x) = x|f(x)|, \vec{w}(x) = |f'(x)|$ とおくと，次の不等式が得られる．

$$\frac{1}{4\pi^2}\underbrace{\left(\int_{-\infty}^{\infty} x^2|f(x)|^2\,dx\right)}_{|\vec{v}|^2}\underbrace{\left(\int_{-\infty}^{\infty} |f'(x)|^2\,dx\right)}_{|\vec{w}|^2} \geq \frac{1}{4\pi^2}\underbrace{\left(\int_{-\infty}^{\infty} |xf(x)f'(x)|^2\right)}_{|<\vec{v},\vec{w}>|^2}$$

ここで，右辺にある絶対値は微分演算との相性がよくないので，複素数 a, b に対して成り立つ不等式

$$|ab| \geq \frac{1}{2}(a\bar{b} + \bar{a}b)$$

を用いて，絶対値を含まない不等式にする．ここで，記号の上の線（バー）は複素共役を表す．つまり $\bar{a}$ は a の複素共役である（x は実数だが $f(x)$ はそうとは限らない．量子力学の波動関数は必ずしも実数ではない）．この結果，不等式は次のようになる．

$$\cdots \geq \frac{1}{4\pi^2}\left(\frac{1}{2}\int_{-\infty}^{\infty}(\underbrace{xf(x)}_{a}\underbrace{\overline{f'(x)}}_{\bar{b}} + \underbrace{\overline{xf(x)}}_{\bar{a}}\underbrace{f'(x)}_{b})\,dx\right)^2$$

したがって

$$\frac{d}{dx}|f(x)|^2 = f(x)\overline{f'(x)} + \overline{f(x)}f'(x)$$

より

$$\cdots \geq \frac{1}{16\pi^2}\left(\int_{-\infty}^{\infty} x\frac{d}{dx}|f(x)|^2\,dx\right)^2$$

この式は（部分積分によって）次のようになる．

$$\cdots \geq \frac{1}{16\pi^2}\left(-\int_{-\infty}^{\infty} |f(x)|^2\,dx\right)^2$$

定義より積分 $\int_{-\infty}^{\infty} |f(x)|^2\,dx$ は 1 に等しく，二乗するとき負号は消えてしまうので，

$$\left(\int_{-\infty}^{\infty} x^2 |f(x)|^2 \, dx\right) \left(\int_{-\infty}^{\infty} \xi^2 |\hat{f}(\xi)|^2 \, d\xi\right) \geq \frac{1}{16\pi^2}$$

が得られ，これより

$$\left(\int_{-\infty}^{\infty} (x-x_m)^2 |f(x)|^2 \, dx\right) \left(\int_{-\infty}^{\infty} (\xi-\xi_m)^2 |\hat{f}(\xi)|^2 \, d\xi\right) \geq \frac{1}{16\pi^2}$$

が導かれる． C.Q.F.D.（証明終）

文献紹介

A.N. Akansu et R.A. Guddad, *Multiresolution Signal Decomposition: Transforms, Subbands and Wavelets*, Academic Press, Inc., Boston, 1992：大学の第3課程（博士課程）の学生向き．

John J. Benedetto et Michael W. Frazier (eds.), *Wavelets: Mathematics and Applications*, CRC Press, Boca Raton, 1993：論文集．編集者によれば，これらの論文は「数学的に正確であると同時に，論文の多くは科学の一般教育を受けた者なら近づきやすいだろう」．これらの論文は，ウェーブレット基底，信号処理，および，偏微分作用素を扱っている．

C.K. Chui, *An Introduction to Wavelets*, Academic Press, New York, 1992.

C.K. Chui (ed.), *Wavelets: A Tutorial in Theory and Application*, Academic Press, New York, 1992.

Ingrid Daubechies, *Ten Lectures on Wavelets*, Society for Industrial and Applied Mathematics, Philadelphia, Pa., 1992：連続ウェーブレットおよび離散ウェーブレットの理論を述べている．第1章では，量子力学，信号処理における時間周波数局所化，および近似理論を扱っている．次いで，ウェーブレット直交基底，望む性質を持つウェーブレット基底の構成，などが述べられる．

Ingrid Daubechies (ed.), *Different Perspectives on Wavelets*, Proc. Sympos. Appl. Math., vol.47, Amer.Math.Soc., Providence, Rhode Island, 1993：1993年1月テキサス・サンアントニオで行なわれたウェーブレットとその応用に関する講義の折に行なわれた講演．イングリッド・ドブシー，イブ・メイエ，ピエール–ジル・ルマリエ–リウッセ，フィリップ・チャミチアン，グレゴリー・ベイルキン，ロナルド・コアフマン，ヴィクトール・ヴィッケルハウザー，ダヴィッド・ドノホー，らによる．

Marie Farge, J.C.R. Hunt et J.C. Vassilicos (eds.), *Wavelets, Fractals, and Fourier Transforms*, Clarendon Press, Oxford, 1993：1990年12月のケンブリッジでの会議に基づいている．

J.P. Kahane et P.-G. Lemarié-Rieusset, *Fourier Series and Wavelets*, Gordon & Breach, London, 1995：第1章は，カハネによるもので，フーリエ解析の歴史，および，現代におけるフーリエ解析について述べている．第2章は，ルマリエ-リウッセによるもので，ウェーブレットの数学的理論が叙述されている．

G. Kaiser, *A Friendly Guide to Wavelets*, Birkhäuser, Boston, 1994：ウェーブレットの入門テキストで，数学的厳密さよりも動機や説明に重きがおかれている．

Stéphane Mallat, *Traitement du signal: des ondes planes aux ondelettes*, Diderot Éditeur, Arts et Sciences, Paris, 1997年出版予定：*Wavelet Signal Processing*, Academic Press, 1997年出版予定, の翻訳．(訳注：原書は1995年刊行)

P.-G. Lemarié (ed.), *Les Ondelettes en 1989*, Lecture Notes Math. 1438. Springer-Verlag, Berlin, 1990.

Yves Meyer, *Ondelettes et Opérateurs*, Hermann, Paris, 1990.

Yves Meyer, *Les Ondelettes Algorithmes et Applications*, Armand Colin, Paris, 1992.

Yves Meyer, *Ondelettes et Algorithmes concurrents*, Hermann, Paris, 1992.

Yves Meyer (ed.), *Wavelets and Applications: Proceedings of the International Conference, Marseille, France*, Masson et Springer-Verlag, 1992.

B. Ruskai(ed.), *Wavelets and Their applications*, Jones et Bartlett, Boston, 1992：信号処理，数値解析，その他の応用と理論的発展に関する論文集．

Gilbert Strang et Truong Nguyen, *Wavelets and Filter Banks*, Wellesley-Cambridge Press, Wellesley MA, 1996：技術者・科学者向き．離散データに対するフィルタバンクと完全再構成の理論，連続データに対するウェーブレットの構成と性質，が述べられている．

Bruno Torrésani, *Analyse continue par ondelettes*, Savoirs Actuels, Inter Éditions/CNRS Éditions 1995.

Randy K. Young, *Wavelet theory and its applications*, Kluwer Academic Publishers, Boston, Dordrecht & London, 1993：数学修士課程のレベル．信号処理への応用を述べている．

Martin Vetterli et J.Kovacevic, *Wavelets and Subband Coding*, Prentice-Hall, 1995：技術者・応用数学者向け．信号処理の観点から，ウェーブレットとフィルタバンクの理論と応用を述べている．信号処理とフーリエ解析の知識を仮定している．

M. Victor Wickerhauser, *Adapted Wavelet Analysis form Theory to Software*, A.K. Peters, Ltd., Wellesley, MA.：「… 詳細なテキスト … 現実の信号をウェーブレット解析するソフトウェアを書く技術者・応用数学者向け」．フロッピーディスクも販売されている．

Wavelet Digest
Wavelet Digest は，サウスカロライナ大学のウィム・スウェルデンス（Wim Sweldens）の編集によるもので，日常的な情報，つまり，講義，出版，ソフトウェア，参考文献などについての情報が得られる．これを受けとるには，「wavelet@math.scarolina.edu」宛の電子メールを，Subject 欄に「subscribe」と書いて出せばよい．
Mosaic を利用できるなら*，URL http://www.math.scarolina.edu/wavelet で *Wavelet Digest* にアクセスできる．「ftp」と「gopher」のアドレスは，ftp.math.scarolina.edu (/pub/wavelet) および gopher.math.scarolina.edu である．

* 訳注：Internet Explorer，Netscape など（2002 年 11 月現在）．

参考図書（訳者追補）

ウェーブレット解析の日本語の参考書をいくつか挙げておく．もとよりこのリストは完全を期したものではなく，訳者の知る範囲にとどまるものであり，重要な参考書でも挙げていないものがあることをお断りしておく．また本文中で紹介されている参考書の翻訳も含んでいることを注意しておく．

榊原　進,『ウェーヴレットビギナーズガイド』，東京電機大学出版局，1995 年．

芦野隆一・山本鎮男,『ウェーブレット解析―誕生・発展・応用―』，共立出版，1997 年．

E. ヘルナンデス・G. ワイス（芦野隆一・萬代武史・浅川秀一訳),『ウェーブレットの基礎』，科学技術出版，2000 年．

G. ストラング・T. グエン（高橋進一・池原雅章訳),『ウェーブレット解析とフィルタバンク I（入門編）, II（応用編）』，培風館，1999 年．

文 献 紹 介

J.J. ベネデット・M.W. フレージャー編（山口昌哉・山田道夫監訳），『ウェーブレット―理論と応用―』，シュプリンガー・フェアラーク東京，1995 年．

C. K. チュウイ（桜井　明・新井　勉訳），『ウェーブレット入門』，東京電機大学出版局，1993 年．

C.K. チュウイ（桜井　明・新井　勉訳），『ウェーブレット応用―信号処理への数学的手法』，東京電機大学出版局，1997 年．

G.G. ウォルター（榊原　進・萬代武史・芦野隆一訳），『ウェーヴレットと直交関数系』，東京電機大学出版局，2001 年．

中野宏毅・山本鎭夫・吉田靖夫，『ウェーブレットによる信号処理と画像処理』，共立出版，1999 年．

新井康平，『ウェーブレット解析の基礎理論』，森北出版，2000 年．

前田　肇・貴家仁志・佐野　昭・原　晋介，『ウェーブレット変換とその応用（システム制御情報ライブラリー 23）』，朝倉書店，2001 年．

新田　功・森　久・大滝　厚・阪井和男，『経済・経営時系列分析 ファジィ・カオス・フラクタル・ウェーブレット・2 進木解析の応用（明治大学社会科学研究所叢書）』，白桃書房，2001 年．

貴家仁志，『よくわかるディジタル画像処理 フィルタ処理から DCT&ウェーブレットまで』，CQ 出版，1996 年．

斎藤兆古，『ウェーブレット変換の基礎と応用―$Mathematica$ で学ぶ―』，朝倉書店，1998 年．

新井康平・L. ジェイムソン，『ウェーブレット解析による地球観測衛星データの利用方法』，森北出版，2001 年．

斎藤兆古，『$Mathematica$ によるウェーブレット変換』，朝倉書店，1996 年．

索　　引

δ（デルタ）関数　199
ESS（拡張自己相似性）　136
FFT（高速フーリエ変換）　41
FWT（高速ウェーブレット変換）　102, 109
KAM 定理　33
L^2 空間　80
Matching Persuit（追跡）　180, 187

あ 行

位相　21
イテレーション（反復）　104

ウェーブレット
　ガボールの——　57
　ドブシーの——　104, 106, 108
　ハールの——　111
　メイエ–ルマリエの——　105
　モルレの——　55, 105
ウェーブレット係数　142
ウェーブレット最大値　65
ウェーブレット最大値法　141
ウェーブレットの生成　98
ウェーブレット・パケット　169, 187
ウェーブレット変換　186
宇宙の構造　134
運動量　128

エルニーニョ海流　134
演算子　80, 128

オクターブ　62
オブザーバブル（観測可能量）　128
音楽　172

音響学　172

か 行

解析関数　77
解像度　62
海洋循環　134
拡張自己相似性（ESS）　136
確率　123
確率関数　123
確率空間　123
確率的　153
確率変数　123
過剰サンプリング　66, 150
ガボールのウェーブレット　57
カメレオン効果　136
関数空間　69, 80
観測可能量（オブザーバブル）　128

基底　70, 137
希薄分布変換　146, 147
ギブス現象　28
行列の圧縮　156

空間振動数　19
クワドラチュアミラー・フィルタ　96

高域フィルタ　113
高速ウェーブレット変換（FWT）　102, 109
高速フーリエ変換（FFT）　41
コヒーレント構造　158
コルモゴロフの理論　136
コンパクト・サポート　104, 108

さ 行

最良基底　147, 173, 175
雑音除去　136
三角関数　189
サンプリング定理　38, 150, 205

視覚　143, 144
時間–周波数分解　118
磁気共鳴画像　134
指紋　178
周期的信号　168
周波数選択性　163
受容野　143, 145
準定常的信号　168
消失モーメント　162
冗長性　63, 66, 76
情報の変換　185
情報量　152
信号の圧縮　147, 150, 154
振動の解析　134
振幅　21

「数学的顕微鏡」　62
数列のフーリエ変換　197
スカラー積　69, 70, 73
スケーリング関数　86, 97, 99
スケール　62
スプライン関数　89

正規直交基底　71, 201
正則性の条件　96
正則性（レギュラリティ，滑らかさ）　90, 162, 164
積分　73, 193
摂動　30

双直交ウェーブレット　161
測度論　124, 195

た 行

太陽系の安定性　30

多重解像度解析　62, 86, 88, 91
畳み込み　112

「小さな分母」問題　31
聴覚　143
超関数　29, 79
超銀河団　134
直交ウェーブレット　68, 161
直交性　68

追跡（Matching Persuit）　180, 187

低域フィルタ　113
伝達関数　95

特異性　133
ドブシーのウェーブレット　104, 106, 108
ド・モアヴルの公式　23, 192

な 行

内積　69
滑らかさ（レギュラリティ，正則性）　90, 162, 164

2乗可積分関数　79

は 行

「ハイゼンベルクの箱」　120, 175
ハイゼンベルクの不確定性原理　116, 118, 128, 207
白色雑音　136
波数　19
波動関数　126
ハール・ウェーブレット　111
ハール関数　92
ハンガリー舞曲　178
反復（イテレーション）　104

非直交基底　75
非定常的信号　168
ピラミッド・アルゴリズム　103

フィルタ　88, 89
フィルタバンク　102
複素指数関数　23, 191
複素数　23
複素平面　191
フラクタル　77, 135
フーリエ　12
フーリエ級数　17, 20
フーリエ係数の計算　35
フーリエ変換　18, 22, 185
　　——の定義　196
フレーム　161

ま　行

マザーウェーブレット　87
窓付きフーリエ変換　52, 185
マルヴァール・ウェーブレット　170, 186
マルチ・ウェーブレット　108
マルチフラクタル　135
マンデルブロート集合　152

無限次元空間　69

無限積　97

メイエ–ルマリエのウェーブレット　105
「メキシカン・ハット」　105

モルレのウェーブレット　55, 105

ら　行

ラプラス・ピラミッド　103
乱流　135, 157

離散ウェーブレット変換　65
リーマン積分　194
量子力学　122, 126
臨界サンプリング　150

ルベーグ積分　78, 194

レイノルズ数　158
レギュラリティ（正則性, 滑らかさ）　90, 162, 164
連続ウェーブレット変換　63

訳者略歴

山田　道夫
やまだ　みちお

1954年　京都府に生まれる
1983年　京都大学大学院理学研究科 博士課程修了
京都大学防災研究所，東京大学大学院数理科学研究科を経て，
現　在　京都大学数理解析研究所 教授
　　　　理学博士
〔専攻科目〕　流体力学，応用数学

西野　　操
にしの　みさお

1934年　福岡県に生まれる
1956年　京都大学医学部薬学科卒業
塩野義製薬株式会社，京都大学大学院薬学研究科 博士課程を経て
1966年　京都大学化学研究所 教務員
1974～1975年　フランス国立科学研究センター（CNRS）へ留学
　　　　薬学博士
1999年3月　逝去

ウェーブレット入門
―数学的道具の物語―

定価はカバーに表示

2003年2月20日　初版第1刷
2016年5月25日　　　第9刷

訳　者　山　田　道　夫
　　　　西　野　　　操
発行者　朝　倉　誠　造
発行所　株式会社　朝　倉　書　店

東京都新宿区新小川町 6-29
郵便番号　　　162-8707
電　話　03 (3260) 0141
Ｆ Ａ Ｘ　03 (3260) 0180
http://www.asakura.co.jp

〈検印省略〉

Ⓒ2003〈無断複写・転載を禁ず〉　　三美印刷・渡辺製本

ISBN 978-4-254-22146-6　C3055　　Printed in Japan

JCOPY ＜(社)出版者著作権管理機構 委託出版物＞

本書の無断複写は著作権法上での例外を除き禁じられています．複写される場合は，そのつど事前に，(社)出版者著作権管理機構（電話 03-3513-6969, FAX 03-3513-6979, e-mail: info@jcopy.or.jp) の許諾を得てください．

好評の事典・辞典・ハンドブック

物理データ事典 　　　　　　　　　日本物理学会 編 / B5判 600頁
現代物理学ハンドブック 　　　　　鈴木増雄ほか 訳 / A5判 448頁
物理学大事典 　　　　　　　　　　鈴木増雄ほか 編 / B5判 896頁
統計物理学ハンドブック 　　　　　鈴木増雄ほか 訳 / A5判 608頁
素粒子物理学ハンドブック 　　　　山田作衛ほか 編 / A5判 688頁
超伝導ハンドブック 　　　　　　　福山秀敏ほか 編 / A5判 328頁
化学測定の事典 　　　　　　　　　梅澤喜夫 編 / A5判 352頁
炭素の事典 　　　　　　　　　　　伊与田正彦ほか 編 / A5判 660頁
元素大百科事典 　　　　　　　　　渡辺 正 監訳 / B5判 712頁
ガラスの百科事典 　　　　　　　　作花済夫ほか 編 / A5判 696頁
セラミックスの事典 　　　　　　　山村 博ほか 監修 / A5判 496頁
高分子分析ハンドブック 　　　　　高分子分析研究懇談会 編 / B5判 1268頁
エネルギーの事典 　　　　　　　　日本エネルギー学会 編 / B5判 768頁
モータの事典 　　　　　　　　　　曽根 悟ほか 編 / B5判 520頁
電子物性・材料の事典 　　　　　　森泉豊栄ほか 編 / A5判 696頁
電子材料ハンドブック 　　　　　　木村忠正ほか 編 / B5判 1012頁
計算力学ハンドブック 　　　　　　矢川元基ほか 編 / B5判 680頁
コンクリート工学ハンドブック 　　小柳 洽ほか 編 / B5判 1536頁
測量工学ハンドブック 　　　　　　村井俊治 編 / B5判 544頁
建築設備ハンドブック 　　　　　　紀谷文樹ほか 編 / B5判 948頁
建築大百科事典 　　　　　　　　　長澤 泰ほか 編 / B5判 720頁

価格・概要等は小社ホームページをご覧ください．